结构力学概念分析与解题指导

罗永坤　彭　地　蔡　婧　黄慧萱　编

西南交通大学出版社
·成都·

内容简介

本书内容分为3个部分：第1部分为结构力学基本理论（第1~11章）；第2部分为西南交通大学历届结构力学相关专业研究生入学试题汇集；第3部分为试题的释疑与解答。

本书力求改变以往教学中常以介绍传统结构力学计算方法为主的状况，而致力于培养学生对结构力学基本概念的理解和运用，其特色主要体现在"概念分析"上。

本书可作为高等学校土木、交通、水利和力学等专业的教材，也可作为硕士研究生入学考试复习用书和有关结构设计人员的参考书。

图书在版编目（CIP）数据

结构力学概念分析与解题指导 / 罗永坤等编. —成都：西南交通大学出版社，2015.1
ISBN 978-7-5643-3555-7

Ⅰ.①结… Ⅱ.①罗… Ⅲ.①结构力学–高等学校–教学参考资料 Ⅳ.①O342

中国版本图书馆 CIP 数据核字（2014）第 266783 号

结构力学概念分析与解题指导

罗永坤　彭 地　蔡 婧　黄慧萱　编

*

责任编辑　杨　勇
封面设计　本格设计

西南交通大学出版社出版发行
四川省成都市金牛区交大路 146 号　邮政编码：610031
发行部电话：028-87600564
http://www.xnjdcbs.com
成都中铁二局永经堂印务有限责任公司印刷

*

成品尺寸：185 mm×260 mm　　印张：16.25
字数：406 千字
2015 年 1 月第 1 版　2015 年 1 月第 1 次印刷
ISBN 978-7-5643-3555-7
定价：35.00 元

图书如有印装质量问题　本社负责退换
版权所有　盗版必究　举报电话：028-87600562

前　言

本书的编写力求改变以往教学中常以介绍传统结构力学计算方法为主的状况，而致力于培养学生对结构力学基本概念的理解和运用，本书特色主要体现在"概念分析"上。

在介绍解题的方法时，本书注重"先领会，后执行"，从简单到复杂，从低阶到高阶，从基本单元的计算到整体结构力学性能的认识，从定量计算到定性分析。

本书与其他结构力学教材相比，主要有以下几方面的特点。

1. 解析本质，突出各章节内容的要点

本书绪论提出了结构计算中的三个要素，即结构、荷载、支座约束，而这里所指的结构包括杆件（单元）和结点。同时，该部分总结归纳了结构力学课程的特点与学习方法。

书中指出，"三刚片"规则是平面体系几何组成的基本规则，而按"两刚片"和"二元体"规则所构成的体系是简单体系，容易分析，所以几何构造分析的难点是"三刚片六链杆"所组成的体系。对可变与不可变体系的概念，本书采用先改造再对比的分析方法进行介绍。

2. 综合运用枚举、推断、对比与上下限分析的方法

在几何组成分析中，本书通过对单跨、两跨、三跨的三铰体系的分析，推断偶数、奇数跨可变与不可变的结论。

书中指出，位移计算的目的是验算结构刚度、计算超静定结构所需条件，但更为重要的是如何应用位移计算来优化结构的设计。例如，两个外形相同、截面相同而内部杆件布置方向不同的桁架，通过位移计算结果的对比，可说明结构的刚度与传力路径有关，即荷载传递到基础的路径越短，则结构的刚度就越大。

在拱式结构的分析中，将它与缆索的受力相比，从而可非常直观地确定不同荷载作用下的合理结构形式。

用弹性支座与刚性支座结构受力的对比，也即上下限值的分析方法，说明超静定结构可通过改变构件的刚度来调整结构的受力。譬如，杆件的弹性模量 E 和截面的惯性矩 I 越大，则杆件刚度越大，当它们趋于零时，即为铰结点。

3. 突出由低阶到高阶、由基本单元到整体结构的分析方法

力法是一种从已知静定结构的内力、位移的计算过渡到新的超静定结构计算的科学分析方法。本书从这点出发，以一次超静定结构为基本结构，介绍求解二次、三次超静定结构的分析方法。而位移法是以已知基本杆件的解来完成组合体分析的方法。它是先

将结构拆成单元，再由单元装配成结构，问题就在"一拆一搭，先拆后搭"的过程中得到解决。

4. 定量计算与定性分析结合

以往的教学都是以计算为主，这就使得学生在解决问题时目标和方向不明确，特别是对自己计算所得结果的正确性缺乏自信，对用计算机计算所得结果的正确性的判断和对实际工程结构的整体受力特点的判断不足，这就说明本门课程对学生素质和能力等方面的培养长期以来都存在或多或少的缺陷。为此，本书添加了定性分析方面的内容，例如：

（1）在桁架的分析中，如何判定桁架某杆的拉压性质，书中提出了两种方法，即设想结构杆件被移走可能发生某变形的分析方法和将桁架与梁、拱、缆索进行类比的方法。

（2）从主动力作用段开始进行，分析结构的变形和内力；按照由相对主动的位移到被动位移、主动力到被动力的顺序进行，综合运用有关结构刚度和力的分配与传递方面的概念分析；确定变形的形状、大小和内力的上限、下限等分析。

（3）绘制多自由度体系（$n \leqslant 4$）的振型，用施加单位惯性力的方法确定第一主振型，在此基础上应用主振型的正交性定性确定出其余振型的形式。

本书在学科内容与编写形式上都是一次新的尝试，难免有不妥之处，欢迎读者批评指正。

编 者

于西南交通大学

目 录

第1章 绪 论 ·· 1
  1.1 结构力学的研究对象与任务 ·· 1
  1.2 结构力学的学科内容 ·· 1
  1.3 三个基本条件 ·· 2
  1.4 结构计算中的三个要素 ·· 3
  1.5 结构力学课程的特点与学习方法 ·· 6

第2章 平面体系的几何构造分析 ··· 10
  2.1 杆件体系 ·· 10
  2.2 几何构造分析的基本概念 ·· 10
  2.3 平面几何不变体系的基本组成规则 ·· 12
  2.4 几何可变与不变的对比分析 ·· 13
  2.5 三刚片六链杆体系几何构造分析 ·· 15
  2.6 体系内部等效变换几何构造分析 ·· 16
  2.7 几何构造的概念分析 ·· 17
  2.8 试题分析 ·· 18

第3章 静定结构内力分析 ··· 20
  3.1 单跨静定梁内力分析 ·· 20
  3.2 多跨静定梁内力分析 ·· 21
  3.3 静定刚架内力分析 ·· 23
  3.4 三铰拱内力分析 ·· 26
  3.5 静定桁架内力分析 ·· 28
  3.6 静定组合结构内力分析 ·· 32
  3.7 梁与刚架的概念分析举例 ·· 33
  3.8 桁架杆件轴力定性分析举例 ·· 37
  3.9 试题分析 ·· 39

第4章 结构位移计算 43

- 4.1 虚功及虚功原理 43
- 4.2 荷载作用下的位移计算 45
- 4.3 计算位移的图乘法 47
- 4.4 静定结构因温度变化与制造误差引起的位移计算 51
- 4.5 线弹性体系的互等定理 52
- 4.6 概念分析举例 53
- 4.7 试题分析 56

第5章 力 法 59

- 5.1 超静定次数的确定 59
- 5.2 力法分析超静定结构的算例 60
- 5.3 力法的简化计算 65
- 5.4 超静定结构的位移计算 68
- 5.5 最后内力图的校核 69
- 5.6 温度变化时超静定结构的计算 70
- 5.7 支座移动时超静定结构的计算 73
- 5.8 三类等截面单跨梁的概念分析 74
- 5.9 荷载作用的概念分析 77
- 5.10 支座移动与温度改变的概念分析 79
- 5.11 优化设计问题举例 81
- 5.12 用力法解边界非线性问题 82
- 5.13 试题分析 83

第6章 位移法 87

- 6.1 位移法基本未知量与基本结构 87
- 6.2 位移法分析超静定结构的算例 89
- 6.3 对称性的利用 92
- 6.4 具有牵连位移刚架的计算 94
- 6.5 支座位移、温度变化作用下的位移法计算 97
- 6.6 位移法概念分析 99
- 6.7 试题分析 102

第7章 实用方法与概念分析 106

- 7.1 弯矩分配法分析超静定结构的算例 106

7.2 无剪力分配法 ··108
  7.3 剪力分配法 ··109
  7.4 对称结构的概念分析 ··111
  7.5 弯矩图形状的定性分析 ··114
  7.6 试题分析 ··120

第8章 矩阵位移法
  8.1 矩阵位移法的概念分析算例 ··122
  8.2 试题分析 ··127

第9章 影响线及其应用
  9.1 静力法作静定梁的影响线 ··132
  9.2 间接荷载作用下的影响线 ··134
  9.3 桁架的影响线 ··135
  9.4 影响线的应用 ··137
  9.5 简支梁的绝对最大弯矩 ··140
  9.6 简支梁的内力包络图 ··142
  9.7 机动法作影响线 ··143
  9.8 联合法作影响线 ··144
  9.9 定性绘制超静定结构的影响线 ··145
  9.10 试题分析 ··147

第10章 结构动力学
  10.1 结构动力分析中体系的自由度 ··151
  10.2 结构的动力特性 ··152
  10.3 单自由度体系的振动 ··153
  10.4 多自由度体系的振动 ··161
  10.5 振型的正交性及其利用 ··166
  10.6 无阻尼强迫振动（简谐荷载）··167
  10.7 概念分析示例 ··169
  10.8 试题分析 ··170

第11章 结构的弹性稳定
  11.1 概述 ··176
  11.2 两类失稳问题——分支点失稳与极值点失稳 ··177

11.3　用静力法求有限自由度体系的临界荷载 …………………………… 177
　　11.4　用静力法求无限自由度体系的临界荷载 …………………………… 181
　　11.5　具有弹性支座的压杆的稳定 …………………………………………… 183
　　11.6　刚架稳定分析的简化 …………………………………………………… 186
　　11.7　稳定概念分析示例 ……………………………………………………… 188
　　11.8　试题分析 ………………………………………………………………… 191

第12章　研究生入学试题汇集 …………………………………………………… 195
　　2008年试题 …………………………………………………………………… 195
　　2009年试题 …………………………………………………………………… 200
　　2010年试题 …………………………………………………………………… 205
　　2011年试题 …………………………………………………………………… 211
　　2012年试题 …………………………………………………………………… 218
　　2013年试题 …………………………………………………………………… 223
　　2014年试题 …………………………………………………………………… 228

第13章　试题释疑与解答 ………………………………………………………… 233
　　2008年试题参考答案 ………………………………………………………… 233
　　2009年试题参考答案 ………………………………………………………… 235
　　2010年试题参考答案 ………………………………………………………… 237
　　2011年试题参考答案 ………………………………………………………… 239
　　2012年试题参考答案 ………………………………………………………… 243
　　2013年试题参考答案 ………………………………………………………… 245
　　2014年试题参考答案 ………………………………………………………… 247

参考文献 …………………………………………………………………………… 251

第1章 绪 论

1.1 结构力学的研究对象与任务

结构是指用以担负预定任务、支承荷载的建筑物,如桥梁、房屋、隧道等都可称为结构。

结构力学以杆系结构为研究对象,其基本任务是:研究结构的合理形式,有效地利用材料,使其受力性能得到充分的发挥;研究结构在荷载变化、温度变化、支座移动等因素作用下的内力、位移、动力反应和稳定性的计算原理与方法,以保证结构具有足够的强度与刚度要求。

1.2 结构力学的学科内容

结构力学的内容如图 1.1 所示,具体如下所述。

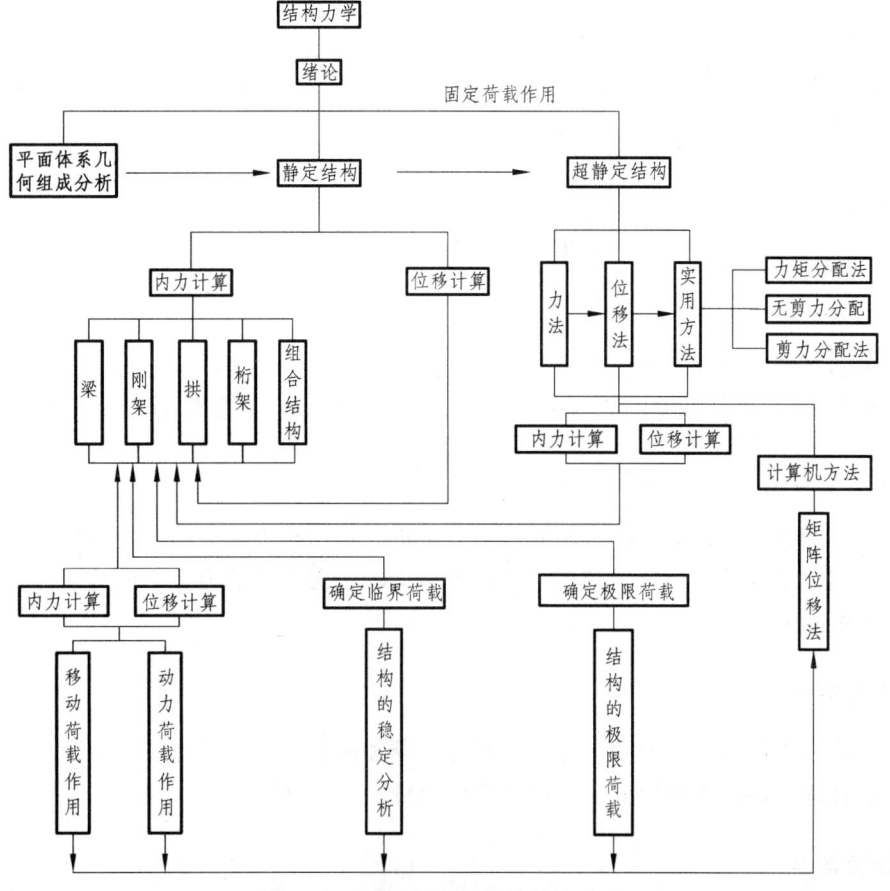

图 1.1 结构力学课程的基本内容

1. 结构静力分析

主要研究结构在静力荷载（固定荷载、移动荷载）作用下的内力与位移的计算原理和方法。要求在已知结构和荷载的前提下，根据强度、刚度的要求，通过分析计算，使所设计的结构既经济合理，又安全可靠。这就是所谓的结构力学的经典内容，适用于手算的内容。

2. 结构计算机分析

以位移法为基本理论，采用矩阵表达式，借助计算机进行结构内力和位移计算的方法。

3. 结构动力分析

研究结构动力特性，以及在动荷载作用下内力与位移的计算原理和方法。

4. 结构稳定分析

确定临界荷载和进行稳定性验算，以保证结构不致因失稳而丧失承载能力。稳定分析所研究的问题是变形问题。

5. 结构极限分析

确定结构进入塑性阶段，最后使结构破坏时（几何可变体系）所能承受的荷载极限。结构的极限分析属于结构的非线性分析。

1.3 三个基本条件

结构力学基本上是处理变形体力学问题，问题的类型多种多样（静力、动力、稳定、极限状态等），分析与求解问题的方法也各有不同，但所有方法都要考虑下面 3 个基本条件。

1. 平衡条件

力系的平衡条件是任何问题、任何计算方法都要自始至终遵守的。在结构力学中，从最小的微元体到单个杆件、部分子结构乃至整个结构，也无论是静力分析还是动力分析、稳定分析，它们都要满足平衡条件。

2. 几何条件

变形的协调条件或几何连续条件也是所有问题和所有方法必须遵循的条件。在结构力学中，杆端位移要协调，支座处要满足位移约束条件。

3. 物理条件

应力应变的物理关系也是变形体力学问题所必须考虑的一个基本条件。如在结构力学中，在极限分析时就应假定材料是理想弹塑性的。除此之外，结构力学中的大部分内容假定为线性物理关系，如在力法、位移法中假定力与位移呈线性关系等，相关结构即所谓的线性变形结构，或称为线性弹性结构。

1.4 结构计算中的三个要素

结构计算中的三要素是指：结构、荷载、支座约束。

1. 结　构

结构的类型如图 1.1 所示，不同类型的结构其主要内力性质不同。如：

（1）梁。它是一种受弯杆件，当荷载垂直于梁轴线时，横截面上的内力只有弯矩和剪力，没有轴力。

（2）刚架。各杆件主要是受弯和受压（拉），其内力为弯矩、轴力和剪力。

（3）桁架。当只受到作用于结点的集中荷载时，各杆只产生轴力。

（4）拱。拱为受轴向压力的结构。

（5）悬索结构。主要承重构件为悬挂于塔、柱上的缆索，索只受轴向拉力。

（6）组合结构。一些杆件只承受轴力，另一些杆件同时承受弯矩、剪力和轴力。

2. 荷　载

荷载是作用在结构上的主动力。结构抵抗荷载或其他因素能力的大小的度量，即内力和位移。图 1.2 所示为梁式结构在集中荷载作用下的变形与弯矩图。

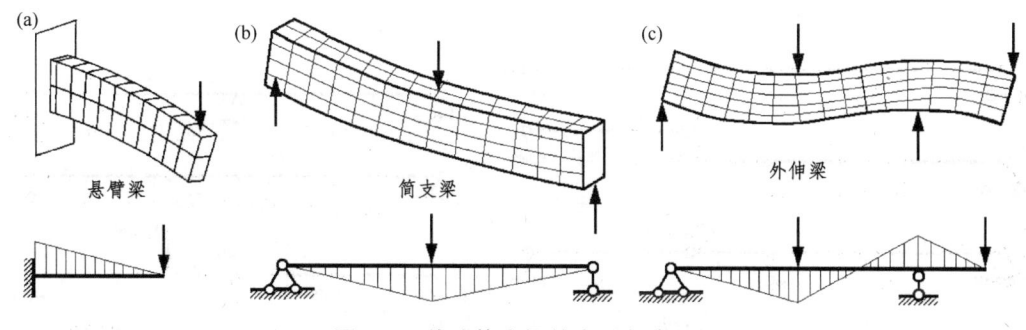

图 1.2　单跨静定梁的变形与弯矩图

（1）表 1.1 所示为荷载与内力图形状之间的一一对应关系。掌握内力图形状特征，对正确和迅速绘制内力图很有帮助，对于结构内力图的定性分析也是十分重要的。

（2）当荷载作用在基本部分上时，由平衡条件可知，只有基本部分受力，而附属部分不受力，如图 1.3（c）、（d）、（g）所示。

（3）当荷载作用在附属部分上时，则不仅附属部分受力，基本部分也受力，如图 1.3（e）、（f）、（h）所示。

表 1.1　直梁内力图的形状特征与荷载的对应关系

梁上情况	剪力图		弯矩图	
无横向外力区段	水平线	水平线	斜直线	斜直线
q 作用区段	斜直线	斜直线	抛物线（凸方向同 q 指向）	抛物线（凸方向同 q 指向）
集中力 F_P 作用处	有突变（突变值=F_P）	有突变（突变值=F_P）	有尖角（尖角指向同 F_P）	有尖角（尖角指向同 F_P）
集中力偶 M 作用处	无变化	无变化	有突变（突变值=M）	有突变（突变值=M）
q_1，q_2	二次曲线	二次曲线	三次曲线	三次曲线

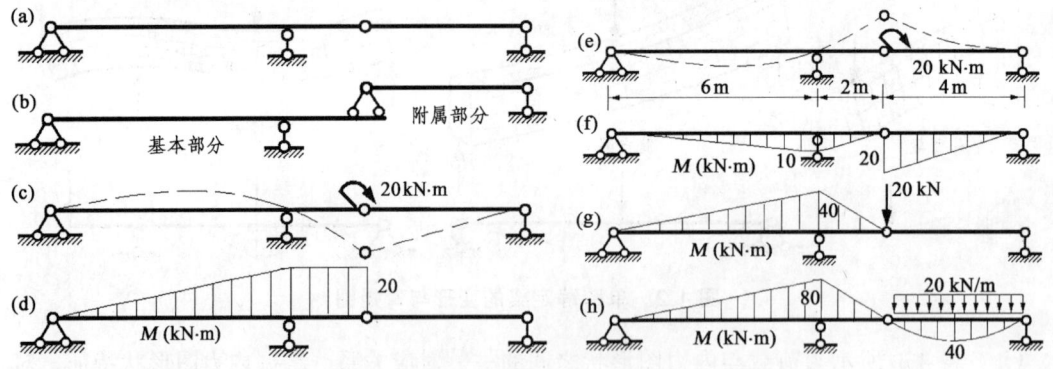

图 1.3　基本部分与附属部分对荷载的反应

（4）对称结构在对称荷载作用下，变形、弯矩图、轴力图是对称的，而剪力图根据其正负号规定是反对称的，如图 1.4 所示。

（5）对称结构在反对称荷载作用下，变形、弯矩图、轴力图是反对称的，而剪力图根据其正负号规定是正对称的，如图 1.5 所示。

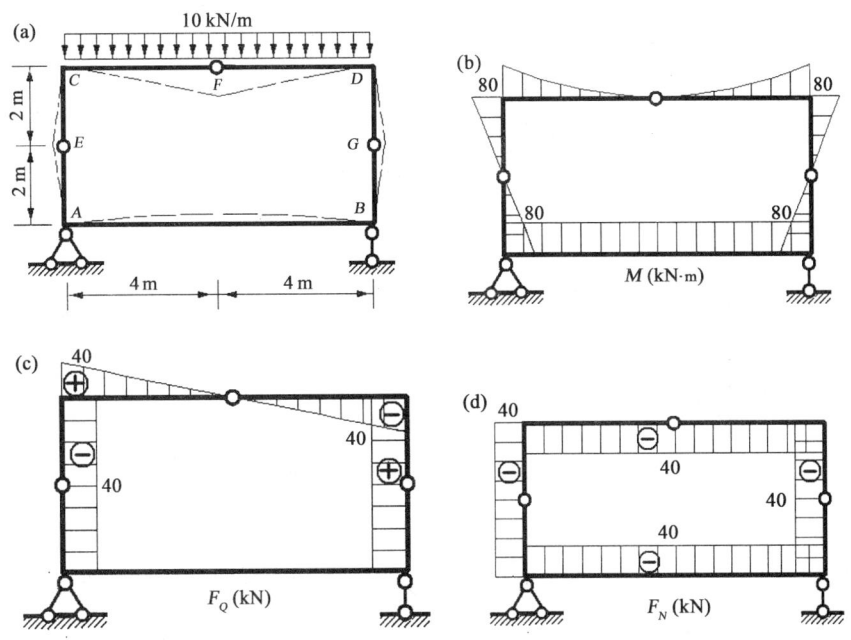

图 1.4 对称结构在对称荷载作用下的受力特点

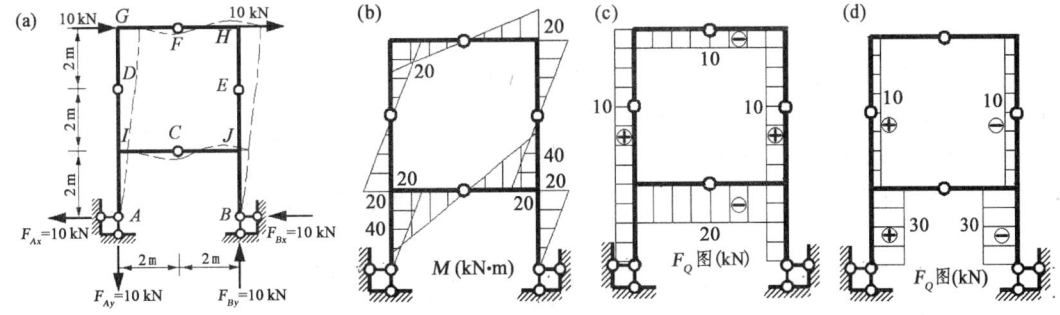

图 1.5 对称结构在反对称荷载作用下的受力特点

3. 结点与支座约束

结点与支座的性质在结构计算中是非常重要的。

（1）铰结点[图 1.6（a）]。其特性是被连接的杆件在连接处不能相对移动（即相交于同一结点的各杆端相对线位移为零），但可作相对转动（即相交于同一结点的杆件有不同的转角），因此铰结点可传递轴力和剪力，但不能传递力矩。

（2）刚结点[图 1.6（b）中的结点 E]。其特征是被连接杆件在连接处既不能相对移动（即相交于同一结点的各杆端相对线位移为零），又不能相对转动（即相交于同一结点的各杆端具有相同的转角），既可传递轴力、剪力，又可传递力矩。

（3）组合结点[图 1.6（b）中的结点 F]。在该结点处，一部分杆件具有刚结点性质，而另一部分杆件又具有铰结点性质。

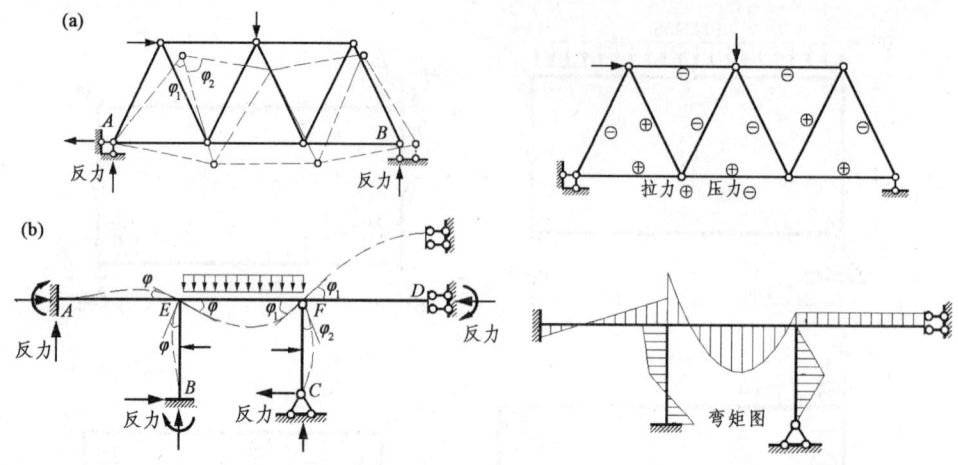

图 1.6 结点与支座的性质

（4）活动铰支座[图 1.6（a）中结点 B 处]。它允许结构在支承处转动和沿平行于支承平面的方向移动，但不能沿垂直于支承面的方向移动。因此，该类支座仅提供垂直于支承面方向的约束反力。

（5）固定铰支座[图 1.6（a）中结点 A 处及图 1.6（b）中结点 C 处]。它允许结构在支承处转动，但不能作水平和竖向移动。因此，该类支座仅提供两个方向的约束反力。

（6）固定支座[图 1.6（b）中结点 A、B 处]。这种支座不允许结构在支承处发生任何移动和转动。因此，该类支座在约束处提供水平、竖向反力和反力矩。

（7）定向支座，又称滑动支座[图 1.6（b）中结点 D 处]。结构在支承处不能转动，不能沿垂直于支承面的方向移动，但可沿平行于支承面的方向滑动。因此，该类支座在约束处提供一个垂直于支承面的反力和反力矩。

（8）结构外形相同，作用的荷载也相同，但支座约束不同，则结构内力不同，如图 1.7 所示。

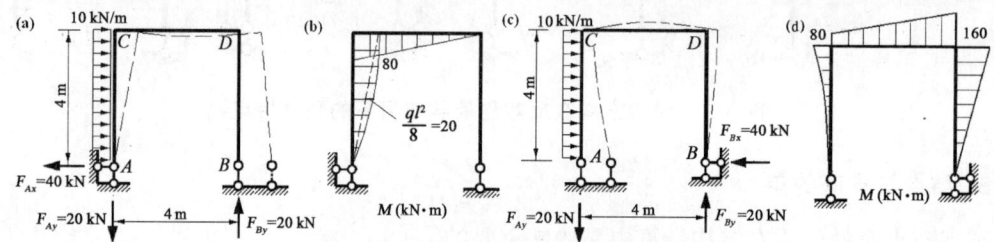

图 1.7 支座约束对结构内力的影响

1.5 结构力学课程的特点与学习方法

1.5.1 结构力学的特点

结构力学的特点可概括为以下两个方面：

（1）概念性强，方法技巧性要求高。对于概念，需要通过练习来加深理解；对于方法技巧，则需要通过多做题来熟练掌握。

（2）结构力学各章内容相互联系紧密，前面的内容是后面内容的基础。

下面我们用某一简单的悬臂梁计算结果逐步到超静定结构的求解这一过程来剖析结构力学分析问题和处理问题的方法。它具体可分为以下5个阶段或者说5个层次。

阶段1：静定结构的内力分析。

图1.8（a）、（b）给出了悬臂梁弯矩图。

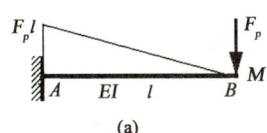 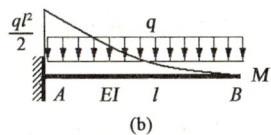 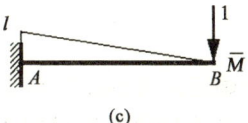

图1.8　悬臂梁的弯矩图

阶段2：静定结构的位移计算。

利用已知的静定结构弯矩图计算指定处的位移。求图1.8（a）、（b）端点 B 的竖向线位移的虚力状态，如图1.8（c）所示。由图乘法得图1.8（a）、（b）的 B 端位移分别为：

$$\Delta_{By} = \frac{A \cdot y}{EI} = \frac{F_P l^3}{3EI}(\downarrow), \quad \Delta'_{By} = \frac{A \cdot y}{EI} = \frac{ql^4}{8EI}(\downarrow)$$

阶段3：超静定结构的计算。

用力法计算图1.9（a）所示超静定结构的弯矩图，其过程包括了两个内容：

（1）利用已知悬臂梁的内力和位移结果。

（2）应用位移协调条件。

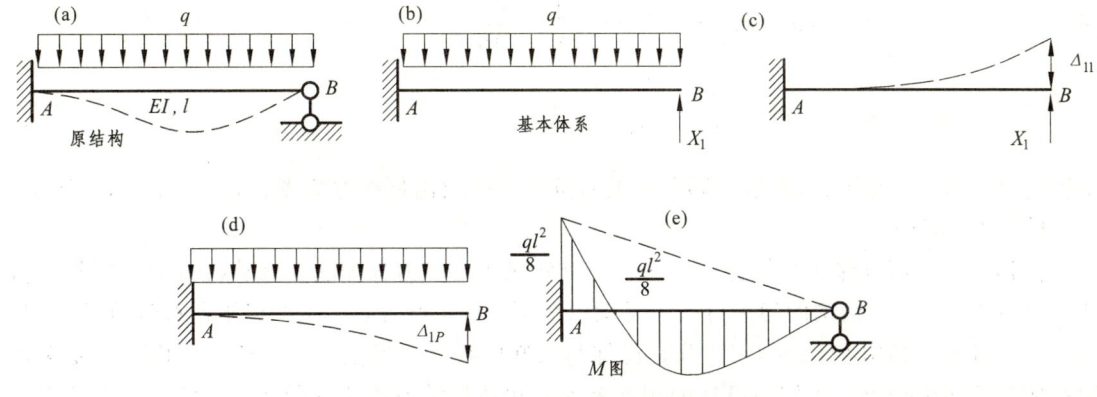

图1.9　力法分析超静定结构的过程

为了确定多余未知力 X_1，根据原结构支座 B 处的位移协调条件，基本体系[图1.9（b）]在均布荷载 q 和多余未知力 X_1 的共同作用下，其 B 点的竖向位移应等于零，故力法方程为：

$$\Delta_1 + \Delta_{1P} = 0 \quad \text{或} \quad \delta_{11} X_1 + \Delta_{1P} = 0$$

利用图1.8中的结果，则 $\Delta_{11} = \delta_{11} X_1$，$\Delta_{1P} = -ql^4/8EI$。将它们代入力法方程，得 $X_1 = -\Delta_{1P}/\delta_{11} = 3ql/8$，得弯矩图如图1.9（e）所示。

阶段 4：以力法为基础的位移法。

用位移法求图 1.10（a）所示连续梁的弯矩图，其过程包括了两个内容：

（1）利用力法计算出的单跨等截面超静定梁为基本单元。

（2）应用结构平衡条件。

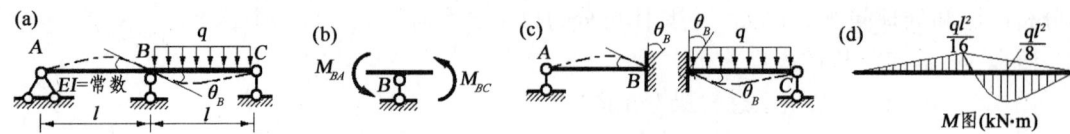

图 1.10　位移法分析超静定结构的过程

先确定关键结点位移未知量 θ_B。

取结点 B 为隔离体，见图 1.10（b），由结点平衡条件得：

$$\sum M_B = 0 \Rightarrow M_{BA} + M_{BC} = 0$$

根据力法计算出的单跨梁的结果写出杆件 AB、BC 杆端弯矩与角位移 θ_B 的关系式[图 1.10（c）]。

杆件 AB：　　$M_{AB} = 0$，$M_{BA} = 3i\theta_B$

杆件 BC：　　$M_{BC} = 3i\theta_B - \dfrac{ql^2}{8}$，$M_{CB} = 0$

解方程，将 M_{BA}、M_{BC} 的表达式代入平衡方程得：

$$3i\theta_B + 3i\theta_B - \dfrac{ql^2}{8} = 0 \Rightarrow \theta_B = \dfrac{ql^2}{48i}$$

再将 θ_B 回代入各杆端力矩计算表达式，得：

$$M_{AB} = 0, \quad M_{BA} = 3i\theta_B = 3i \times \dfrac{ql^2}{48i} = \dfrac{ql^2}{16}$$

$$M_{BC} = 3i\theta_B - \dfrac{ql^2}{8} = -\dfrac{ql^2}{16}, \quad M_{CB} = 0$$

求得各杆端弯矩（也即控制截面弯矩），最后按叠加法绘出最终弯矩图，如图 1.10（d）所示。

阶段 5：应用。

位移法是实用方法（手算方法）——力矩分配法、剪力分配法和计算机方法（矩阵位移法）的理论基础，而结构的静力分析又是动力分析、稳定性计算、结构极限荷载计算的基础。

由上可知，结构力学的学习过程是已知与未知的缠绕，像滚雪球一样相互作用，使未知逐渐成为已知被理解。未知与已知的相互渗透的联系是学习的关键所在。因此结构力学不仅仅是一门专业技术基础课，更是一门教学生分析问题和解决问题的方法学课程。

1.5.2　结构力学的学习方法

学习时要注意分析的方法与解题的思路，特别是要从各具体的算法中学习分析问题的一般方法。例如：如何将整体分解为局部，再由局部综合成整体，即分析与综合的方法；如何把几个问题加以对比分析，即对比联系的方法；如何由已知领域逐步过渡到未知领域，即由已知过渡到未知的方法。下面对这三种方法作简要介绍。

1. 分析与综合

在几何构造分析中采用"体系 ⇔ 构造单元"的方法——先将整个体系按照某种次序分解成一系列构造单元（按照三角形规则组成的构造单元），再将构造单元装配成整个体系。

在静定结构受力分析中采用"静定结构 ⇔ 计算单元"的方法——将多跨静定梁分解为附属部分和基本部分；计算简单桁架时按照几何组成相反的次序每次截取一个结点，把整个桁架的计算问题依次分解为单个结点的计算问题。

在作静定刚架弯矩图时采用"刚架 ⇔ 杆件"的方法——先用截面法求出各杆件的杆端弯矩，再分别作单个杆件的弯矩图。

2. 对比联系

（1）等效——找出等效关系，以简代繁。

等效约束：两根链杆约束相当于一个铰的约束。

等效荷载：单元分布荷载等效为单元结点荷载。

等效质量：分布质量等效为集中质量。

等效刚度：弹性支承等效为弹簧支座与并串联弹簧。

（2）对偶——找出对偶关系，由"一"知"二"，融会贯通，能从"二"的全局深刻地理解其中的"一"。在结构力学中有以下重要的对偶关系：

几何组成顺序—受力分析顺序（反）；

几何不变—平衡方程有解；

几何可变—平衡方程一般无解；

无多余约束—平衡方程的解是唯一解；

有多余约束—平衡方程的解有非唯一解；

位移法—力法；

刚度矩阵—柔度矩阵；

加约束—减约束；

单位位移法—单位荷载法。

3. 由已知过渡到未知

在力法中，利用静定结构的已知知识来解决超静定结构计算的新课题。这里指以力法的基本体系作为过渡手段，以力法的基本方程为转化条件。

在位移法中，利用单元分析的已有知识来处理结构分析的新课题。这里指以位移法的基本体系作为过渡手段，以位移法的基本方程为转化条件。

在振型分解法中，利用单自由度体系振动的已有知识来分析多自由度体系振动这一新课题。这里指以正则坐标即振型分解法作为转化过渡的手段。

第 2 章 平面体系的几何构造分析

2.1 杆件体系

若干个杆件以某种方式相互联结，并与基础相连，则构成杆件体系。如果体系的所有杆件和联系以及外部作用均处于同一平面内，则称为平面体系。按照几何学原理对体系发生运动的可能性进行分析，称为体系的几何构造分析。

体系几何构造分析的主要目的是确定什么样的体系可以作为结构，具体来说包括以下几个方面：

（1）研究几何构造的基本规律，检查并设法保证体系的几何不变性。
（2）了解结构各部分之间的构造关系，从而确定结构传力路径和受力分析顺序。
（3）判别静定、超静定结构。

在不计材料的变形条件时，杆件体系在任意荷载作用下，根据可变性可分为几何不变体系和几何可变体系：

$$\text{杆件体系}\begin{cases}\text{几何不变体系(形状、位置不变)}\begin{cases}\text{无多余约束(静定结构)}\\ \text{有多余约束(超静定结构)}\end{cases}\\ \text{几何可变体系(形状、位置可变)}\begin{cases}\text{常变体系}\\ \text{瞬变体系}\end{cases}\end{cases}$$

2.2 几何构造分析的基本概念

2.2.1 刚 片

平面内的刚体称为刚片。由于不考虑材料变形，一根杆件、铰结三角形、几何不变部分以及地基都是刚片。

判别一个体系是否为几何可变，实际上就是判别该体系是否存在刚体运动的自由度，简称体系的自由度。

2.2.2 自由度

指完全确定体系位置所需的独立坐标的数目。例如，平面上一个点有 2 个自由度 (x, y)，平面上一个刚片有3个自由度(x, y, φ)。

2.2.3 约 束

凡能减少体系自由度的装置称为约束(也称联系)。在杆件体系中,各杆件之间、体系与基础之间都需通过结点、支座相互联系起来,这些都是约束。

1. 具体约束类型

1) 链杆的约束作用

如图 2.1(a)所示,用一根链杆将两个自由的点 A、B 联结在一起,此时体系从原来 4 个自由度减少为现在的 3 个自由度,所以一根链杆或链杆支座相当于一个约束。

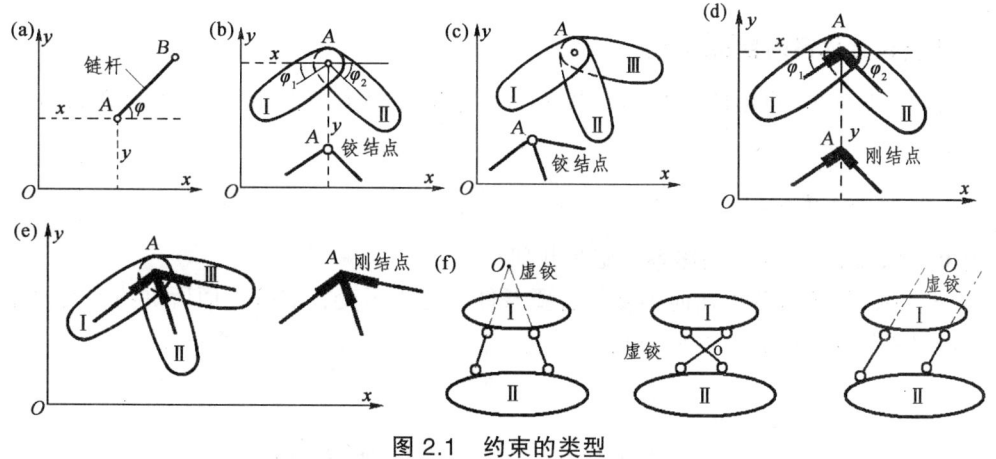

图 2.1 约束的类型

2) 铰的约束作用

单铰:联结两个刚片的铰,见图 2.1(b)。单铰将两个自由的刚片 Ⅰ、Ⅱ 联结在一起,此时体系从原来 6 个自由度减少为现在的 4 个自由度,所以一个单铰或固定铰支座相当于两个约束。

复铰:联结两个以上刚片的铰,见图 2.1(c)。复铰将三个刚片联结在一起,此时体系从原来 9 个自由度减少为现在的 5 个自由度,所以联结三个刚片的复铰相当于两个单铰的作用。一般来说,联结 n 个刚片的复铰相当于 (n-1) 个单铰。

3) 刚结点的约束作用

将两刚片刚结在一起,如图 2.1(d)所示,此时体系从原来的 6 个自由度减少为现在的 3 个自由度,所以一个刚结点相当于 3 个约束(或联系)。由此类推,联结 n 个刚片的复刚结点可以当做 (n-1) 个上述刚结点,可以减少 3(n-1) 个自由度,见图 2.1(e)。实际上,通过刚结点相连的刚片,可看成一个大刚片。

4) 虚铰(瞬铰)

联结两个刚片的两根链杆的作用相当于在其交点处的一个单铰,不过这个铰的位置是随着链杆的转动而改变的,这种铰称为虚铰,见图 2.1(f)。

2. 必要约束与多余约束

除去该约束后，体系的自由度增加，这类约束称为必要约束；除去该约束后，体系的自由度不变，这类约束称为多余约束。值得一提的是，必要约束和多余约束是相对而言的。

2.2.4 体系自由度数的计算（几何不变的必要条件）

1. 一般体系的自由度计算

设给定体系的刚片总数为 m，自由度数为 $3m$，单铰总数为 h，约束为 $2h$，支座链杆数为 r，则体系自由度数 W 的计算公式为：

$$W = 3m - (2h + r) \tag{2.1}$$

2. 完全铰结体系的自由度计算

设结点总数为 j，自由度数为 $2j$，内部杆件数为 b，支座链杆数为 r，则体系自由度数 W 的计算公式为：

$$W = 2j - (b + r) \tag{2.2}$$

当 $W > 0$，缺少约束，则体系一定是几何可变。

当 $W \leq 0$，体系具备了几何不变的必要条件，是否不变，需按下面所讲的"几何不变体系的基本组成规则"作进一步的分析。

2.3 平面几何不变体系的基本组成规则

为了构造几何不变体系，需要研究组成几何不变体系的充分条件。这里所指的充分条件，即 4 个基本组成规则，如图 2.2 所示。

1. 三刚片规则[图 2.2（a）]

三个刚片用不在一条直线上的三个单铰两两相连，组成的体系几何不变，并且没有多余约束。若三铰共线，则几何瞬变[图 2.2（b）]。

2. 两刚片规则

两刚片用一个铰（实铰或虚铰）和一根不通过此铰的链杆相连，为几何不变体系[图 2.2（c）]；或者用三根不全平行也不交于一点的链杆相连，为几何不变体系[图 2.2（d）]。若三杆交于一点，则几何瞬变[图 2.2（e）]；三杆平行且不等长，几何瞬变[图 2.2（f）]；三杆平行且等长，几何常变[图 2.2（g）]。

3. 一元体规则

一个刚片与一个体系之间用三根不相交于一点也不相平行的链杆联结，则该刚片称为一元体。在作体系几何构造分析时，减少或增加一元体不改变体系的几何构造特性。

4. 二元体规则[图 2.2（h）]

在一个体系上增加或撤除二元体，不会改变原体系的几何构造性质。

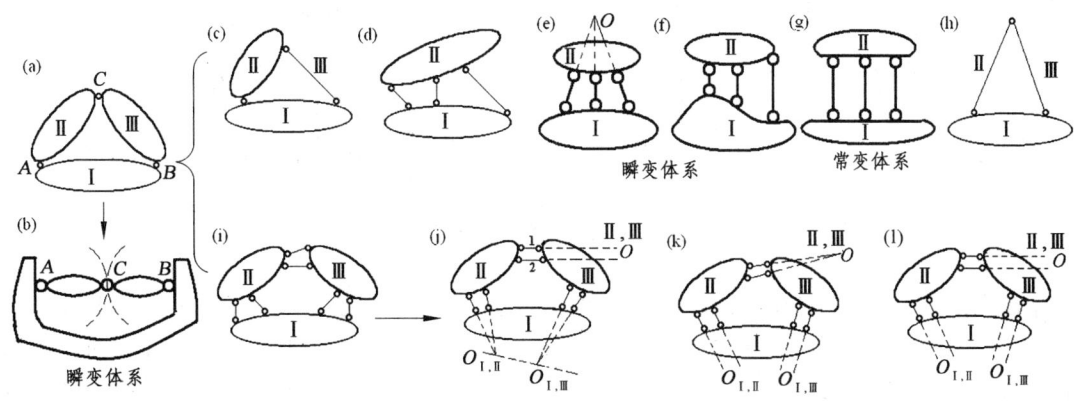

图 2.2　几何组成规则

由一个单铰等效两根链杆的约束，则三刚片规则又可叙述为"三个刚片之间用六链杆"的组成规律[图 2.2（i）]，它存在以下几种情况。

（1）一铰在无穷远处[图 2.2（j）]。

若组成无穷远铰的两根平行链杆与另外两铰的连线不平行，则体系几何不变；若平行则几何瞬变；若平行且等长，则几何常变。

（2）两铰在无穷远处[图 2.2（k）]。

若组成两无穷远铰的两对平行链杆互不平行，则几何不变；若这两对平行链杆又相互平行，则体系几何瞬变；若这两对平行链杆相互平行且等长，则体系几何常变。

（3）三铰均在无穷远处[图 2.2（l）]。

体系几何瞬变；若三对平行链杆等长，几何常变。

（4）瞬变体系[图 2.2（b）]。

原体系几何可变，但经微小的位移后又成为几何不变的体系，称为瞬变体系。

瞬变体系的力学特征是：即使在很小的力的作用下也会产生巨大的内力，从而可能导致结构的破坏。同时，瞬变体系在很小的力的作用下也会产生很大的位移。因此，根据结构的定义，瞬变与常变体系都不能作为结构在工程中采用。

2.4　几何可变与不变的对比分析

通过以下对比示例的分析，读者可以看出如何辨别几何可变体系与几何不变体系，从而更进一步理解几何构造的要点。例中所绘刚体运动的图形形象直观，可使读者加深理解。

【例 2.1】 试分析图 2.3 所示体系几何构造。

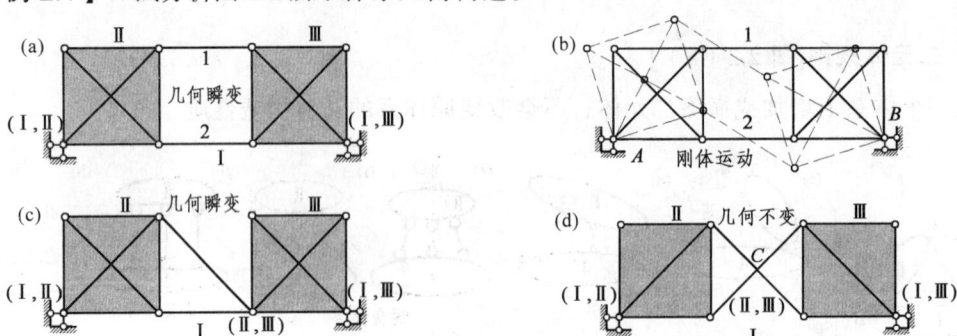

图 2.3 三刚片体系示例 1

【解】 图 2.3（a）：组成无穷远虚铰两平行链杆 1、2 与铰（Ⅰ，Ⅱ）、（Ⅰ，Ⅲ）的连线平行，故为瞬变体系，见图 2.3（b）。图 2.3（c）：（Ⅰ，Ⅱ）、（Ⅱ，Ⅲ）、（Ⅰ，Ⅲ）三铰共线，故为瞬变体系。图 2.3（d）：（Ⅰ，Ⅱ）、（Ⅱ，Ⅲ）、（Ⅰ，Ⅲ）三铰不共线，故为几何不变体系。

【例 2.2】 试分析图 2.4 所示体系几何构造。

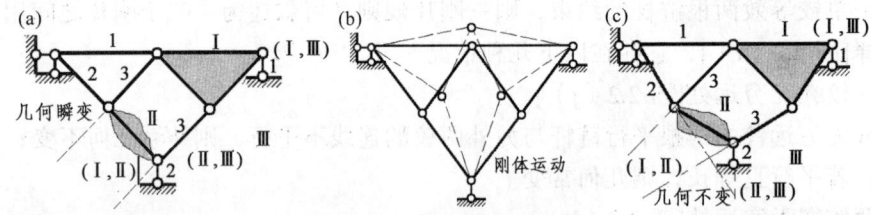

图 2.4 三刚片体系示例 2

【解】 图 2.4（a）：组成无穷远虚铰的两平行链杆 3、3 与铰（Ⅰ，Ⅲ）、（Ⅱ，Ⅲ）连线平行，为瞬变体系，见图 2.4（b）。图 2.4（c）：三单铰不共线，为几何不变体系。

【例 2.3】 试分析图 2.5 所示体系几何构造。

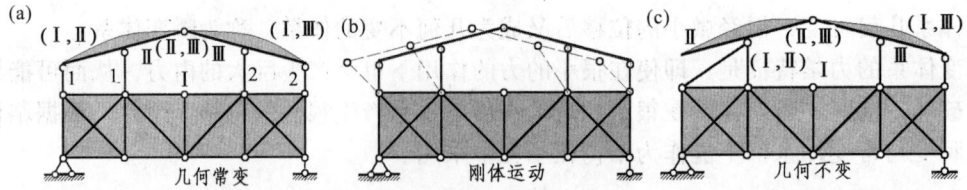

图 2.5 两铰无穷远体系

【解】 图 2.5（a）两铰均在无穷远处，但两对平行链杆不等长，所以为瞬变体系，见图 2.5（b），而图 2.5（c）为几何不变体系。

【例 2.4】 试分析图 2.6 所示体系几何构造。

【解】 图 2.6（a）三铰均在无穷远处，体系是瞬变的，见图 2.6（b），而图 2.6（c）为几何不变体系。

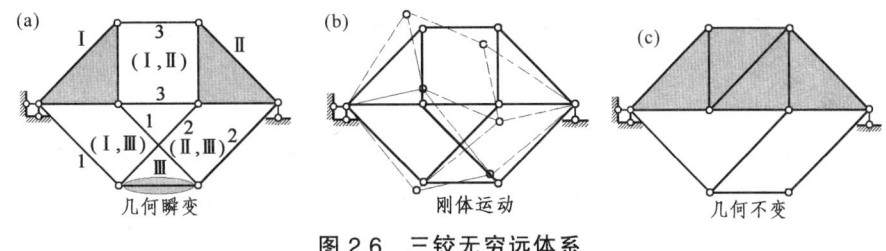

图 2.6 三铰无穷远体系

2.5 三刚片六链杆体系几何构造分析

平面内三刚片用六根链杆连接的体系，它符合简单的几何组成规则，即三刚片规则：平面内三刚片用单铰（包括瞬铰）两两连接，且三个铰不在一条直线上，构成内部几何不变且无多余约束的体系，此时相对运动自由度等于零。

三刚片六链杆体系是几何构造分析中灵活性较大的部分，相关分析见例 2.5。

【例 2.5】 试分析图 2.7 所示体系几何构造。

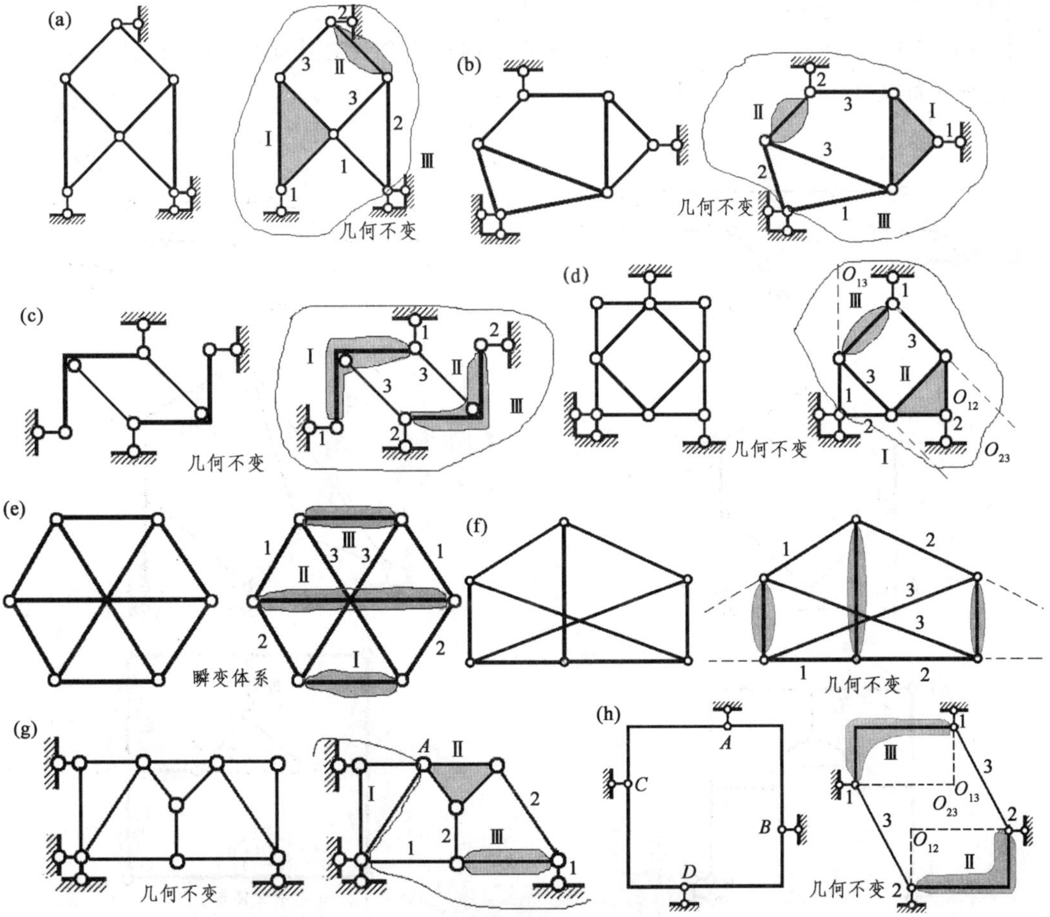

图 2.7 三刚片六链杆体系

2.6 体系内部等效变换几何构造分析

应该说,等效变换在几何构造分析中处于较高层次,它要求对基本组成规则有深入的理解与应用,同时也是等效结构内力分析、结构定性分析、结构优化的理论基础。

【例 2.6】 试分析图 2.8(a)所示体系几何构造。

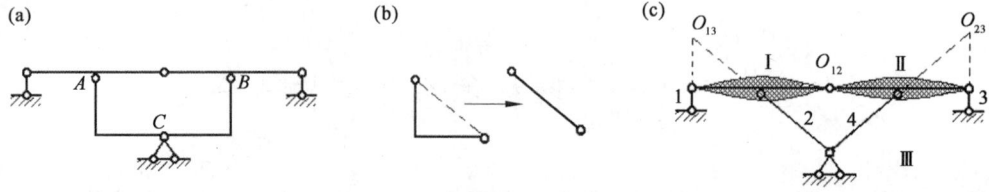

图 2.8 链杆等效代换

【解】 如果一个刚片仅通过两个铰(包括虚铰)对外联系,则可将此刚片视为通过两个铰的链杆。将图 2.8(a)所示刚片 AC、BC 用链杆替代[图 2.8(b)],则得图 2.8(c)所示体系。因为 O_{13}、O_{12}、O_{23} 三铰不共线,故原体系几何不变。

【例 2.7】 试分析图 2.9 所示体系几何构造。

【解】 (1)如果一个几何不变的铰结体系是通过 3 个铰对外联系,则根据等效原则,可以将该刚片看做铰结三角形,如图 2.9(a)所示。

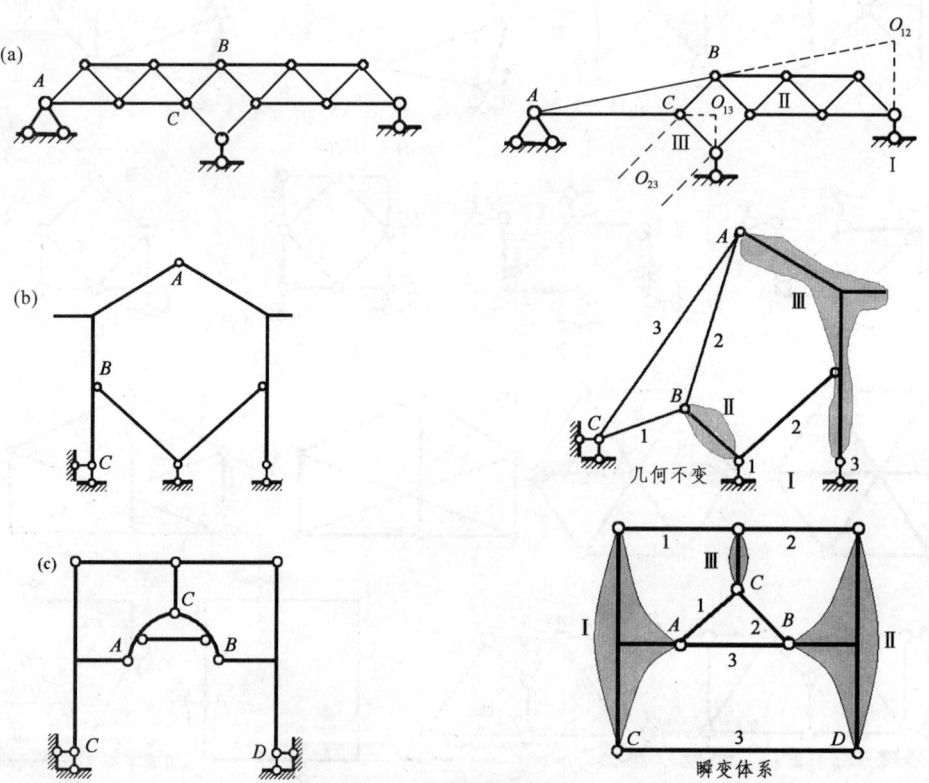

图 2.9 等效变换分析

（2）如果一个刚片是通过 3 个或 3 个以上的铰对外联系，则根据等效原则，可以将该刚片看做联结这些铰的内部几何不变体系，并且是无多余约束的铰结体系[图 2.9（b）]。

（3）链杆是刚片的一种特殊形式，根据需要，可以将任何链杆看做刚片，甚至包括支座链杆在内。但是，将刚片看做链杆却是有条件的。如果一个刚片仅通过两个铰（包括虚铰）对外联系，则可将此刚片视为通过两个铰的链杆，如图 2.9（c）中的地基刚片可以等效为链杆 CD。

几何构造分析的要点如下。

方法 1：首先去掉二元体[图 2.7（d）、（g）]或一元体。

方法 2：若体系内部与地基间满足"二刚片"规则，则去掉支座，仅分析内部（图 2.5、图 2.6）；体系内部与地基间多于三个联系，则视地基为一刚片，与体系内部一起分析（图 2.3、图 2.4）。

方法 3：利用规则将小刚片变成大刚片（图 2.3、图 2.5）。

方法 4：从基础部分（几何不变部分）依次添加，从内部刚片出发进行装配。

方法 5：等效变换。即将只有两个铰与其他部分相连的刚片（包括曲线、折线杆件）看成链杆；若刚片是通过 3 个或 3 个以上的铰对外联系，则根据等效原则，可以将该刚片看做联结这些铰的内部几何不变且无多余约束的铰结体系（图 2.9）。

2.7 几何构造的概念分析

概念分析是指对基本概念和基本原理的综合应用，是从简单问题到复杂问题的推断，是由特例分析得到一般启示。现举一例。

【例 2.8】 试分析图 2.10（a）所示体系几何构造，并推得偶数跨和奇数跨的推论。

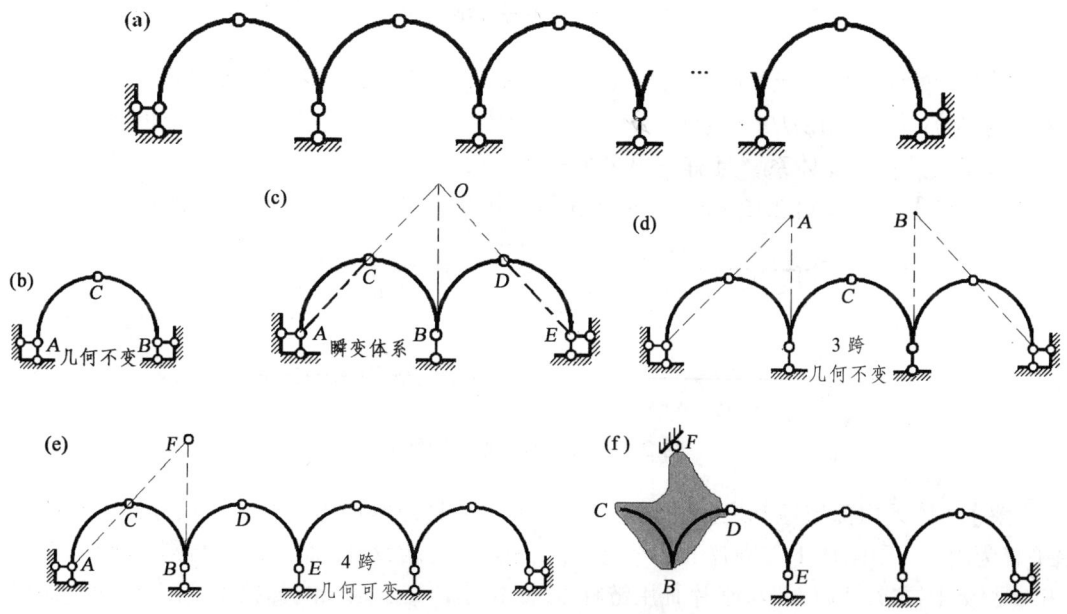

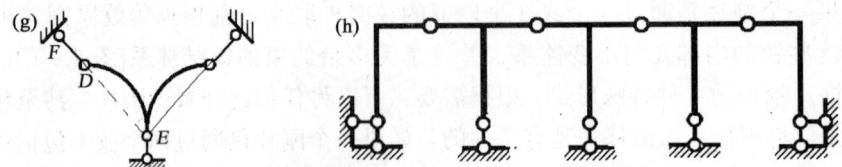

图 2.10 偶数跨与奇数跨相关体系的几何构造特性

【解】 1~3 跨分析如图 2.10（b）、（c）、（d）所示。4 跨分析过程如下：

两链杆 AC 和 B 交于 F 点，F 点起虚铰的作用[图 2.10（e）]。刚片 CBD 可视为连于地基铰 F 和体系内部铰 D 之间[图 2.10（f）]，因为刚片 CBD 通过两铰 F 与 D 对外联结，故将其视为通过这两个铰的链杆。同理，右边也按此分析，最后得图 2.10（g）所示体系，由此知 4 跨时图示体系为几何瞬变体系。

推论：由上可知，当跨度为奇数时，几何不变；当跨度为偶数时，几何瞬变。

通过上面相关分析易知，图 2.10（h）所示体系也是几何瞬变体系。

2.8 试题分析

【例 2.9】 试对图 2.11（a）所示链杆体系作几何组成分析（1999 年试题）。

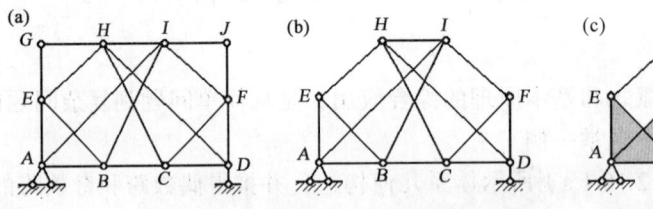

图 2.11 两刚片规则示例

【解】 首先去掉二元体[图 2.11（b）]。因体系内部与基础之间满足两刚片规则，可仅分析体系内部。刚片 ABIHE 与刚片 CDF 用三根既不完全平行也不相交于一点的链杆 1、2、3 相连，组成几何不变体系，且有一根多余联系（FI）。

【例 2.10】 试对图 2.12（a）所示平面体系作几何组成分析（2000 年试题）。

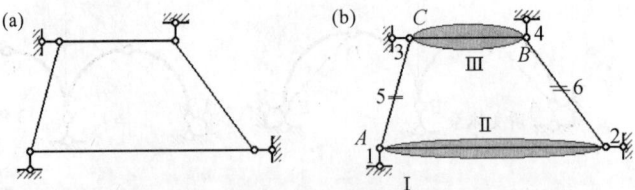

图 2.12 三刚片规则示例 1

【解】 体系内部与地基之间的联系多于三根，需将地基作为一刚片一块分析。内部选两水平杆为刚片，则刚片 I 与刚片 II 用链杆 1、2 相连，交于铰 A，而刚片 I 与刚片 III 用链杆 3、4 相连，交于铰 B，刚片 II 与刚片 III 用链杆 5、6 相连，交于延长线处铰 C。铰 A、B、C 不共线，为几何不变，且无多余联系。

【例 2.11】 分析图 2.13 所示平面体系的几何组成性质（2003 年试题）。

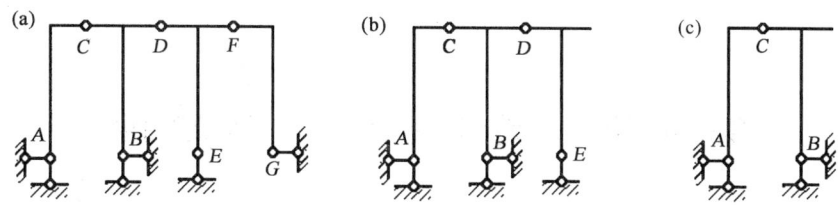

图 2.13 一元体规则示例

【解】 从右到左依次去掉一元体，得图 2.13（c）所示三铰刚架，为几何不变体系且无多余联系。

【例 2.12】 分析图 2.14（a）所示平面体系的几何组成性质（2004 年试题）。

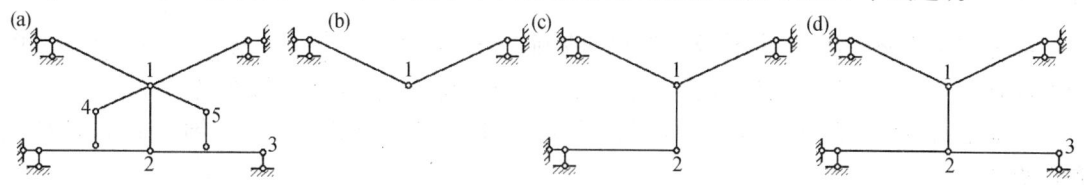

图 2.14 二元体规则示例

【解】 通过增加二元体分析，图 2.14 所示体系为几何不变且无多余联系。

【例 2.13】 分析图 2.15（a）所示平面体系的几何组成性质（2005 年试题）。

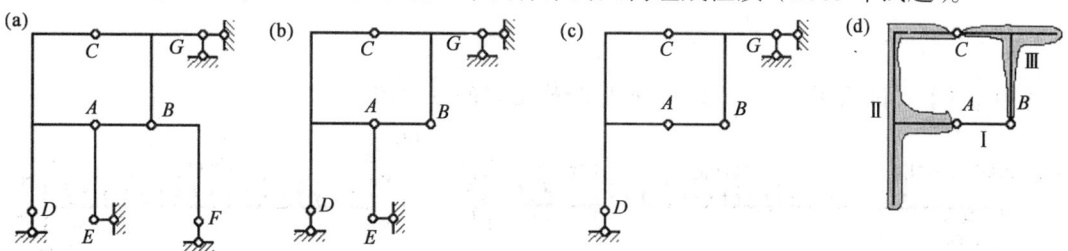

图 2.15 一元体及三刚片规则示例

【解】 拆除一元体 BF、AE 得图 2.15（c）所示体系。此时，体系内部与地基间满足两刚片规则，故可仅分析体系内部：三个刚片间用三个不共线的铰 A、B、C 相连，为几何不变且无多余联系。

【例 2.14】 分析图 2.16（a）所示平面体系的几何组成性质（2007 年试题）。

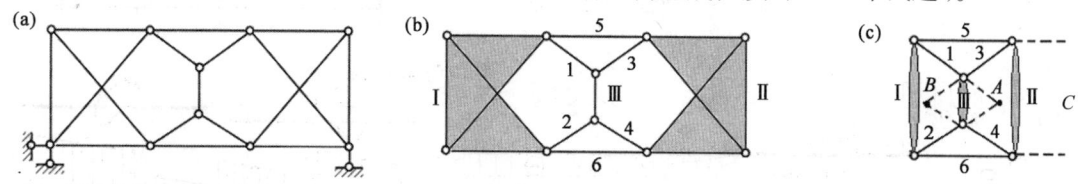

图 2.16 三刚片规则示例 2

【解】 体系内部与地基间满足两刚片规则，仅分析内部：三个刚片如图 2.16（b）所示，刚片 Ⅰ 与刚片 Ⅲ 用链杆 1、2 相连，交于铰 A；刚片 Ⅱ 与刚片 Ⅲ 用链杆 3、4 相连，交于铰 B；刚片 Ⅰ 与刚片 Ⅱ 用链杆 5、6 相连，交于铰 C。A、B、C 三铰共线，几何可变。

第 3 章 静定结构内力分析

静定结构在几何构造特征上是无多余约束的几何不变体系。静力特征是在任意荷载作用下,全部反力和内力都可以根据静力平衡条件求得,而且满足静力平衡条件的解答是唯一的。静定结构内力分析的基本方法是隔离法,即应用隔离体的平衡条件计算拟求的反力和内力。

静定结构的分析是"结构力学"课程的基础,是平衡条件($\sum F_x = 0, \sum F_y = 0, \sum M = 0$)和解的唯一性在各类静定结构中的灵活应用,其原理简单,重点在于要熟练。

平面结构在任意荷载作用下,其杆件横截面一般有 3 个内力分量,即轴力 F_N、剪力 F_Q 和弯矩 M。

3.1 单跨静定梁内力分析

【例 3.1】 试绘制图 3.1(a)所示单跨静定梁的内力图。

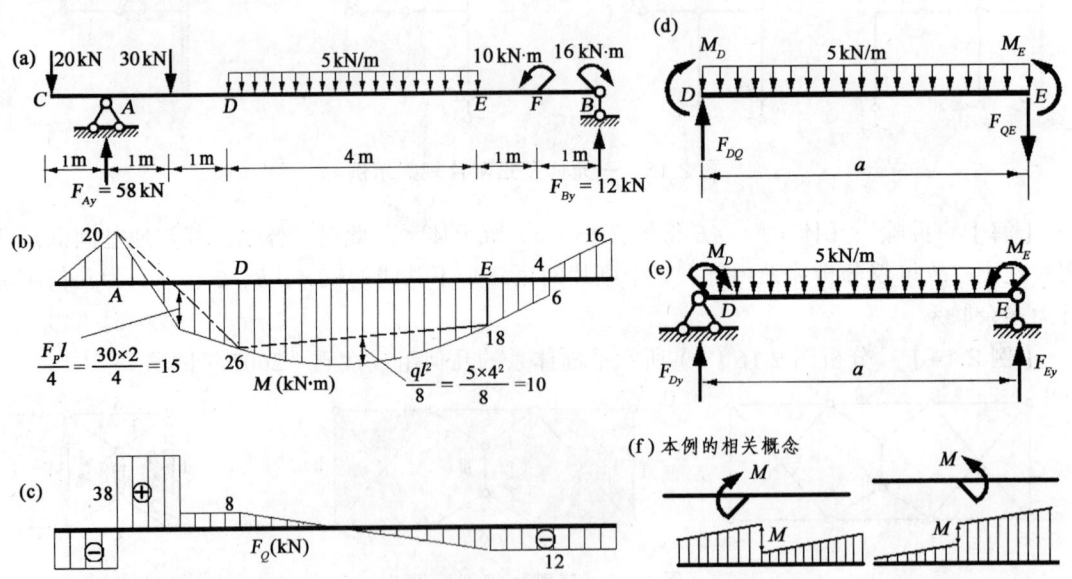

图 3.1 单跨静定梁的内力图与外荷载的形状特征

【分析步骤】
(1)求反力。用截面法将结构分为两部分,即结构内部与基础,再取结构内部为隔离体,由平衡条件计算支座反力。

（2）分段求出控制截面内力值（如 A、D、E、F 左右），分段应用表 1.1 内力图形状特征及叠加法绘内力图。

（3）叠加法作弯矩图。例如图 3.1（b）DE 段所对应的简支梁[图 3.1（e）]，可先绘出两端弯矩 M_D、M_E 和均布荷载 q 分别作用时的弯矩图，然后将二图相应的竖标叠加，即得所求的弯矩图。

【例 3.2】 求图 3.2 所示斜梁在不同荷载作用下的内力。

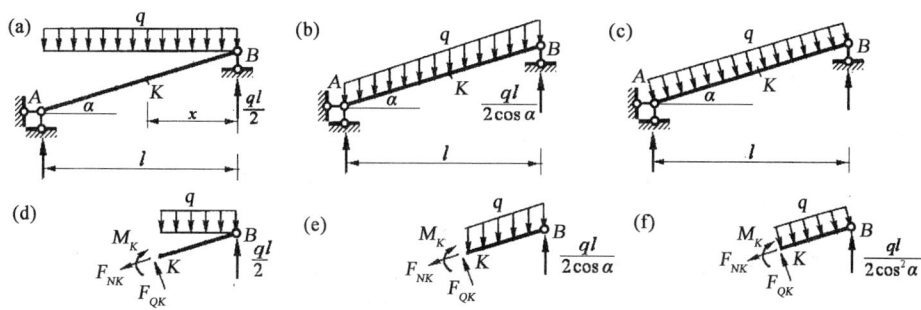

图 3.2 不同荷载作用下斜梁的分析

【分析步骤】

（1）合理选择隔离体，只需计算支座 B 处的反力。图 3.2 (a)~(c) 所示三种荷载作用时对应梁上的合力分别为 ql、$ql/\cos\alpha$ 和 $ql/\cos\alpha$，由 $\sum M_A = 0$ 得支座 B 的反力 F_{By} 分别为：$ql/2$、$ql/2\cos\alpha$ 和 $ql/2\cos^2\alpha$。

（2）写出截面 K 的内力表达式。其计算结果见表 3.1。

表 3.1 例 3.2 斜梁的内力计算结果

图号	跨中弯矩	A 端剪力	B 端剪力	A 端轴力	B 端轴力
（a）	$ql^2/8$	$ql\cos\alpha/2$	$-ql\cos\alpha/2$	$-ql\sin\alpha/2$	$ql\sin\alpha/2$
（b）	$ql^2/8\cos\alpha$	$ql/2$	$-ql/2$	$-ql\tan\alpha/2$	$ql\tan\alpha/2$
（c）	$ql^2/8\cos^2\alpha$	$ql/2\cos\alpha$	$-ql/2\cos\alpha$	$ql\tan\alpha/2\cos\alpha$	$ql\tan\alpha/2\cos\alpha$

3.2 多跨静定梁内力分析

多跨静定梁：由若干根梁用铰相连，并用若干支座与基础相连而组成的静定结构。

1. 基本部分和附属部分

根据多跨静定梁的几何组成规律，可以将它分为基本部分和附属部分：基本部分是指它不依赖其他部分的存在而能独立地维持其几何不变的部分；附属部分是指必须依赖基本部分才能维持其几何不变性的部分。

这种划分,其实质是将多跨静定梁分为若干单个的部件(单跨梁),而后再运用已知单跨梁的解,将其各部件的内力解组合在一起,最后得解答。由单跨梁的解过渡到多跨梁,这种从已知过渡到未知的分析方法,体现了结构力学分析与解决问题的中心思想。

2. 多跨静定梁力的传递关系

当荷载作用在基本部分上时,由平衡条件可知,此时只有基本部分受力,附属部分不受力;当荷载作用在附属部分上时,则不仅附属部分受力,而且由于它是支承在基本部分上的,其反力将通过铰结点处传给基本部分,因而基本部分上也受力。

3. 多跨静定梁受力分析顺序

先计算附属部分,后计算基本部分。也就是说,其受力分析过程与几何构造组成分析相反。

【例 3.3】 运用基本概念绘制图 3.3(a)所示多跨静定梁的内力图。

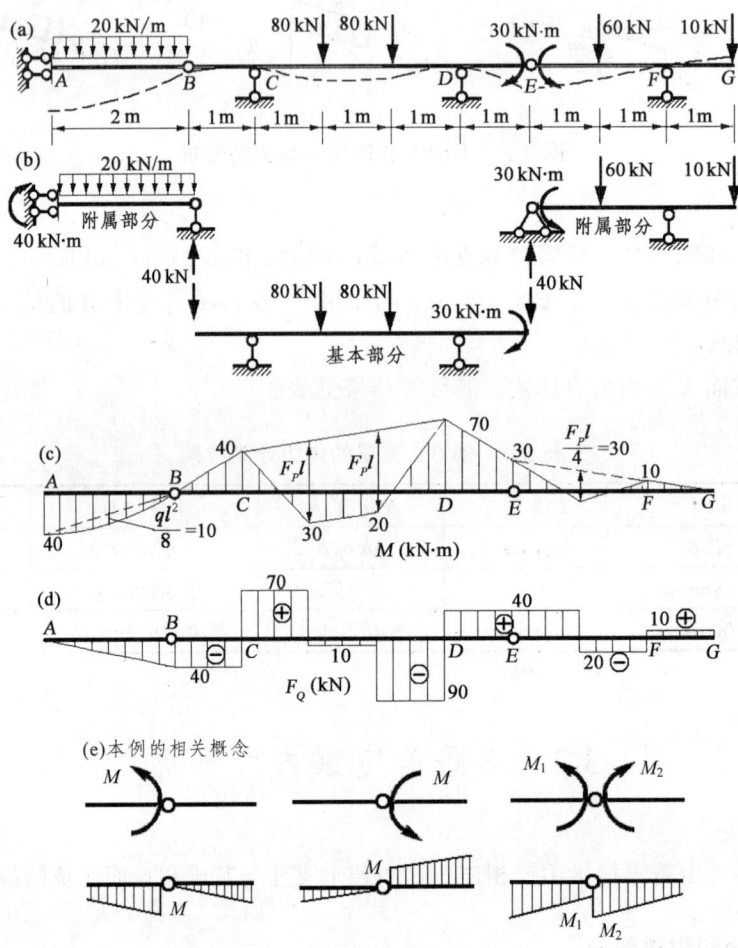

图 3.3 多跨静定梁的内力分析

【分析步骤】
(1)几何构造分析,确定基本、附属部分。

（2）先计算 AB、EFG 附属部分，后计算 BCDE 基本部分。

【**本例相关概念**】 铰旁截面有力偶荷载作用时，该截面弯矩值就等于该力矩值。图 3.3(e) 所示为几种铰旁截面有力偶荷载作用的情况及其相应的可能的弯矩图形状。

3.3 静定刚架内力分析

静定刚架：由直杆构成并具有刚结点的静定结构。刚架可分为悬臂刚架、简支刚架、三铰刚架以及由附属部分和基本部分构成的多跨静定刚架。

1. 简支刚架

简支刚架由梁和梁柱组成，它们的端部用结点连接在一起。刚架与基础用一个铰和不通过此铰的链杆相连或用三根既不平行也不交于一点的链杆相连。

【**例 3.4**】 绘制图 3.4(a)所示刚架的内力图。

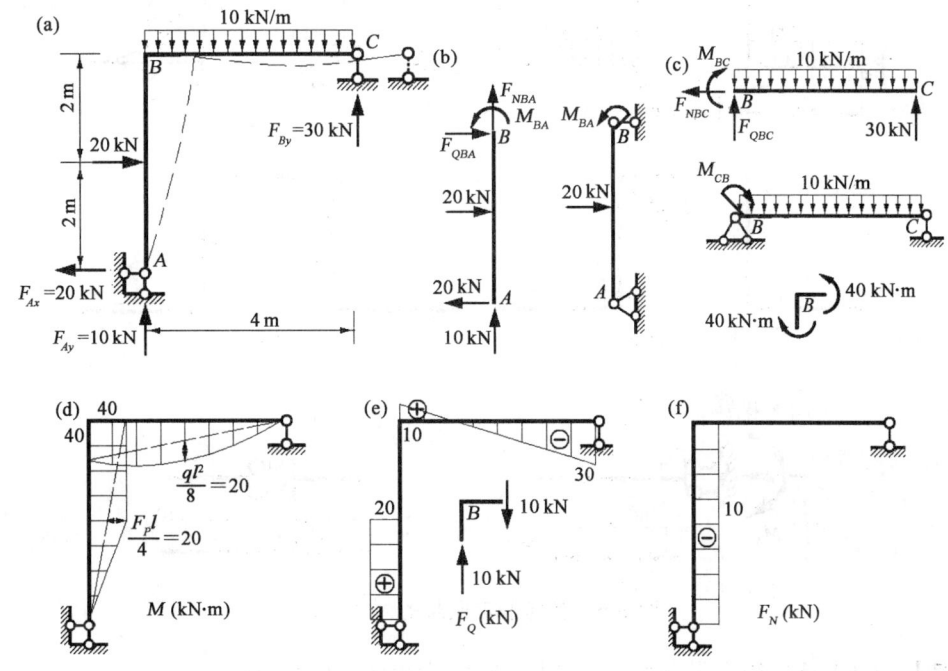

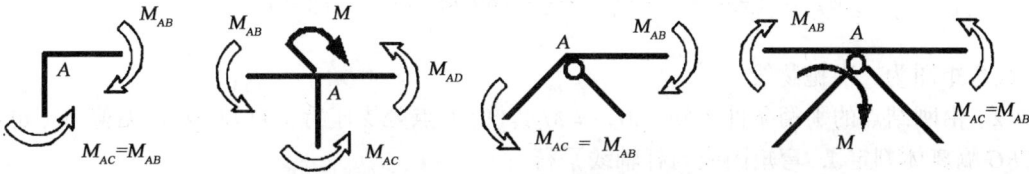

图 3.4 简支刚架的内力分析

【分析步骤】

（1）由平衡条件求出支座反力[图 3.4（a）]。

（2）将刚架问题分解为单根杆件的计算问题。用截面法求出每一根杆件的两端内力[图 3.4（b）、(c)]，按绘制梁内力图的方法绘出其各自内力图，最后将各杆的内力图组合在一起，得刚架的内力图[图 3.4（d）、(e)、(f)]。

【本例相关概念】 刚结点力矩平衡[图 3.4（g）]。各杆端弯矩与力矩的代数和应等于零。对于两杆刚结点，若结点上无力矩荷载作用时，则两杆端弯矩必数值相等且受拉边相同（即同为外侧受拉或同为内侧受拉）。当刚结点旁同时还有铰结点时，由于铰不能传递弯矩，故不影响刚结点的力矩平衡，两刚结点杆端弯矩仍然大小相等、同侧受拉。

2. 多跨静定刚架

【例 3.5】 利用力学基本概念绘制图 3.5（a）所示多跨静定刚架弯矩图。

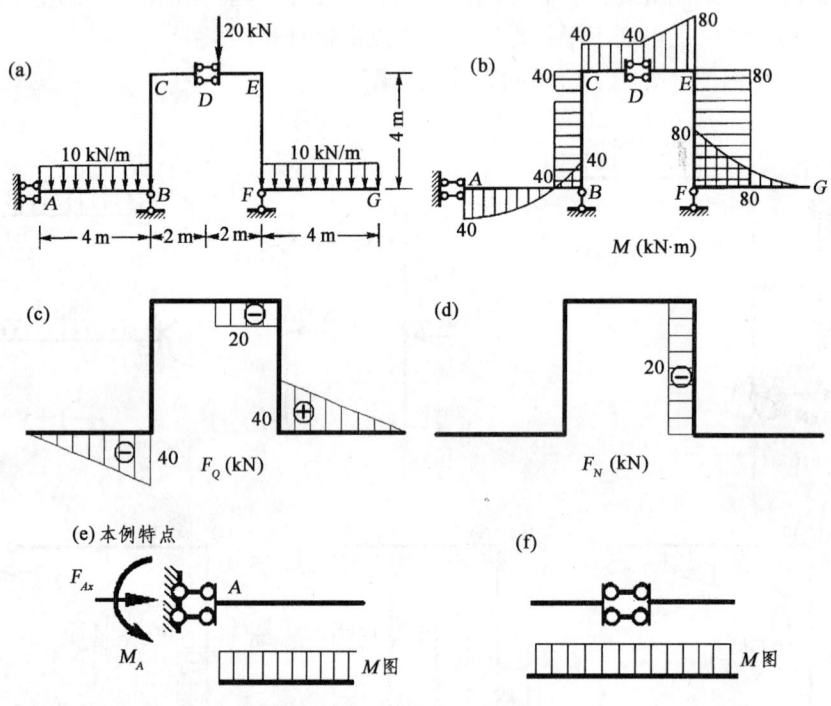

图 3.5 多跨静定刚架的内力分析

【解】 （1）首先绘出附属部分悬臂杆 FG 的弯矩图（同悬臂梁）。

$$M_{FG} = \frac{ql^2}{2} = \frac{10 \text{ kN/m} \times (4 \text{ m})^2}{2} = 80 \text{ kN·m （上侧受拉）}$$

该杆段弯矩图为二次抛物线。

（2）由刚结点的平衡条件可知，$M_{FG} = M_{FE}$。由 F 点处支座特征可知 EF 杆无剪力（也可取 EFG 隔离体判定），弯矩图应与杆轴线平行。

（3）由 D 处滑动铰的特点可知 DE 段的剪力等于 -20 kN，故算得 D 点的弯矩为：

$$M_{DE} = 80 \text{ kN} \cdot \text{m} - 20 \text{ kN} \times 2 \text{ m} = 40 \text{ kN} \cdot \text{m}$$

（4）CD 和 CB 杆均无剪力，故弯矩图应与杆轴线平行。

（5）由结点力矩平衡得，M_{BA}=40 kN·m。由 A 点支座性质可知，支座 B 反力为 40 kN（向上），由此可得：

$$M_{AB} = 40 \text{ kN} \times 4 - 10 \text{ kN/m} \times 4 \text{ m} \times 2 \text{ m} - 40 \text{ kN} \cdot \text{m} = 40 \text{ kN} \cdot \text{m}$$

最后得弯矩图、剪力图及轴力图，如图 3.5（b）、（c）、（d）所示。

【本例题的特点】 直杆段上的定向支座或滑动结点[图 3.5（e）、（f）]不能传递剪力，但可以传递轴力和弯矩。当结点两侧附近杆段上无荷载作用时，弯矩图为平行于杆轴的直线，且经过该结点时弯矩值不变。

3. 三铰刚架

从几何构造方面看，三铰刚架是按三刚片规则构成的静定结构，如图 3.6（a）所示。它有 4 个支座反力，可用双截面法求得：作截面 I—I 将结构内部与地基分开，由 $\sum M_B = 0$（或 $\sum M_A = 0$）求得竖向反力 F_{Ay}=60 kN（或 F_{By}）；作截面 II—II 将内部两刚片分开，取隔离体 BEC（或 ADC），由 $\sum M_C = 0$ 求得水平反力 F_{Bx}=10 kN（或 F_{Ax}）。

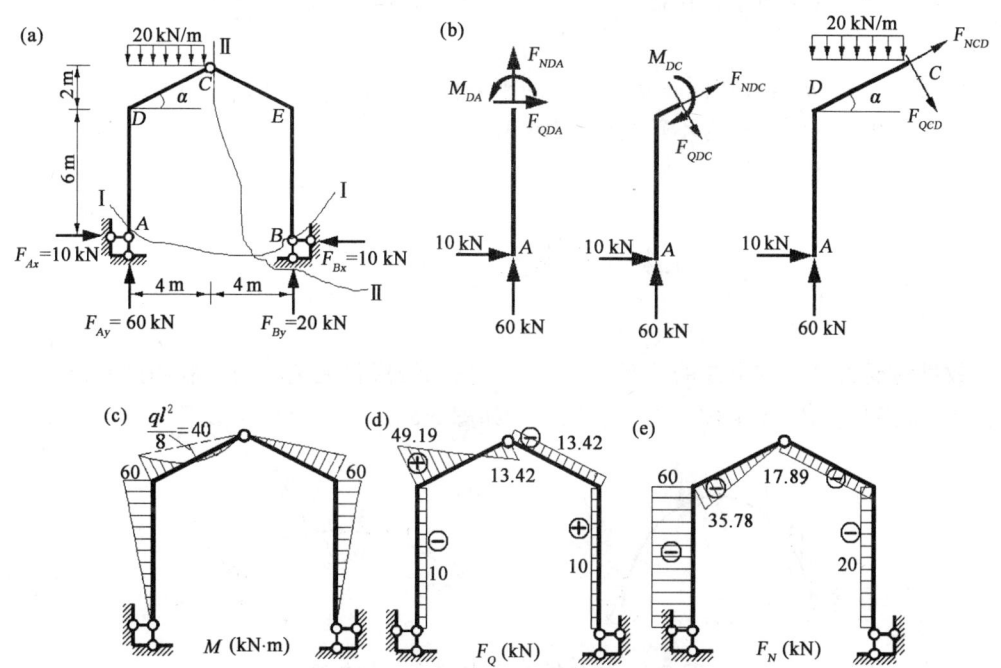

图 3.6 三铰刚架的内力分析示例 1

根据荷载情况，可将其分为 AD、DC、CE 和 EB 杆件，分别计算出各段控制截面的内力，即可作出如图 3.6（c）、（d）、（e）所示的内力图。

【例 3.6】 求图 3.7 所示结构的反力。

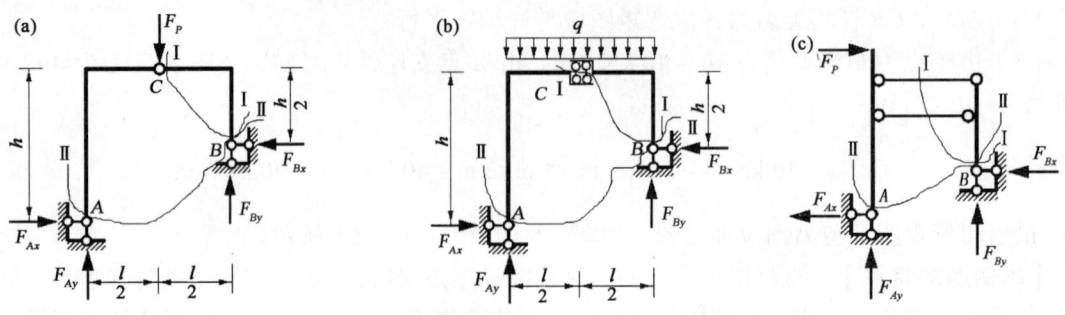

图 3.7 刚架结构的受力分析

【解】

（1）如图 3.7（a）所示，作截面 Ⅰ—Ⅰ，取半边刚架 CB 为隔离体，由 $\sum M_C = 0$ 得 $F_{By} = hF_{Bx}/l$。再作截面 Ⅱ—Ⅱ，取整体为隔离体，由 $\sum M_A = 0$ 可求得支座 B 的两个反力。再由整体投影方程求得支座 A 的两个反力，继而可求出结构内力。

（2）如图 3.7（b）所示，作截面 Ⅰ—Ⅰ，取 CB 为隔离体，由 $\sum F_x = 0$ 得 $F_{Bx} = 0$。再作截面 Ⅱ—Ⅱ，取整体为隔离体，求得支座 B 的竖向反力，其他同上。

（3）如图 3.7（c）所示，作截面 Ⅰ—Ⅰ，取 CB 为隔离体，由 $\sum F_y = 0$ 得 $F_{By} = 0$，其他同前述。

一般而言，A、B 两铰在同一水平线上的刚架称为等高刚架[图 3.6（a）]，而 A、B 两铰不在同一水平线上的刚架称为不等高刚架[图 3.7（a）]。

3.4 三铰拱内力分析

三铰拱的反力只与三个铰的位置有关，而与拱轴线形状无关。当荷载和拱的跨度 l 不变时，推力 F_H 将与拱高 f（也称矢高）成反比，如图 3.8 所示。

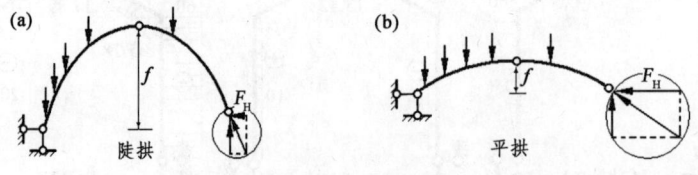

图 3.8 拱的推力 F_H 与拱高 f 的关系

两拱趾在同一高度的拱，称为平拱；两拱趾不在同一高度的拱，称为斜拱，如图 3.9（a）所示。将支座的反力分别沿竖向和起拱线方向分解为相互斜交的分力 F'_{Ay}、Z 和 F'_{By}、Z。

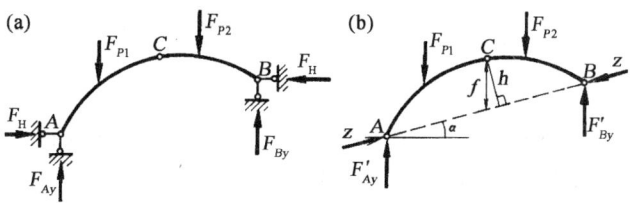

图 3.9 斜拱的反力计算

根据平衡条件可求得：

$$F'_{Ay} = F^0_{Ay}, \quad F'_{By} = F^0_{By}, \quad Z = \frac{M^0_C}{h}$$

然后，再将 Z 沿水平和竖直方向分解，从而求得支座水平反力和竖向反力为：

$$\begin{cases} F_H = Z\cos\alpha = \dfrac{M^0_C}{f} \\ F_{Ay} = F^0_{Ay} + F_H \tan\alpha \\ F_{By} = F^0_{By} - F_H \tan\alpha \end{cases} \quad (3.1)$$

三铰拱的内力不仅与三个铰的位置有关，而且与拱轴线形状有关。

在给定荷载作用下，能使拱结构所有截面上弯矩为零且只有轴力的拱轴线，称为与该荷载对应的合理拱轴。

对于三铰拱合理轴线，可以用索比拟方法加以形象化理解。即设想两点之间有一自重可忽略的悬索，将作用于拱上的荷载[图 3.10（a）、（c）]施加于该索上，则得悬索的形状曲线[图 3.10（b）、（d）]，将其倒置后就是三铰拱的合理拱轴线形状。因为索的特点是所有截面上只受轴线方向的拉力，当荷载反方向作用时，以其形状曲线为轴线的拱所有截面便只有压力作用。

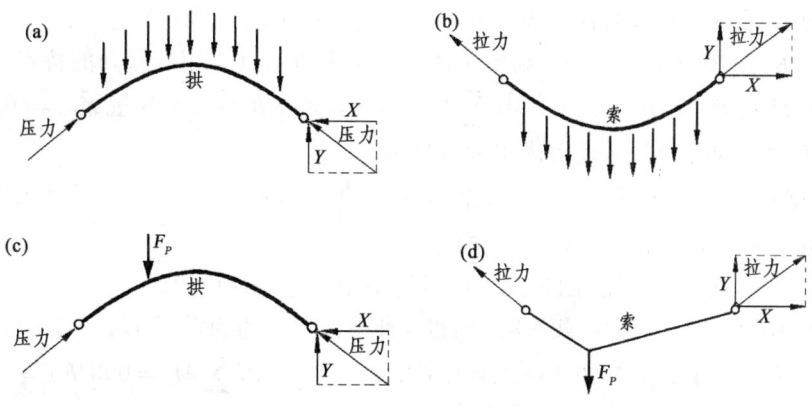

图 3.10 合理拱轴线与索的受力对比

由上可知，将合理拱轴计算公式与索的受力对比相结合，则可得：满跨均布荷载作用下的合理拱轴线为抛物线；填土荷载作用下的合理拱轴线为悬链线；径向荷载作用下的合理拱轴线为圆曲线；集中荷载作用下的合理拱轴线为折线。

3.5 静定桁架内力分析

桁架由直杆构成，且所有结点均为理想铰结。在结点荷载作用下，各杆件只有轴力（受拉或受压，也称为"二力杆"）的结构，称为桁架。

1. 简单桁架

【例 3.7】 用结点法求图 3.11（a）所示桁架轴力。

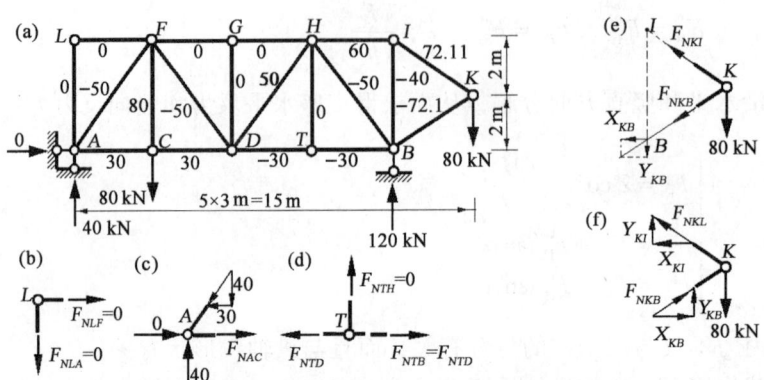

图 3.11 结点法求桁架内力

【解】 先求反力。然后，从只有两个未知量的结点开始。这里选定结点 L[图 3.11（b）]，由 $\sum F_x = 0$ 和 $\sum F_y = 0$，得 $F_{NLA} = F_{NLF} = 0$。由此可知，当两杆结点上无荷载时两杆内力皆为零。凡内力为零的杆件称为零杆。

以下计算的次序为：从结点 A 到结点 T（T 形结点，当结点上无荷载时，共线两杆内力相等且符号相同）。

同样为两个未知量，但两杆均为斜杆，此类结点可采用下述两种方法计算：

（1）用力矩法[图 3.11（e）]。利用刚体力学中力可沿其作用线移动的特点，将杆件 KB 的轴力延长至结点 B，再进行分解，由 $\sum M_I = 0$ 得杆件 KB 的水平分量 $X_{KB} = 60\ \text{kN}(\leftarrow)$，再由相似关系求得竖向分量，从而可求得两杆轴力。

（2）根据结点所受荷载情况，由平衡条件 $\sum F_x = 0$ 得 $X_{KB} = X_{KL}$，由相似关系可得 $Y_{KB} = Y_{KL} = 80\ \text{kN}/2 = 40\ \text{kN}(\uparrow)$[图 3.11（f）]。

【例 3.8】 用截面法求图 3.12（a）所示桁架中指定杆件内力。

【解】 结构只受竖向对称荷载作用，所以支座 A 水平反力为零，而两竖向反力平分外荷载。

（1）作截面 I—I，取左边为隔离体[图 3.12（b）]，由 $\sum M_C = 0$ 得 $F_{Na} = -37.5\ \text{kN}$。

（2）作截面 I—I，取右边为隔离体[图 3.12（c）]，由 $\sum M_D = 0$ 得 $F_{Nb} = 33.3\ \text{kN}$。

（3）作截面 I—I，取左边为隔离体[图 3.12（b）]，由 $\sum F_y = 0$ 得 $F_{Nd} = 5\ \text{kN}$。

（4）作截面 II—II，取左边为隔离体[图 3.12（d）]，由 $\sum F_y = 0$ 求得杆件 c 竖向分力为 $-5\ \text{kN}$，由相似关系得 $F_{Nc} = -6.5\ \text{kN}$。

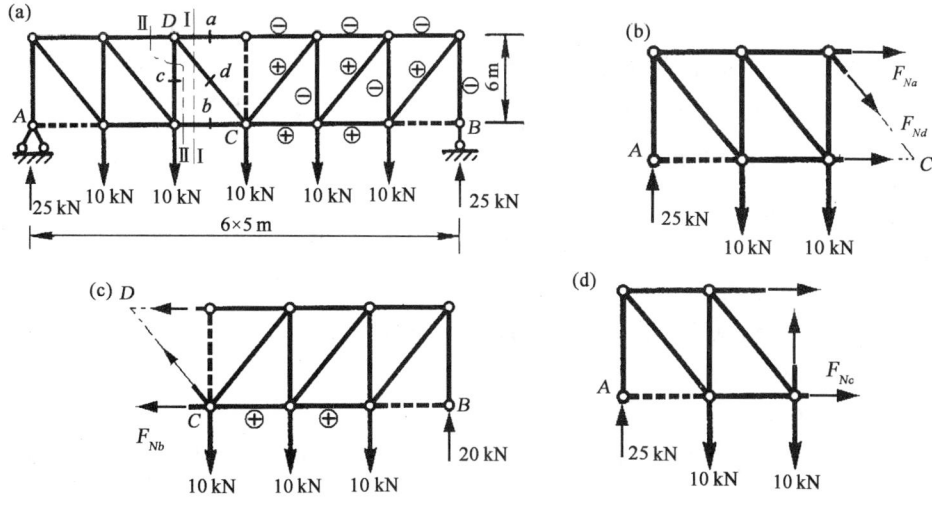

图 3.12 截面法求桁架内力

【例 3.9】 求图 3.13 所示桁架中指定杆件内力。

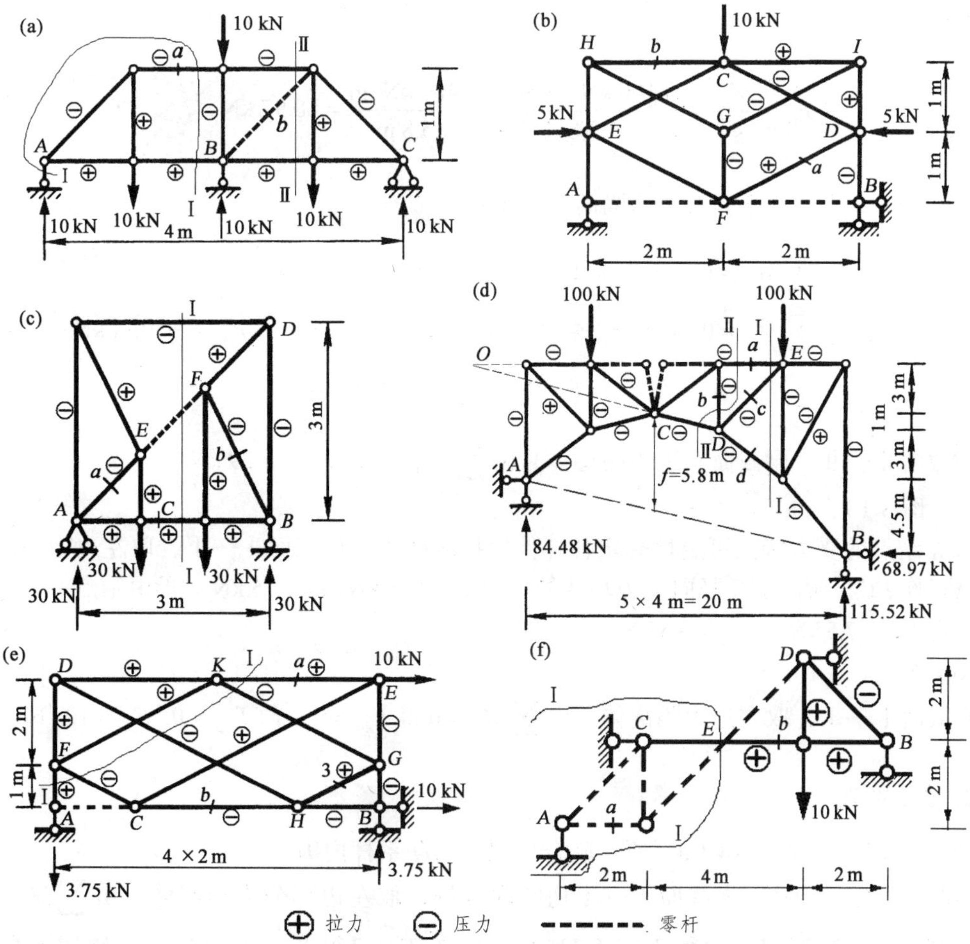

图 3.13 求指定杆件内力

【解】

（1）图 3.13（a）所示桁架为多跨静定桁架。

作截面 I—I，取附属部分为隔离体，由 $\sum F_y = 0$ 得 $F_{Ay} = 10$ kN，由 $\sum F_x = 0$ 得 $F_{Na} = -10$ kN。作截面 II—II，由投影方程得 $F_{Nb} = 0$。

（2）图 3.13（b）：

由 $\sum F_x = 0$ 得 $F_{Bx} = 0$，对称结构在对称荷载作用下，其内力是对称的。由结点 C 可得 $Y_{CD} = -5$ kN，由相似关系得 $X_{CD} = -10$ kN。再由结点 D 的平衡条件得 $X_a = 5$ kN，由相似关系得 $F_{Na} = 5.9$ kN。由结点 F、G 的受力可推得杆件 GH 的水平分量为 5 kN，再由结点 H 的平衡条件得 $F_{Nb} = 5$ kN。

（3）图 3.13（c）：

作截面 I—I，由 $\sum M_D = 0$ 得 $F_{Nc} = 10$ kN。对于结点 A，$F_{Na} = 10\sqrt{2}$ kN。对于结点 B，$F_{Nb} = -10\sqrt{5}$ kN。

（4）图 3.13（d）：

该桁架为三铰拱式结构，且只受竖向外荷载作用，故可用计算斜拱水平推力的公式计算其水平反力：

$$F_H = \frac{M_C^0}{f} = \frac{100 \text{ kN} \times 4 \text{ m}}{4 \text{ m} + 4.5(8/20) \text{ m}} = \frac{400 \text{ kN} \cdot \text{m}}{5.8 \text{ m}} = 68.97 \text{ kN}$$

作截面 I—I，取截面右边为隔离体，则：

$$\sum M_D = 0 \Rightarrow F_{Na} = -1.72 \text{ kN}$$

$$\sum M_E = 0 \Rightarrow X_d = -47.29 \text{ kN}，Y_d = -35.47 \text{ kN}，F_{Nd} = -59.11 \text{ kN}$$

$$\sum F_y = 0 \Rightarrow Y_c = -19.95 \text{ kN}，F_{Nc} = -28.21 \text{ kN}$$

作截面 II—II，取截面右边为隔离体，由 $\sum M_O = 0$ 得 $F_{Nb} = 1.29$ kN。

（5）图 3.13（e）：

由 K 结点的受力特点可定性确定各杆件的拉压性质。作截面 I—I，取左边为隔离体，由三根杆件 FC、DH、KG 竖向反力均相同，得 $Y = 3.75 \text{ kN}/3 = 1.25$ kN。再由结点 C、K 的平衡条件得 $F_{Na} = 7.5$ kN，$F_{Nb} = -5$ kN。

（6）图 3.13（f）：

作截面 I—I，取右边为隔离体，由 $\sum M_E = 0$ 得 $F_{Ay} = 0$，故 $F_{Na} = 0$，$F_{Nb} = 10$ kN。

2. 联合桁架

【例 3.10】 求图 3.14（a）所示联合桁架中的联系杆内力。

【解】 先求反力。作截面 I—I 切断联系杆，取左边部分为隔离体。由 $\sum M_C = 0$ 得 $F_{N3} = -10$ kN；由 $\sum M_D = 0$ 得 $F_{N1} = 8.33$ kN；由 $\sum F_y = 0$ 得 $Y_{N2} = 2.5$ kN，由比例关系求得 $F_{N2} = 3.00$ kN。

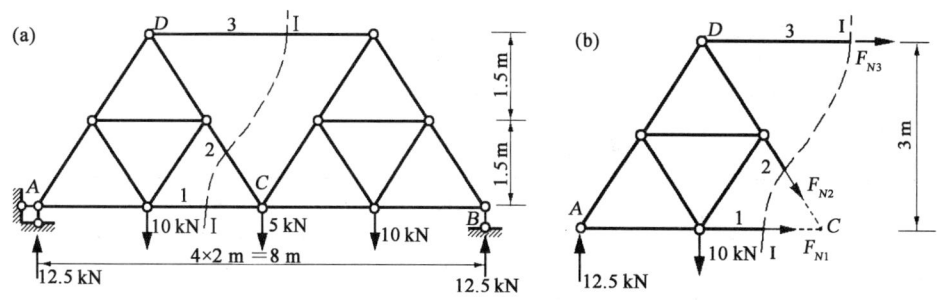

图 3.14　联合桁架的分析

【例 3.11】　分析图 3.15（a）所示主次桁架（也称再分桁架）。

【解】　$AGEF$ 和 $CHED$ 为次桁架，$ABCE$ 为主桁架。取次桁架为隔离体[图 3.15（b）]，求得两铰处垂直于 AE 连线的力为 1.5 kN。将 1.5 kN 作用在主桁架上[图 3.15（c）]。用结点法[图 3.15（d）]求得 $F_{AB} = 2.50$ kN，$F_{AE} = 5.03$ kN（压）。将 F_{AE} 作用在次桁架上[图 3.15（b）]，用结点法分析次桁架。

说明：图 3.15（a）所示桁架也可直接用截面法分析，作截面切开 FE、EG 和 AB 杆，求出三根杆轴力，再用结点法求其他杆件轴力。

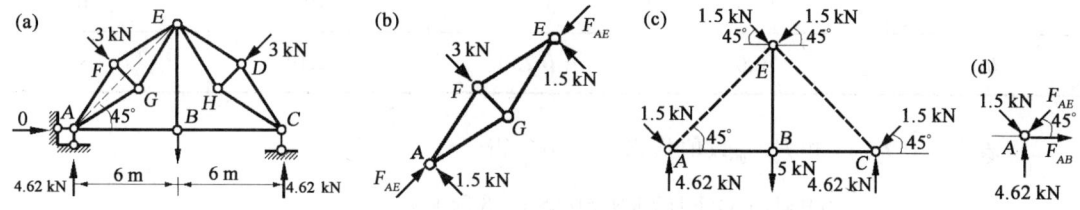

图 3.15　主次桁架的分析

3. 复杂桁架

复杂桁架的一种简单算法是杆件替代法。下面以图 3.16（a）为例，介绍其分析过程。

（1）将原桁架变换到简单桁架。原桁架每个结点都有 3 个未知力。可将 CF 杆去掉，用 DB 杆代替得到一个简单桁架，如图 3.16（b）所示。

（2）在简单桁架上加原荷载，如图 3.16（b）所示。用结点法计算，求得各杆轴力 F_{NP}，其计算结果见表 3.2。

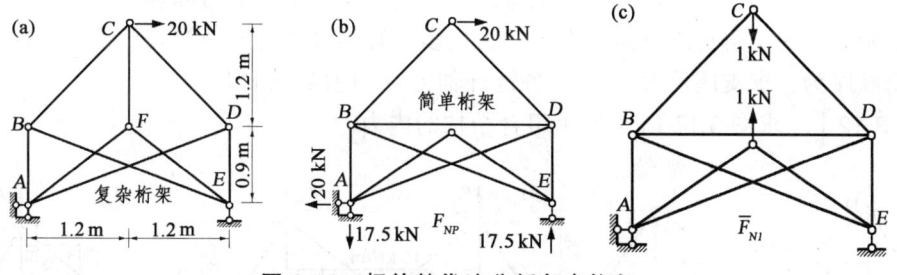

图 3.16　杆件替代法分析复杂桁架

（3）在简单桁架上加一对单位力，如图 3.16（c）所示。用结点法计算，求得各杆轴力 $\overline{F}_{N1}$，其计算结果见表 3.2。

（4）叠加。由下式求出 x：

$$F_{NDB} = F_{NPDB} + x\bar{F}_{N1DB}$$

表 3.2 轴力 F_{NP} 和 $\bar{F}_{N1}$ 的计算

杆件	F_{NP}/kN	$\bar{F}_{N1}$/kN	$x\bar{F}_{N1}$/kN	F_N/kN
CB	14.1	−0.707	−6.06	8.08
CD	−14.1	−0.707	−6.06	−20.2
FA	0	0.833	7.14	7.14
FE	0	0.833	7.14	7.14
EB	0	−0.712	−6.10	−6.10
ED	−17.5	−0.250	−2.14	−19.6
DA	21.4	−0.712	−6.10	15.3
DB	−10.0	1.167	10.0	0
BA	10.0	−0.250	−2.14	7.86

将表 3.2 中 F_{NPDB} 和 $\bar{F}_{N1DB}$ 数值代入上式中，得：

$$-10.0 \text{ kN} + x \times 1.167 \text{ kN} = 0 \Rightarrow x = 8.56 \text{ kN}$$

则各杆轴力为 $F_{Ni} = F_{NPi} + x\bar{F}_{N1i}$，见表 3.2 第 5 列所示。

3.6 静定组合结构内力分析

组合结构是指由链杆和梁式杆件混合组成的结构。其中链杆（两铰直杆且杆身上无荷载作用者）只受轴力，称为二力杆；一般梁式杆件同时受弯矩、剪力和轴力作用。用截面法分析组合结构时，为了避免隔离体上的未知力过多，宜尽量避免截断梁式杆件。因此，这类结构的分析顺序为：求支座反力→计算各链杆轴力→计算梁式杆件内力。

【例 3.12】 求图 3.17（a）所示组合结构的内力。

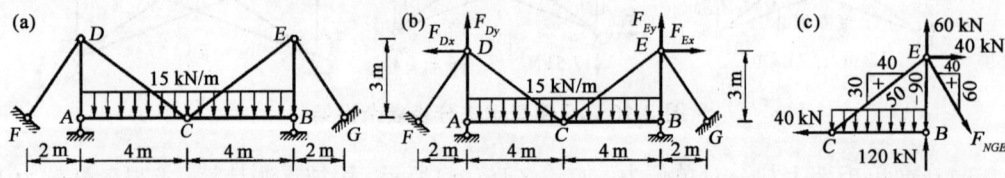

图 3.17 组合结构的分析

【解】 几何构造按三刚片规则分析。将图示结构倒置,其受力情况同三铰拱,故反力计算用类似于三铰拱的方法进行。

由整体平衡条件:

$$\sum M_D = 0 \Rightarrow 8F_{Ey} - \frac{1}{2} \times 15 \text{ kN/m} \times (8 \text{ m})^2 = 0 \Rightarrow F_{Ey} = 60 \text{ kN}$$

同理,$F_{Dy} = 60$ kN。

求水平分力,取铰 C 右边为隔离体,则有:

$$\sum M_C = 0 \Rightarrow 3F_{Ex} + \frac{1}{2} \times 15 \text{ kN/m} \times (4 \text{ m})^2 - 60 \text{ kN} \times 4 \text{ m} = 0$$
$$\Rightarrow F_{Ex} = F_{Dx} = F_H = 40 \text{ kN}$$

由 $\sum F_x = 0$ 得 $F_{Cx} = 40$ kN。由 $\sum F_y = 0$ 得 $F_{Cy} = 0$。杆件 AC、BC 弯矩图类似于简支梁。

【例 3.13】 求图 3.18 所示组合结构的链杆轴力。

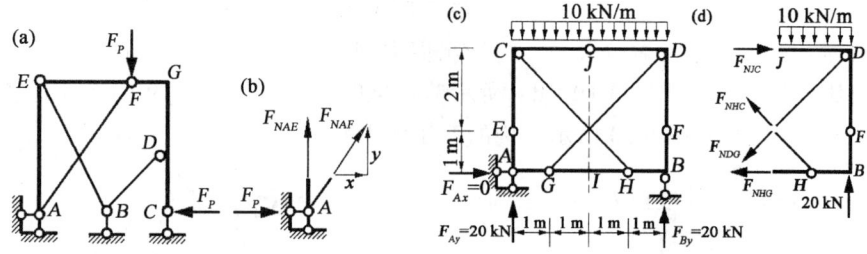

图 3.18 合理选取隔离体示例

【解】 在复杂静定结构分析中,为了尽可能地减少联立方程的数目,应先寻找求解的突破口。

对图 3.18(a)所示结构,以固定铰支座 A 为突破口,由于支座水平链杆中的反力明显等于 F_P[图 3.18(b)],仅用铰 A 水平方向力的平衡方程就可以解出 AF 杆的轴力 F_{NAF} 的水平分力,进而可根据相似关系求出杆件轴力 F_{NAF},余下的问题也就迎刃而解了。

图 3.18(c):首先,因结点 J 处无剪力[图 3.18(d)],可绘出 DJ 杆的弯矩;根据结点力矩平衡和铰 F 处弯矩为零的条件,可作出 DFB 段和 BH 段的弯矩;由 F_{NHC} 链杆的竖向分力引起 HB 段的弯矩推得 $F_{NHC} = -10\sqrt{2}$ kN;再由 HBF 部分对 F 点的力矩平衡求得 $F_{NHG} = 20$ kN;最后,可以根据对称性得到另一半结构的内力。

3.7 梁与刚架的概念分析举例

【例 3.14】 求图 3.19(a)所示单跨梁的内力图。

相关力学基本概念:由支座约束性质的概念直接确定反力方向及数值。

【解】 (1)由投影平衡条件可知,支座 A 竖向反力为零,所有竖向荷载由支座 B 承担。

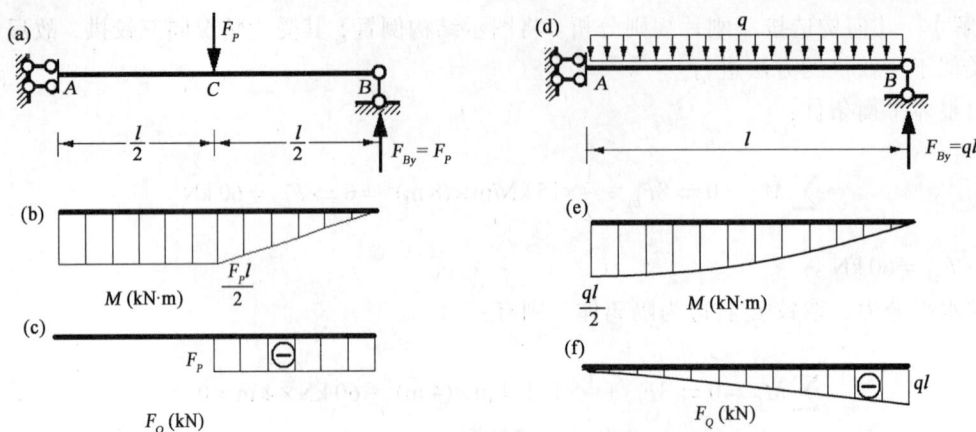

图 3.19 单跨梁的分析

（2）由力矩平衡条件可知，A 支座约束反力矩等于竖向反力与外荷载组成的力偶矩。

（3）因为 AC 段无剪力，弯矩图为平行于杆轴的平行线，得 $M_{AC} = M_{CA} = F_P l/2$；铰 C 处弯矩为零，CD 段无荷载，弯矩图为直线。最终弯矩图如图 3.19（b）所示。

（4）根据 $dM/dx = F_Q$ 的微分关系，可绘出剪力图[图 3.19（c）]。

（5）对比分析，可绘出图 3.19（d）所示单跨梁的内力图如图 3.19（e）、（f）所示。

【例 3.15】 试绘制图 3.20 所示结构的弯矩图形状。

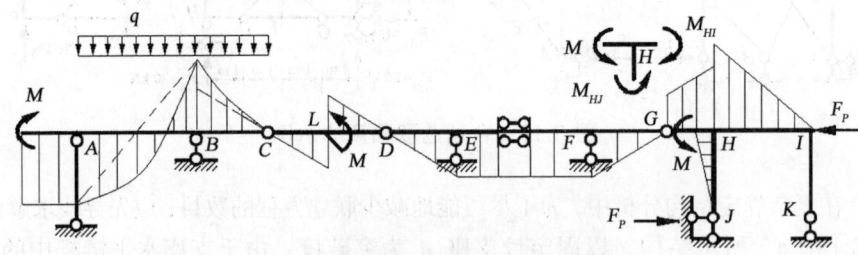

图 3.20 绘制组合结构弯矩图形状

相关力学基本概念：微分关系、平衡条件、几何构造等。

【解】 （1）首先绘出 A 以左悬臂端和附属部分 CD 杆的弯矩，而后可绘出 BC、AB 端弯矩。

（2）因为 LD、DE 剪力相同，故弯矩斜率相同。EF 段剪力为零，弯矩图为水平线，从而又可绘出 FG 段的弯矩图。

（3）因为支座反力 F_{Ky} 平行杆件 IK，故该杆弯矩为零，并可得 $M_{IH} = 0$。由 $\sum F_x = 0$ 可求得支座 J 的水平反力为 F_P，从而可得 M_{HJ}。

（4）因为 FG、GH 段剪力相同，所以弯矩斜率相同。根据结点 H 的力矩平衡可得 M_{HI}。

【例 3.16】 试绘制图 3.21 所示结构的弯矩图。

相关力学基本概念：微分关系、铰性质、结点力矩平衡等。

【解】 （1）首先绘出三个悬臂梁弯矩图。

（2）由结点 A 的力矩平衡条件有 $M_{AB} = 40 \text{ kN} \cdot \text{m}$，铰 C 弯矩为零，可绘出 AB、BC 杆弯矩。

（3）由结点 C 的力矩平衡条件有 $M_{CD} = 40 \text{ kN} \cdot \text{m}$，由结点 D 以左可知，BC 段与 CD 段剪力相等，则弯矩斜率相同，因 BC 和 CD 水平距离相同，则 $M_{DC} = 0$。

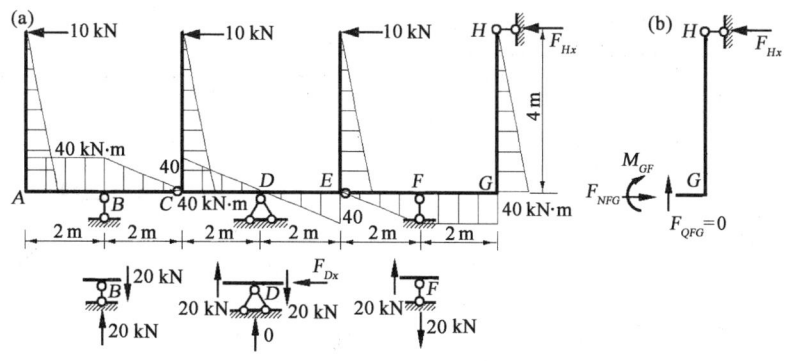

图 3.21 多跨静定刚架的分析示例 1

（4）由结点 E 的力矩平衡条件有 $M_{ED} = 40$ kN·m。因为 DE、EF 段剪力相同，所以 $M_{FE} = 40$ kN·m。

（5）取图 3.21（b）所示隔离体，由 $\sum F_y = 0$ 得 $F_{QGF} = 0$，弯矩图为水平线，即 $M_{GH} = 40$ kN·m（外侧受拉）。由此可知支座 $F_{Hx} = 10$ kN(←)。

（6）由整体 $\sum F_x = 0$ 得 $F_{Dx} = 40$ kN(→)。

【例 3.17】 试绘制图 3.22 所示结构的弯矩图。

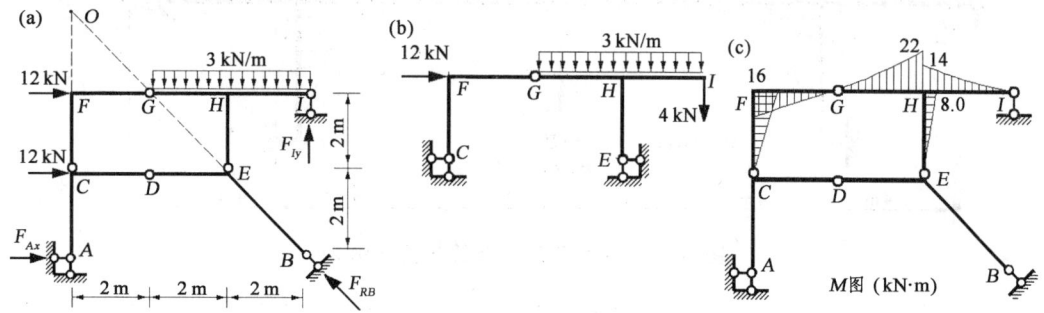

图 3.22 具有斜支座的刚架的分析

相关力学基本概念：支座性质、结点力矩平衡、铰性质、力矩中心的选取等。

【解】 （1）反力 F_{RB} 与杆 EB 轴线重合，所以 BE 杆弯矩为零。由结点 E 的力矩平衡可知，因 $M_{EB} = 0$，则 $M_{ED} = 0$，故 ED 杆弯矩为零。根据 $F_Q = dM/dx$ 有 $F_{QDE} = 0$。由此可知，杆 CD 的弯矩为零，则杆 CA 的弯矩也为零。因为 CA 的弯矩为零，所以支座 A 的水平反力为零。

（2）由整体 $\sum M_O = 0$ 得 $F_{Iy} = -4$ kN(↓)。

（3）由整体 $\sum F_x = 0$，$X_B = 24$ kN(←)，得 $F_{RB} = 24\sqrt{2}$ kN。

（4）取 CE 以上为隔离体，求三铰刚架[图 3.22（b）]的弯矩图，如图 3.22（c）所示。

【例 3.18】 试绘制图 3.23 所示结构的弯矩图。

相关力学基本概念：支座性质、铰性质、微分关系、几何构造等。

【解】 （1）可首先绘出横梁 DE、GF、EF 段的弯矩图。

（2）结构上水平外荷载应为支座 F_{RA} 的水平分力，由比例关系得 $F_{RA} = 20\sqrt{2}$ kN。由此可求得支座 B 的反力 $F_{By} = 10$ kN/m×6 m + 20 kN = 80 kN(↑)，其中 20 kN 为支座 F_{RA} 的竖向分力。

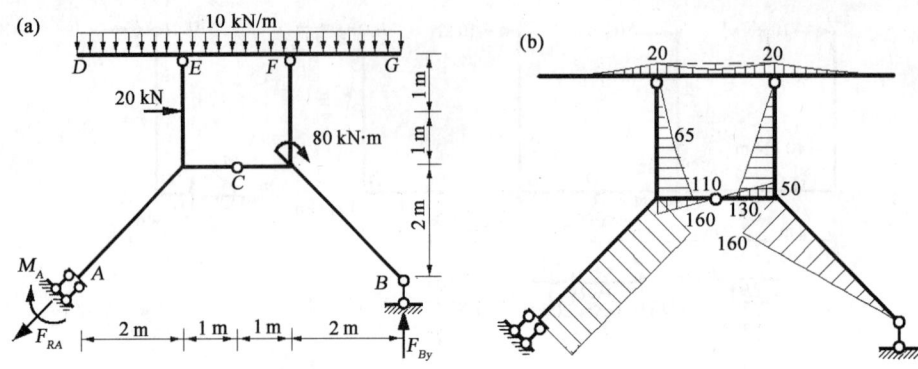

图 3.23 具有斜向滑动支座的刚架的分析

（3）由 $\sum M_A = 0$ 得支座 A 处的约束反力矩 $M_A = 160$ kN·m（顺时针方向）。

（4）根据铰处弯矩为零和刚结点的力矩平衡条件，可绘出弯矩图[图 3.23（b）]。

【例 3.19】 试绘制图 3.24 所示结构的弯矩图。

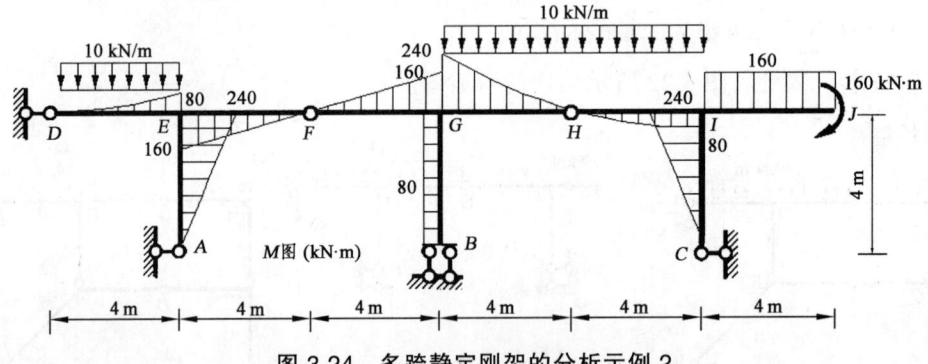

图 3.24 多跨静定刚架的分析示例 2

相关力学基本概念：灵活选取隔离体、约束性质、结点力矩平衡等。

【解】 （1）首先计算附属部分 $IJHC$。绘出悬臂段 IJ 弯矩。由 $\sum F_y = 0$ 得 $F_{Hy} = 40$ kN(↑)，进而可求得 $M_{IH} = 40$ kN × 4 m − 10 kN/m × 4 m × 2 m = 80 kN·m。由结点 I 的力矩平衡可求得 $M_{IC} = 160$ kN·m + 80 kN·m = 240 kN·m，从而可求得支座 C 反力 $F_{Cx} = 60$ kN(→)。

（2）按悬臂梁绘出 DE 段弯矩（$M_{ED} = -ql^2/2$）。

（3）由 $DEFA$ 隔离体的平衡条件 $\sum F_y = 0$ 得 $F_{Fy} = 40$ kN(↑)，进而 $M_{EF} = 160$ kN·m。

由结点 E 的力矩平衡可求得 $M_{EA} = 160$ kN·m + 80 kN·m = 240 kN·m。进而可求得支座 A 反力 $F_{Ax} = 60$ kN(←)。由整体平衡条件知 $F_{Dx} = 0$。

（4）由 $F_{Fy} = 40$ kN(↑) 和反作用性质，可分别绘出 FG、GH 段的弯矩，再由结点 G、E 的力矩平衡可求得 $M_{GB} = 240$ kN·m − 160 kN·m = 80 kN·m。

【例 3.20】 求图 3.25（a）所示结构的反力。

相关力学基本概念：静定结构解的唯一性、隔离体的选取、平衡条件等。

【解】 （1）首先判定结构的性质：每一个隔离体只能建立 3 个平衡方程，设隔离体个数为 n，未知力或力矩个数为 r，若 $r = 3n$，则为静定结构。图 3.25 中共 4 个隔离体，未知数为 12，所以为静定结构。

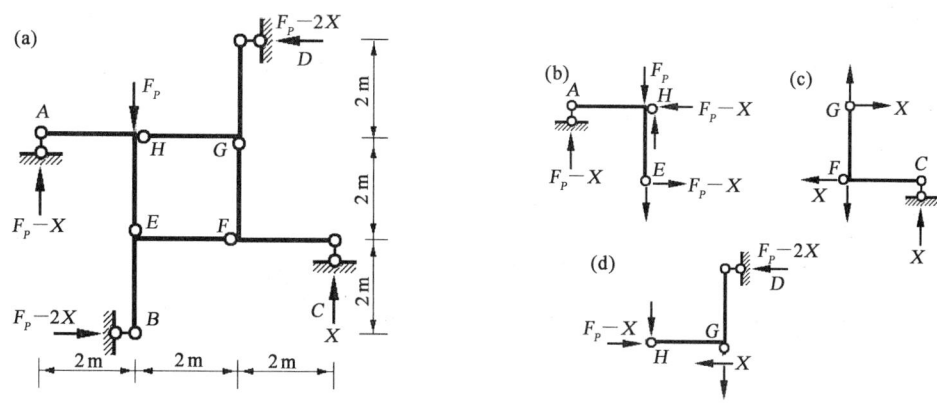

图 3.25 复杂结构的反力计算

（2）为了避免求解联立方程，设支座 C 处的反力为 X[图 3.25（a）]，由整体平衡条件 $\sum F_y = 0$ 得 $F_{Ay} = F_P - X$。取隔离体[图 3.25（b）]，由 $\sum M_E = 0$ 得铰 H 处水平分力为 $F_P - X(\leftarrow)$；取隔离体[图 3.25（c）]，由 $\sum M_F = 0$ 得铰 G 处水平分力为 $X(\rightarrow)$；取隔离体[图 3.25（d）]，由 $\sum F_x = 0$ 得 D 处支座反力 $F_{Dx} = F_P - 2X(\leftarrow)$。

（3）由整体平衡条件 $\sum F_x = 0$ 得 B 处支座反力 $F_{Bx} = F_P - 2X(\rightarrow)$。由平衡条件 $\sum M_A = 0$ 得 $X \times 6\,\mathrm{m} + (F_P - 2X) \times 3\,\mathrm{m} + (F_P - 2X) \times 6\,\mathrm{m} - F_P \times 3\,\mathrm{m} = 0$，解得 $X = 2F_P/3$。

3.8 桁架杆件轴力定性分析举例

定性分析主要指运用力学的基本概念如平衡条件、几何构造性质、解的唯一性等对桁架杆件的受力性质作出正确的判断。这对于定性判断桁架如何承受外荷载是非常有用的。

1. 结点受力的定性分析

（1）X 形结点[图 3.26（a）]。这是四杆结点且两两共线。结点上无荷载时，则共线两杆内力相等且符号相同。

（2）K 形结点[图 3.26（b）、（c）]。这也是四杆结点，其中两杆共线，而另外两杆在此直线同侧且交角相等。当结点上无荷载时，则非共线两杆内力大小相等且符号相反（一杆为拉力，则另一杆为压力）；当结点处有荷载时，其内力见（c）图所示。

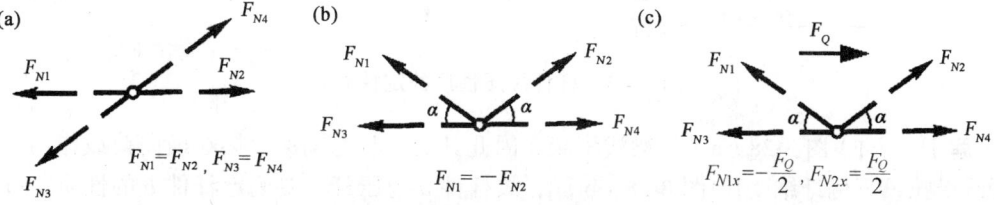

图 3.26 结点受力的定性分析

2. 判定桁架某杆受力性质的方法一

即假定该杆被移走，设想结构可能发生的变形，此杆件轴力的作用是要阻止这个假想变形的发生，于是它的性质就能在此基础上判定出来。

【例 3.21】 定性分析图 3.27 所示桁架杆件轴力性质。

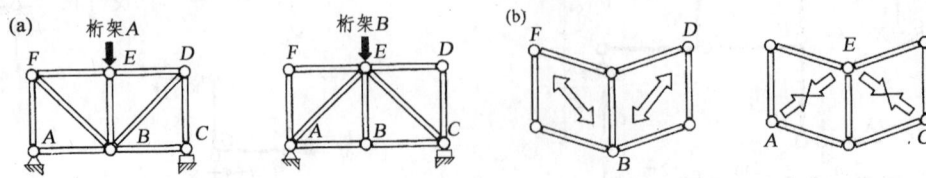

图 3.27　杆件拉压性质的定性分析

【解】 （1）考虑图 3.27（a）所示桁架 A 的两斜杆。如果设想此斜杆被移走，将产生图 3.27（b）所示的刚体位移。为了防止上述位移的发生，显然左、右斜杆必须分别防止结点 B、F 和结点 B、D 被拉开。因此，两斜杆为拉力。

（2）桁架 B 的两斜杆的功能是防止结点 E、A 和结点 E、C 相互靠近，因此它们处于受压状态。

（3）桁架 BE 杆性质判定：桁架 A 中的 BE 杆使结点 B、E 相互靠近，所以 BE 杆受压。而在桁架 B 中，杆件 BE 移走后仍保持一个稳定的三角形（下弦受拉），所以 BE 杆为零杆。

3. 判定桁架某杆受力性质的方法二

即将它和梁、拱、缆索进行类比。

【例 3.22】 定性分析图 3.28 所示桁架中指定杆件的拉压性质。

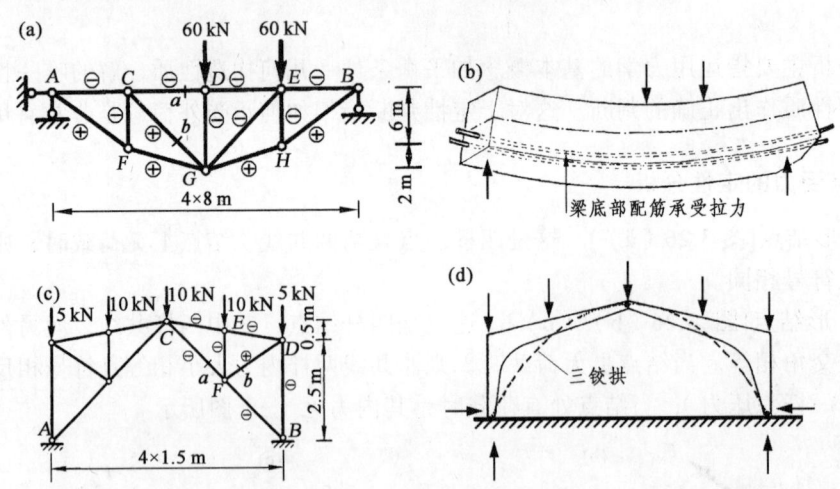

图 3.28　杆件拉压性质的定性确定

【解】 （1）图 3.28（a）为梁式桁架，因此其受力状态同梁。梁在横向荷载作用下，上侧纤维受拉，下侧纤维受压[图 3.28（b）]，故杆件 a 为压杆。要确定杆件 b 的性质，可撤出杆件 b、EG，再判定位移方向，可知杆件 b 为拉杆。

（2）图 3.28（c）桁架为三铰拱式桁架，因此其受力状态同拱。在竖向荷载作用下，拱体主要是受压[图 3.28（d）]。因此，该桁架内外侧杆件为压杆，故杆件 a 为压杆。要确定杆件 b 的性质，可撤出杆件 b，判定位移方向，易知杆件 b 为拉杆。

【例 3.23】 定性分析图 3.29（a）所示桁架的支座反力 F_{By} 与 F_{Cx} 的关系。

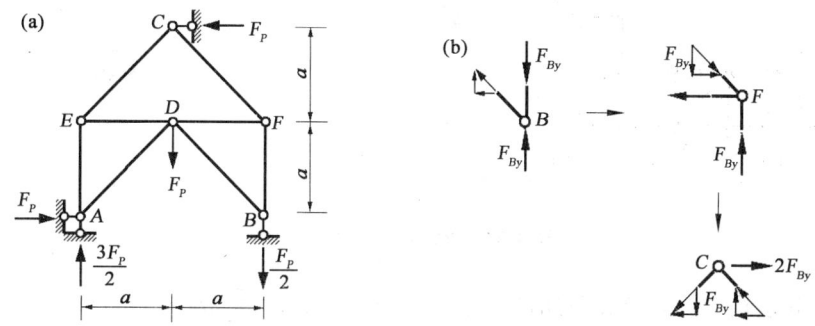

图 3.29 利用杆件性质定性分析支座反力

【解】 （1）取结点 B 为隔离体，由 $\sum F_x = 0$ 知杆 BD 为零杆，则杆件 BF 的轴力等于 F_{By}。

（2）由结点 F 的平衡条件 $\sum F_y = 0$ 得斜杆 FC 的竖向分力为 F_{By}。

（3）根据结点 C 的平衡条件 $\sum F_y = 0$ 知，斜杆 CE、CF 为等值而受力性质相反的杆件，再由结点 C 平衡条件 $\sum F_x = 0$ 得 $F_{Cx} = 2F_{By}$。

3.9 试题分析

【例 3.24】 作图 3.30（a）所示结构的 M 图（1997 年试题）。

【解】 按几何构造分析，绘出附属和基本部分[图 3.30（b）~（d）]。分别绘出各简支刚架的弯矩图，并将它们组合在一起，得最后弯矩图[图 3.30（e）]。

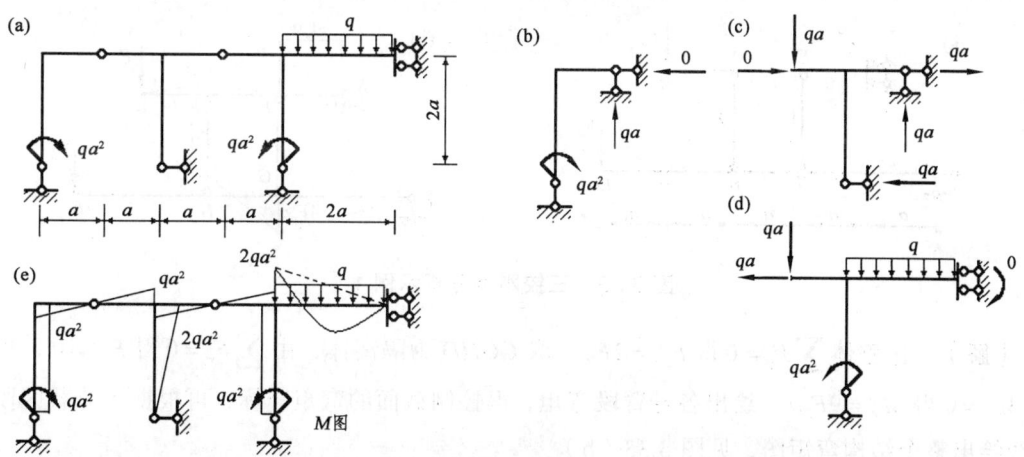

图 3.30 多跨静定刚架分析示例 1

【例 3.25】 求图 3.31 所示桁架指定杆 1、2、3 的内力（1998 年试题）。

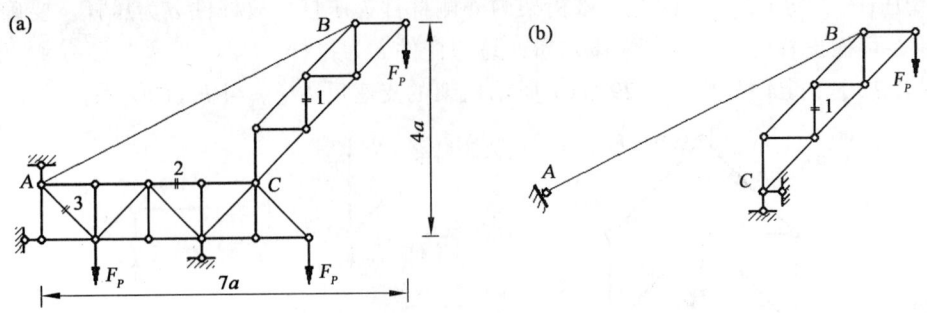

图 3.31 静定桁架分析示例

【解】 静定桁架，先计算附属部分[图 3.31（b）]，由 $\sum M_C = 0$ 求出索的拉力和铰 C 处的约束力；后计算基本部分，$F_{N1} = -F_P/4$，$F_{N2} = 9F_P/4$，$F_{N3} = -7\sqrt{2}F_P/12$。

【例 3.26】 作图 3.32（a）所示结构的 M 图，并求出链杆轴力（1999 年试题）。

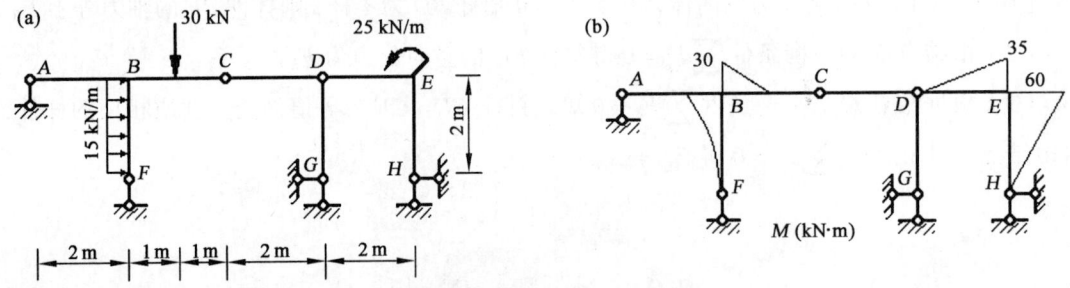

图 3.32 多跨静定刚架分析示例 2

【解】 图示为静定结构。杆件 GD、CD 为二力杆，于是支座 H 的水平力为 30 kN(←)，绘出 $M_{EH} = 60$ kN·m（左侧受拉）；由结点 E 的平衡条件可得 $M_{ED} = 35$ kN·m（上侧受拉）。取 $ABCF$ 为隔离体，则 $F_{NCD} = 30$ kN(←)，由 $\sum M_F = 0$ 得 $F_{RA} = 0$。绘出整个结构的弯矩图，见图 3.32（b）。

【例 3.27】 作图 3.33（a）所示结构的弯矩图（2000 年试题）。

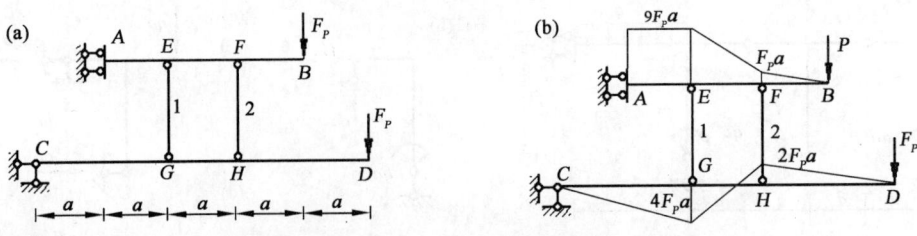

图 3.33 三铰刚架分析示例 1

【解】 由整体 $\sum F_y = 0$ 得 $F_{Cy} = 2F_P$。取 $CGHD$ 为隔离体，由 $\sum F_x = 0$ 得 $F_{Cx} = 0$，再由 $\sum M_A = 0$ 得 $M_A = 9F_P a$。绘出各悬臂段弯矩，得控制截面的弯矩竖标，再根据无荷载区段为直线绘出整个结构弯矩图，见图 3.33（b）。

【例 3.28】 试作图 3.34（a）所示结构的 M 图，并求二力杆的轴力（2003 年试题）。

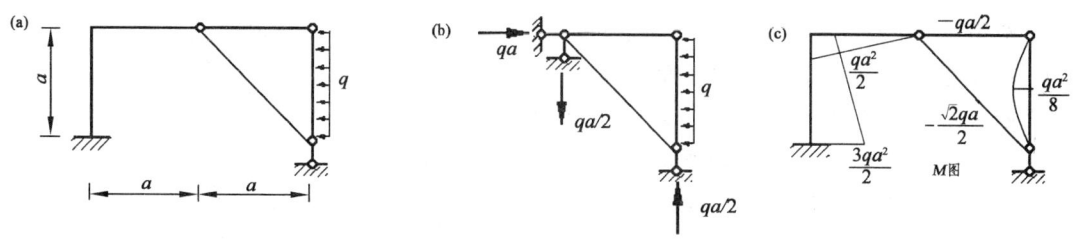

图 3.34　组合结构分析示例

【解】　先计算右边附属部分[图 3.34（b）]，再计算基本部分。将两部分弯矩图组合在一起，得最后弯矩图如图 3.34（c）所示。

【例 3.29】　绘出图 3.35 所示刚架的弯矩图（2005 年试题）。

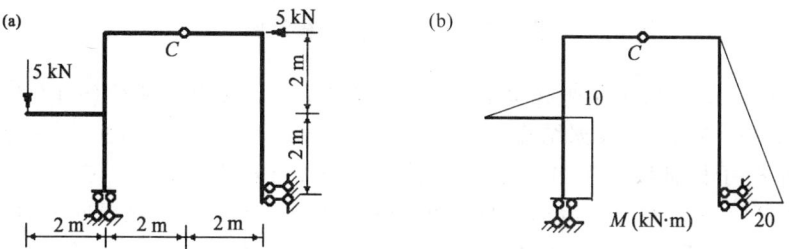

图 3.35　三铰刚架分析示例 2

【解】　根据支座性质，水平荷载由右支座承担，竖向荷载由左支座承担，取右半边为隔离体求得反力矩，由整体平衡条件求得左支座反力矩，最后得弯矩图如图 3.35（b）所示。

【例 3.30】　求图 3.36（a）所示桁架 1、2 杆件的轴力（2007 年试题）。

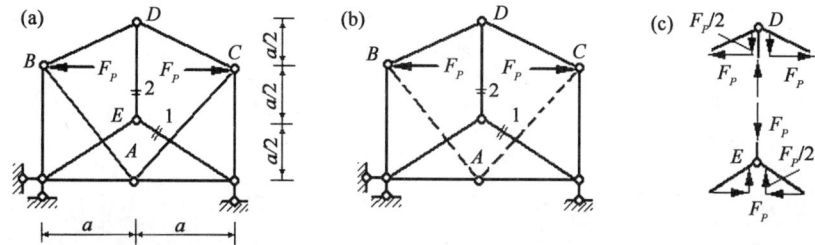

图 3.36　对称桁架分析示例

【解】　由对称性得 AC、AB 杆轴力为零[图 3.36(b)]，由结点法[图 3.36(c)]得 $F_{N2}=-F_P$，$F_{N1}=-\sqrt{5}F_P/2$。

【例 3.31】　作图 3.37（a）所示结构的 M 图（2007 年试题）。

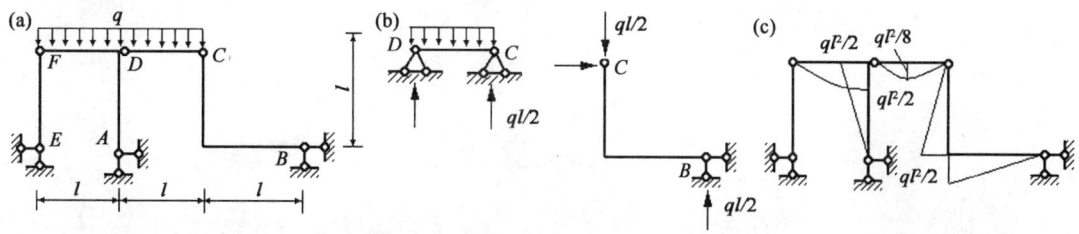

图 3.37　多跨静定刚架分析示例 3

【解】 取 CD 为隔离体[图 3.37（b）]，得 $F_{By} = ql/2(\uparrow)$。再取 CB 为隔离体，由 $M_C = 0$ 得 $F_{Bx} = ql/2(\leftarrow)$。最后可绘出结构的弯矩图[图 3.37（c）]。而左边竖杆 DE 为二力杆。

【例 3.32】 作图 3.38（a）所示结构的 M 图（2008 年试题）。

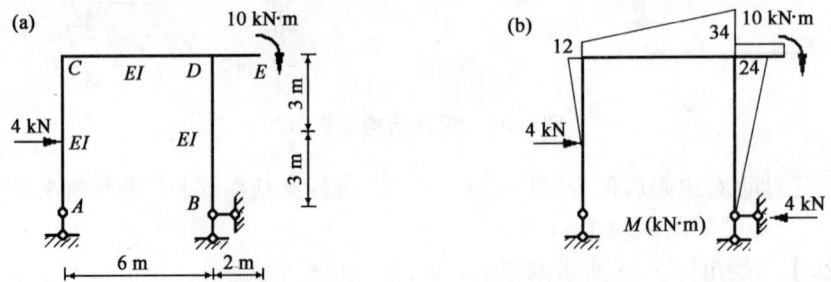

图 3.38 简支刚架分析示例

【解】 根据支座性质及平衡条件得支座 B 的水平反力为 $4\ \text{kN}(\leftarrow)$，由此得 $M_{DB} = 24\ \text{kN}\cdot\text{m}$（右侧受拉）。再根据结点 D 的力矩平衡条件得 $M_{DC} = 34\ \text{kN}\cdot\text{m}$（上侧受拉）。支座 A 的反力平行于杆轴线，于是集中力以下部分杆件弯矩为零，以上按悬臂梁绘出杆端弯矩。再根据两杆结点无外力矩得出两杆弯矩同侧、相等。CD 杆上无横向荷载，弯矩图为直线，得图 3.38（b）所示最后弯矩图。

第 4 章 结构位移计算

结构的位移计算有两个目的：一个是验算结构的刚度，即验算结构的位移是否超过允许的位移限定值。另一个是为超静定结构内力计算打基础。因为在超静定结构的内力分析中，不仅要考虑平衡条件，而且还必须考虑变形方面的条件。

计算结构位移的原理是虚功原理，处理问题的方法是单位荷载法。该法利用虚功的概念将结构的真实位移计算转化为一个虚功方程的求解，解决问题的巧妙之处在于这个虚设的单位力的施加。

4.1 虚功及虚功原理

虚功原理中所讨论的力状态和位移状态是两个彼此无关的状态。因此，对于给定的平衡力系状态，可以利用虚设的可能位移状态求未知力（虚位移原理）；而对于给定的位移状态，则可以利用虚设的平衡力系求未知位移（虚拟力原理）。

4.1.1 刚体虚功原理及其应用

当体系在位移过程中，不考虑材料应变，各杆只发生刚体运动时，体系属于刚体系。刚体虚功原理可表述为：在具有理想约束的刚体系上，如果力状态中的力系能满足平衡条件，位移状态中的刚体位移能与几何约束相容，则外力虚功之和等于零。

对于刚体虚功原理的两种应用，前者将在"定性绘制影响线的方法"中介绍，下面仅介绍在虚设力状态下求实际位移状态中指定处的位移。

【例 4.1】 图 4.1 所示结构，由于支座移动，利用刚体虚功原理求指定处的位移。在图 4.1（a）中，已知支座 B 发生向下的竖向位移 c，拟求 K 点的竖向位移。而在图 4.1（c）中，已知支座位移，求 B 点的水平位移。

【解】 对于图 4.1（a）：

设虚拟力平衡状态如图 4.1（b）所示。这里，为了计算方便，令 $F_P=1$，并且在由它所产生的反力上面加一横，以示区别。力状态[图 4.1（b）]在位移状态[图 4.1（a）]上所做的虚功为：

$$F_P \times \Delta_{Ky} - \overline{F}_{Ay} \times 0 - \overline{F}_{By} \times c = 0$$

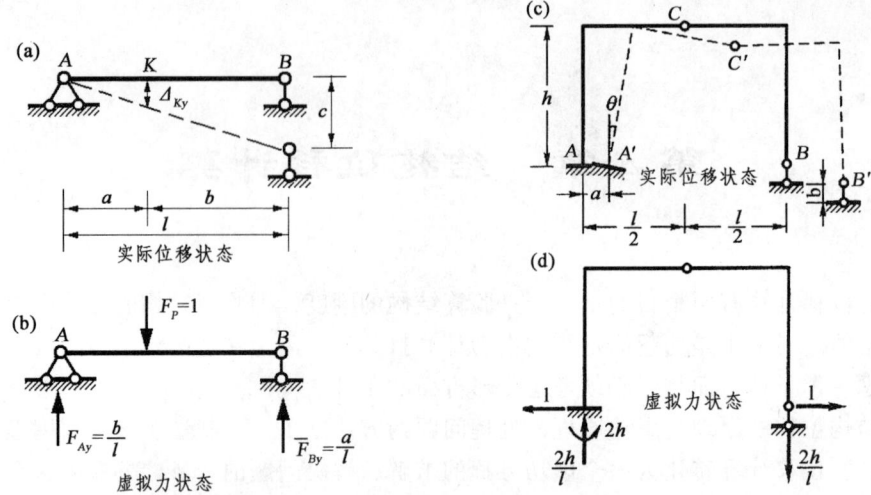

图 4.1 结构指定处位移的求解

将 $F_P=1$, $\overline{F}_{By}=a/l$ 代入上式,得:

$$\Delta_{Ky}=\frac{a}{l}c$$

上面所得计算结果,可由几何相似关系加以验证。

对于图 4.1（c）：设 B 点水平位移为 Δ_{Bx}（向右）。力状态[图 4.1（d）]在位移状态[图 4.1（c）]上所做的虚功为：

$$1\times\Delta_{Bx}-1\times a-2h\times\theta+\frac{2h}{l}\times b=0$$

得

$$1\times\Delta_{Bx}=a+2h\theta-\frac{2hb}{l}(\rightarrow)$$

4.1.2 变形体虚功原理及其应用

当体系在变形过程中,不但各杆发生刚体运动,而且内部材料也同时产生应变,体系属于变形体系。对于变形体系,虚功原理可表述为：变形体系处于平衡时,在任何无限小的虚位移中,外力所做的虚功之和等于变形体所接受的变形虚功。

4.1.3 虚拟力状态的设置

虚单位荷载法不仅可以用来计算结构的线位移,而且可用来计算其他性质的位移,只要虚拟状态中的单位荷载是与所求位移相应的广义力（指单位力、力矩、一对集中力、一对集中力矩）即可。现举出典型的虚拟状态,如图 4.2 所示。

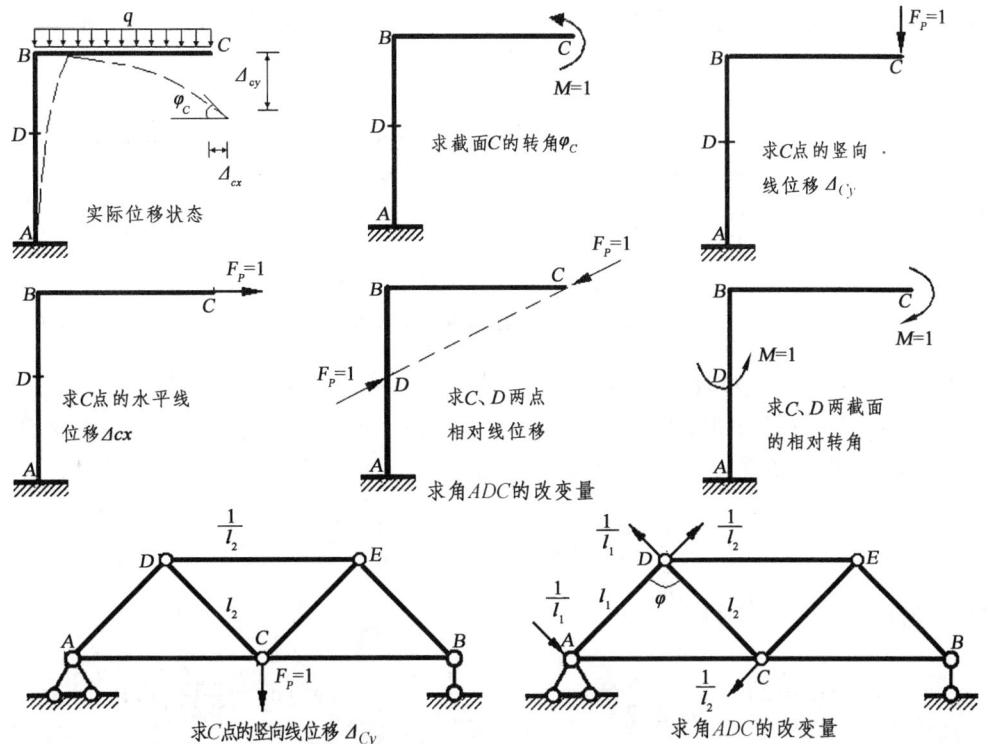

图 4.2　典型虚拟力状态的设置

4.2　荷载作用下的位移计算

结构在荷载作用下，若以 F_{NP}、F_{QP}、M_P 表示结构实际状态的内力，以 $\bar{F}_N$、$\bar{F}_Q$、$\bar{M}$ 代表虚拟状态中由单位荷载所产生的内力，则位移计算公式为：

$$1 \cdot \Delta_K = \sum \int_l \frac{\bar{F}_N F_{NP}}{EA} \mathrm{d}x + \sum \int_l \frac{k\bar{F}_Q F_{QP}}{GA} \mathrm{d}x + \sum \int_l \frac{\bar{M} M_P}{EI} \mathrm{d}x \qquad (4.1)$$

（1）对于梁和刚架，只考虑弯曲变形一项的影响，这样式（4.1）可简化为：

$$1 \cdot \Delta_K = \sum \int \frac{\bar{M} M_P \mathrm{d}x}{EI} \qquad (4.2)$$

（2）对于桁架，只有轴向变形的影响，式（4.1）可简化为：

$$1 \cdot \Delta_K = \sum \int \frac{\bar{F}_N F_{NP}}{EA} \mathrm{d}x = \sum \frac{\bar{F}_N F_N l}{EA} \qquad (4.3)$$

（3）对于组合结构，式（4.1）可简化为：

$$1 \cdot \Delta_K = \sum \frac{\bar{F}_N F_N l}{EA} + \sum \int \frac{\bar{M} M_P \mathrm{d}s}{EI} \qquad (4.4)$$

【例 4.2】 求图 4.3 所示等截面简支梁中点 K 的竖向线位移 Δ_{Ky} 及截面 B 的角位移 φ_B。已知 $EI =$ 常数。

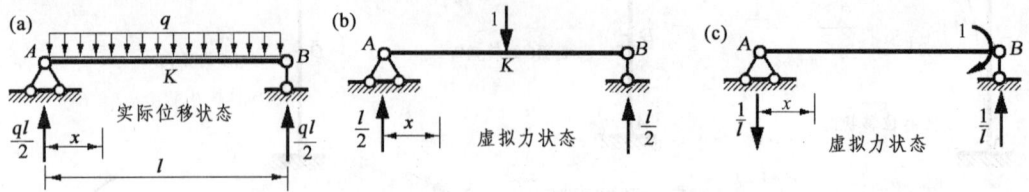

图 4.3 求简支梁指定处的位移

【解】 （1）求 K 点线位移。

在点 K 加一竖向单位集中力作用为虚拟状态[图 4.3（b）]，分别写出实际状态和虚拟状态的弯矩表达式，以同侧受拉为正，异侧为负。设以 A 点为原点，当 $0 \leqslant x \leqslant l/2$ 时，有：

$$M_P = \frac{ql}{2}x - qx\frac{x}{2} = \frac{q}{2}(lx - x^2), \quad \overline{M}_1 = \frac{1}{2}x$$

因为对称，所以由式（4.2）得：

$$\Delta_{Ky} = 2\int_0^{l/2} \frac{1}{EI} \cdot \frac{x}{2} \cdot \frac{q}{2}(lx - x^2) \, dx = \frac{q}{2EI}\int_0^{l/2}(lx^2 - x^3)\, dx = \frac{5ql^4}{384EI}(\downarrow)$$

计算结果为正，说明点 K 竖向位移的方向与虚拟单位集中力方向相同，即向下。

（2）求截面 B 的转角。

在截面 B 处加一单位集中力矩作用为虚拟状态[图 4.3（c）]，分别写出实际状态和虚拟状态的弯矩表达式。设以 A 点为原点，有：

$$M_P = \frac{ql}{2}x - qx\frac{x}{2} = \frac{q}{2}(lx - x^2), \quad \overline{M}_1 = -\frac{1}{l}x$$

由式（4.2）得：

$$\varphi_B = \int_0^l \frac{1}{EI} \cdot \left(-\frac{1}{l}\right) \cdot \frac{q}{2}(lx - x^2)\, dx = -\frac{q}{2EIl}\int_0^l (lx^2 - x^3)\, dx = -\frac{ql^3}{24EI}（逆时针转动）$$

计算结果为负，说明截面 B 的转角方向与虚拟单位集中力矩方向相反，即逆时针转动。

【例 4.3】 计算图 4.4（a）、（c）所示两种跨度、高度、截面和荷载相同，但内部两斜杆方向不同的桁架 C 点的竖向线位移，并比较其刚度的强弱，给予解释。已知 $EA =$ 常数。

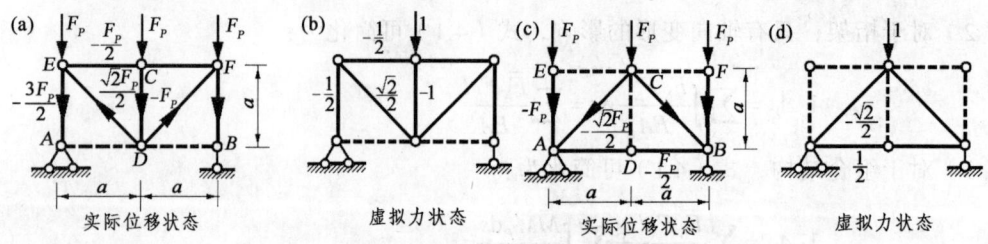

图 4.4 荷载传递到地基的不同传递路线

【解】 (1) 对图 4.4 (a):

在点 C 加一竖向单位集中力作用为虚拟状态[图 4.4 (b)],分别求出实际状态和虚拟状态的各杆轴力,由式(4.3)有:

$$1 \cdot \Delta_{Cy} = \sum \frac{\overline{F}_N F_N l}{EA} = \frac{1}{EA}\left[2\left(-\frac{F_P}{2}\right)\times\left(-\frac{1}{2}\right)\times a + 2\left(-\frac{3F_P}{2}\right)\left(-\frac{1}{2}\right)\times a + \right.$$

$$\left. 2\left(\frac{\sqrt{2}F_P}{2}\right)\left(\frac{\sqrt{2}}{2}\right)\times\sqrt{2}a + (-F_P)(-1)\times a\right] = \frac{F_P a}{EA}(3+\sqrt{2}) = 4.414\frac{F_P a}{EA}(\downarrow)$$

(2) 对图 4.4 (c):

在点 C 加一竖向单位集中力作用为虚拟状态[图 4.4 (d)],分别求出实际状态和虚拟状态的各杆轴力,由式(4.3)有:

$$1 \cdot \Delta_{Cy} = \sum \frac{\overline{F}_N F_N l}{EA} = \frac{1}{EA}\left[2\left(-\frac{F_P}{2}\right)\times\left(-\frac{1}{2}\right)\times a + 2\left(\frac{\sqrt{2}F_P}{2}\right)\left(\frac{\sqrt{2}}{2}\right)\times\sqrt{2}a\right]$$

$$= 1.914\frac{F_P a}{EA}(\downarrow)$$

计算结果表明,图 4.4 (c) 的刚度比图 4.4 (a) 的刚度大 2.306 倍。其原因是二者传递荷载的路线不同:图 4.4 (c) 以较短的路径将力传递到地基,对跨中荷载直接由 $CA \rightarrow A$,而图 4.4 (a) 跨中荷载的传递路径是 $CD \rightarrow DE \rightarrow A$。

结论:缩短传力路径(即将结构上的荷载传递到基础的路线)有利于提高结构的刚度。因为结构是一些用于传力的元件和构件的综合,不同的综合方式就形成了不同的传力路线,或者体现了不同的设计思想或设计概念。结构设计师的任务就是通过这种综合来实现他所希望的传力路线。

4.3 计算位移的图乘法

当结构的各杆段符合下列条件时:
(1) 杆轴为直线;
(2) 分段等截面,即 EI = 常数;
(3) $\overline{M}$ 和 M_P 两个弯矩图中至少有一个为直线图形。

则上述积分式可逐段通过 $\overline{M}$ 和 M_P 两个弯矩图参数之间相乘的方法求得解答(图乘法),即:

$$\Delta_{KP} = \sum \int \frac{\overline{M}M_P \mathrm{d}x}{EI} = \sum \frac{A_\omega y_C}{EI} \tag{4.5}$$

式中 A_ω —— M_P 图的面积;

y_C —— 面积弯矩图的形心 C 处所对应的 $\overline{M}$ 图的竖标。

应用图乘法时应注意下列各点：

（1）必须符合上述前提条件。

（2）竖标 y_C 只能取自直线图形。

（3）A_ω 与 y_C 若在杆件的同侧，则乘积取正号，异侧取负号。

【例 4.4】 用图乘法计算图 4.5（a）所示悬臂梁端点的竖向线位移 Δ_{By} 和截面转角 φ_B。设 EI = 常数。

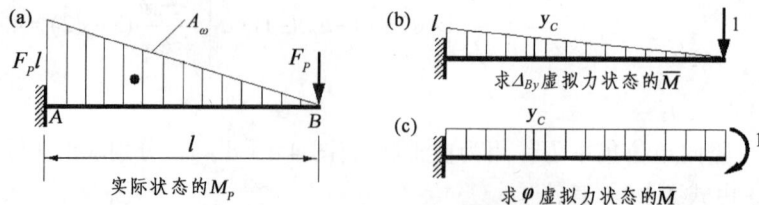

图 4.5 图乘法求悬臂梁的位移

【解】 根据平衡条件绘出实际状态及虚拟力状态的弯矩图，如图 4.5（a）、（b）、（c）所示。它们都是直线图形，竖标 y_C 从 $\overline{M}$ 图或 M_P 图中选取都可以。由式（4.5）得：

$$\Delta_{By} = \frac{A_\omega y_C}{EI} = \frac{1}{EI} \cdot \frac{1}{2} \cdot F_P l \cdot l \times \frac{2}{3} l = \frac{F_P l^3}{3EI}(\downarrow)$$

$$\varphi_B = \frac{A_\omega y_C}{EI} = \frac{1}{EI} \cdot \frac{1}{2} \cdot F_P l \cdot l \times 1 = \frac{F_P l^2}{2EI} \text{（顺时针）}$$

所得结果为正，表示线位移（角位移）与所设单位力（力矩）指向相同。

【例 4.5】 用图乘法计算图 4.6（a）所示简支梁的跨中挠度 Δ_{Cy} 和截面 B 的转角 φ_B。

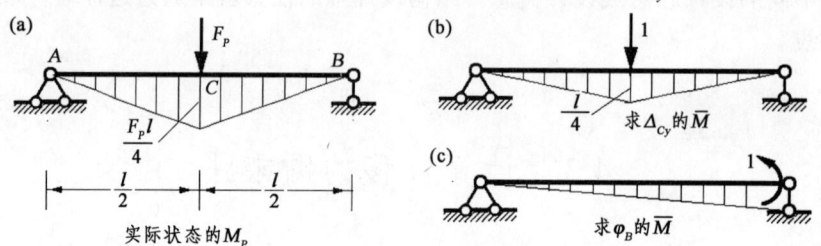

图 4.6 图乘法求简支梁的位移

【解】 （1）求挠度 Δ_{Cy}。

因为实际状态与虚拟状态对整个梁段的弯矩图为折线[图 4.6（a）、（b）]，故分为 AC、CB 两个直线段来考虑。由于图形对称，由式（4.5）得：

$$\Delta_{By} = \frac{A_\omega y_C}{EI} = 2 \times \frac{1}{EI} \cdot \frac{1}{2} \cdot \frac{F_P l}{4} \cdot \frac{l}{2} \times \frac{2}{3} \cdot \frac{l}{4} = \frac{F_P l^3}{48EI}(\downarrow)$$

（2）求截面 B 转角 φ_B。

M_P 为面积计算图形，竖标 y_C 取自 $\overline{M}$ 图[图 4.6（c）]，由式（4.5）得：

$$\varphi_B = \frac{A_\omega y_C}{EI} = \frac{1}{EI} \cdot \frac{1}{2} \cdot \frac{F_P l}{4} \cdot l \times \frac{1}{2} \cdot 1 = \frac{F_P l^2}{16EI} \text{（逆时针）}$$

【例 4.6】 用图乘法计算图 4.7（a）、（d）所示外伸梁的竖向线位移Δ_{Cy}。其各杆的弯曲刚度如图所示。

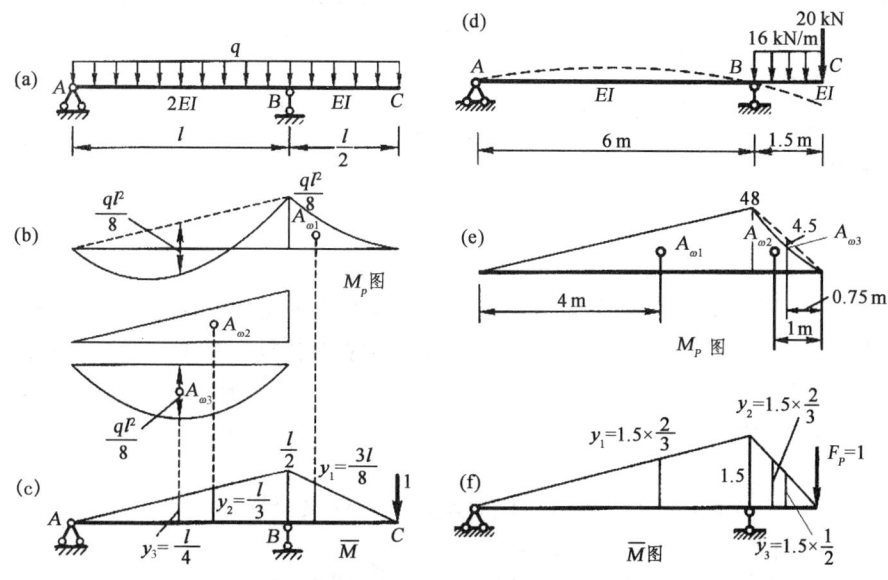

图 4.7 图乘法求外伸梁的位移

【解】（1）图 4.7（a）所示外伸梁的竖向线位移Δ_{Cy}的计算。

M_P、$\overline{M}$图分别如图 4.7（b）、（c）所示。BC 段的M_P图是标准的二次抛物线图形；AB 段的M_P图较复杂，但可分解为一个三角形和一个标准的二次抛物线图形。于是由图乘法可得：

$$\Delta_{Cy} = \sum \frac{A_\omega y_C}{EI} = \frac{1}{EI} A_{\omega 1} y_1 + \frac{1}{2EI}(A_{\omega 2} y_2 + A_{\omega 3} y_3)$$

$$= \frac{1}{EI} \cdot \frac{1}{3} \cdot \frac{ql^2}{8} \cdot \frac{l}{2} \times \frac{3l}{8} + \frac{1}{2EI}\left(\frac{1}{2} \cdot \frac{ql^2}{8} \cdot l \times \frac{l}{3} - \frac{2}{3} \cdot \frac{ql^2}{8} \cdot l \times \frac{l}{4}\right) = \frac{ql^4}{128EI}(\downarrow)$$

（2）图 4.7（d）所示外伸梁的竖向线位移Δ_{Cy}的计算。

对于 BC 段，将M_P图看做是由 B、C 两端的弯矩竖标连成的三角形图形与相应简支梁在均布荷载作用下的标准二次抛物线图形[即图 4.7（e）中的虚线与曲线之间所包含的面积]叠加而成。将上述梁中图形分别与图 4.7（f）的相应部分相乘，得：

$$\Delta_{Cy} = \sum \frac{A_\omega y_C}{EI} = \frac{1}{EI}(A_{\omega 1} y_1 + A_{\omega 2} y_2 + A_{\omega 3} y_3)$$

$$= \frac{1}{EI}\left(\frac{1}{2} \times 48 \text{ kN} \cdot \text{m} \times 6 \text{ m} \times 1 \text{ m} + \frac{1}{2} \times 48 \text{ kN} \cdot \text{m} \times 1.5 \text{ m} \times 1 \text{ m} - \frac{2}{3} \times 4.5 \text{ kN} \cdot \text{m} \times 1.5 \text{ m} \times 0.75 \text{ m}\right)$$

$$= \frac{175 \text{ kN} \cdot \text{m}^3}{EI}(\downarrow)$$

【例 4.7】 试求图 4.8（a）所示刚架 B 点的水平位移Δ_{Bx}和铰 F 左、右杆件截面的相对转角φ_F。设各杆 EI 相同。

【解】 本题的几何构造由基本部分（ACEF）和附属部分（BDF）组成，内力计算应按"先附属后基本"的步骤进行，M_P、$\overline{M}$图分别如图 4.8（b）、（c）、（d）所示。

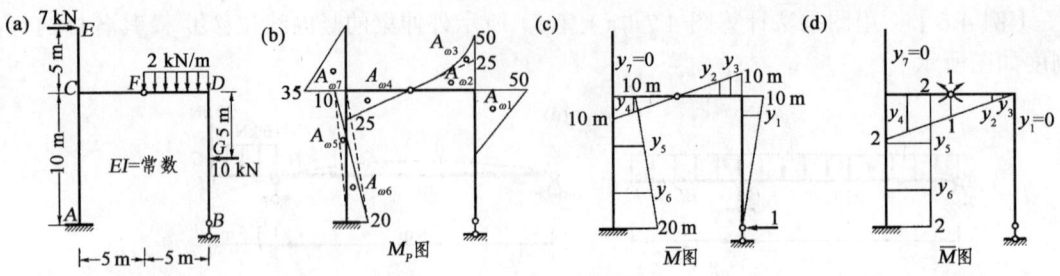

图 4.8 图乘法求解刚架

图 4.8（b）中 FD 段的弯矩图是由铰 F 处的剪力和杆件所受均布荷载共同引起的，可以分解为一个三角形和一个标准二次抛物线图形；AC 段的弯矩图是由杆端弯矩引起的，可以视为由两个杆端弯矩单独作用引起的弯矩图叠加而成，即从 AC 杆以右的三角形中扣除以虚线为基线的另一个三角形。

在 M_P 图中各杆段上有：

$$A_{\omega 1} = \frac{1}{2} \times 5 \text{ m} \times 50 \text{ kN} \cdot \text{m} , \quad A_{\omega 2} = A_{\omega 4} = \frac{1}{2} \times 5 \text{ m} \times 25 \text{ kN} \cdot \text{m}$$

$$A_{\omega 3} = \frac{1}{3} \times 5 \text{ m} \times 25 \text{ kN} \cdot \text{m} , \quad A_{\omega 5} = \frac{1}{2} \times 10 \text{ m} \times 10 \text{ kN} \cdot \text{m}$$

$$A_{\omega 6} = \frac{1}{2} \times 10 \text{ m} \times 20 \text{ kN} \cdot \text{m} , \quad A_{\omega 7} = \frac{1}{2} \times 5 \text{ m} \times 35 \text{ kN} \cdot \text{m}$$

（1）水平位移 Δ_{Bx} 的计算。

M_P 图上面积图形的形心位置对应图 4.8（c）单位弯矩图中的竖标为：

$$y_1 = \frac{5}{6} \times 10 \text{ m} , \quad y_2 = y_4 = \frac{2}{3} \times 10 \text{ m} , \quad y_3 = \frac{3}{4} \times 10 \text{ m}$$

$$y_5 = 10 \text{ m} + \frac{1}{3} \times 10 \text{ m} , \quad y_6 = 10 \text{ m} + \frac{2}{3} \times 10 \text{ m} , \quad y_7 = 0$$

按照图形与相应竖标的基线同侧时乘积取正，异侧时乘积取负的规定，有：

$$\Delta_{Bx} = \frac{1}{EI}(A_{\omega 1} y_1 + A_{\omega 2} y_2 + A_{\omega 3} y_3 + A_{\omega 4} y_4 - A_{\omega 5} y_5 + A_{\omega 6} y_6)$$

$$= \frac{3\,188 \text{ kN} \cdot \text{m}^3}{EI} (\leftarrow)$$

（2）相对转角 φ_F 的计算。

M_P 图上面积图形的形心位置对应图 4.8（d）单位弯矩图中的竖标为：

$$y_1 = 0 , \quad y_2 = \frac{1}{3} , \quad y_3 = \frac{1}{4} , \quad y_4 = \frac{5}{6} \times 2 , \quad y_5 = y_6 = 2 , \quad y_7 = 0$$

于是，有：

$$\varphi_F = \frac{1}{EI}(-A_{\omega 2} y_2 - A_{\omega 3} y_3 + A_{\omega 4} y_4 - A_{\omega 5} y_5 + A_{\omega 6} y_6)$$

$$= \frac{2\,075 \text{ kN} \cdot \text{m}^2}{12 EI} \text{（下侧角度减少）}$$

4.4 静定结构因温度变化与制造误差引起的位移计算

静定结构在温度变化时,各杆件均能自由变形不会产生内力,但要产生位移。与荷载作用所不同的是,此时变形、位移不是由荷载产生而是由于温度变化所引起的。只要能求得杆件各微段因材料膨胀或冷缩所引起的变形表达式,则可得到由于温度变化引起的位移计算公式,即:

$$1 \cdot \Delta_{Kt} = \sum \int \bar{F}_N \mathrm{d}u + \sum \int \bar{M} \mathrm{d}\varphi = \sum \int \bar{F}_N \alpha t \mathrm{d}s + \sum \int \bar{M} \frac{\alpha \Delta t \mathrm{d}s}{h}$$
$$= \sum (\pm) \alpha \int \bar{F}_N t \mathrm{d}x + \sum (\pm) \alpha \int \bar{M} \frac{\Delta t}{h} \mathrm{d}x \quad (4.6)$$

具体应用时,可按以下的办法来确定式中的正负号($\pm$):比较实际状态的变形与虚拟状态的相应内力,若二者方向相同,则取正号,反之取负号。

若每一杆件沿其全长上温度改变相同,且截面尺寸不变,则式(4.6)可写为:

$$1 \cdot \Delta_{Kt} = \sum (\pm) \alpha t A_{\omega \bar{N}} + \sum (\pm) \frac{\alpha \Delta t}{h} A_{\omega \bar{M}} \quad (4.7)$$

式中:$A_{\omega \bar{N}}$、$A_{\omega \bar{M}}$ 分别为 $\bar{F}_N$ 图的面积和 $\bar{M}$ 图的面积;h 为截面高度。

必须指出:在计算由于温度改变所引起的位移时,不能略去轴向变形影响。

【例 4.8】 试求图 4.9(a)所示等截面悬臂刚架当内侧温度升高 10 ℃ 时引起的 C 点的竖向线位移 Δ_{Cy}。已知各杆的截面相同,且关于形心轴对称。

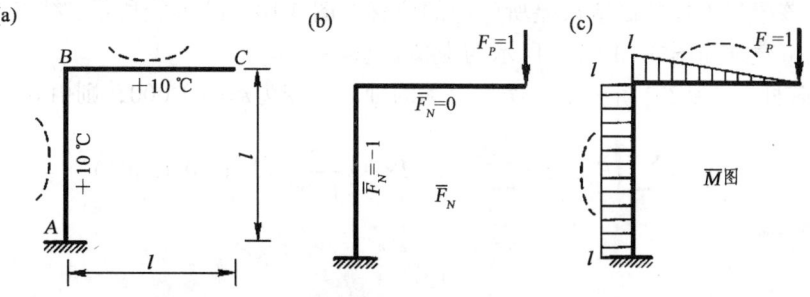

图 4.9 温度变化时的位移计算(刚架)

【解】 在点 C 加一单位竖向荷载,算出各杆的轴力 $\bar{F}_N$ 并绘出 $\bar{M}$ 图[图 4.9(b)、(c)]。图中虚线所示的弧形表示杆件弯曲方向。可以看出,各杆实际的弯曲方向都与虚拟的相反,且两杆的尺寸及温度改变相同,有:

$$A_{\omega \bar{M}} = l \cdot l + \frac{l}{2} \cdot l \cdot l = 1.5 l^2, \quad \Delta t = |0\ ℃ - 10\ ℃| = 10\ ℃$$

$$\Delta t = \frac{1}{2} \times (0\ ℃ + 10\ ℃) = 5\ ℃$$

以上各值均为绝对值,这是因为求温度变化所引起的位移时,其正负号将由虚拟内力和实际变形方向一起决定。在本例中,温度变化使立柱伸长,而虚拟轴力为压力,故轴向变形影响

一项应取负值;对于弯曲变形的影响,虚拟力矩做负功。由式(4.7)得:

$$\Delta_{Cy} = -15\alpha\frac{l^2}{h} - 5\alpha l(\uparrow)$$

对于桁架,在温度变化时,其位移计算公式为:

$$1 \cdot \Delta_K = \sum \bar{F}_N \alpha t l \tag{4.8}$$

当桁架的杆件长度因制造误差而与设计长度不符时,由此所引起的位移计算与温度变化类似。设各杆长度的误差为Δl,则位移计算公式为:

$$1 \cdot \Delta_K = \sum \bar{F}_N \Delta l \tag{4.9}$$

【例 4.9】 设图 4.10(a)所示桁架下弦杆 AE 和 EB 的制作比图示设计尺寸偏长 5/1 000,试求由此引起的 E 点竖向位移Δ_{Ey}。

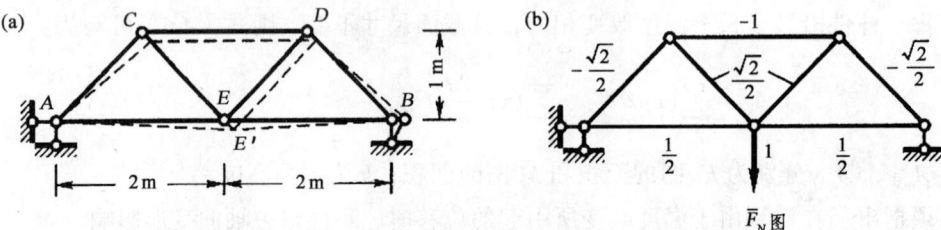

图 4.10 制造误差引起的位移计算(桁架)

【解】 该桁架因杆件制造误差所引起的位移如图 4.10(a)虚线所示,结点 E 将移至 E'。为求得Δ_{Ey},可建立如图 4.10(b)所示的虚拟状态。

桁架下弦杆 AE 和 EB 由于制造误差引起的轴向应变为$\varepsilon = 5/1\,000$,则由式(4.9)得:

$$\Delta_{Ey} = \sum \int \bar{F}_N \varepsilon \mathrm{d}x = \sum \bar{F}_N \varepsilon l = 2 \times \frac{1}{2} \times \frac{5}{1\,000} \times 2\text{ m} = 0.01\text{ m}(\downarrow)$$

4.5 线弹性体系的互等定理

1. 功的互等定理

功的互等定理用公式表示即:

$$F_1 \Delta_{12} = F_2 \Delta_{21} \tag{4.10}$$

该定理表明:第一状态的外力在第二状态的位移上的虚功,等于第二状态的外力在第一状态的位移上的虚功。

利用上述线弹性体系的互等定理,可以导出位移互等定理、反力互等定理以及反力与位移互等定理。因此,功的互等定理是最基本的互等定理。

2. 位移互等定理

位移互等定理即：

$$\delta_{12} = \delta_{21} \quad \text{或} \quad \delta_{ij} = \delta_{ji} \tag{4.11}$$

该定理表明：第二个单位力所引起的第一个单位力作用点沿其作用方向的位移，等于第一个单位力所引起的第二个单位力作用点沿其作用方向的位移。适用于静定、超静定结构。

位移系数（柔度系数）δ_{ij} 为在 j 方向作用单位力时在 i 方向产生的位移。因为力和位移都是广义的，所以位移系数的量纲随力和位移内容不同而不同。

3. 反力互等定理

反力互等定理即：

$$r_{21} = r_{12} \quad \text{或} \quad r_{ij} = r_{ji} \tag{4.12}$$

该定理表明：支座 1 发生单位位移所引起的支座 2 的反力，等于支座 2 发生单位位移所引起的支座 1 的反力。仅适用于超静定结构。

4. 反力与位移互等定理

反力与位移互等定理即：

$$r_{21} = -\delta_{12} \quad \text{或} \quad r_{ij} = -\delta_{ji} \tag{4.13}$$

该定理表明：单位力所引起的结构某支座的反力，等于该支座发生单位位移时所引起的单位力作用点沿其方向的位移，但符号相反。适用于静定、超静定结构。

4.6 概念分析举例

【例 4.10】 定性分析图 4.11 所示三种结构在水平荷载作用下哪一个水平位移最大，哪一个最小。设 EI 相同。

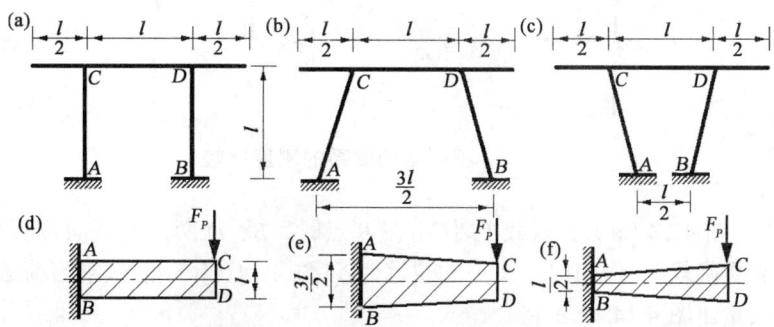

图 4.11 水平位移大小的定性分析

相关力学基本概念：等效对比。

【解】 将图4.11（a）、（b）、（c）简化为图4.11（d）、（e）、（f）所示长度相同而截面不同的悬臂梁，则由悬臂梁自由端受集中荷载F_P的位移计算公式$\Delta_{Cy} = F_Pl/3EI$可知，图4.11（e）所示结构位移最小，图4.11（f）的位移最大，而图4.11（d）介于二者之间。

【例4.11】 图4.12（a）、（b）所示两桁架，跨度、节间距、高度、材料、杆件截面形状及大小、作用的荷载均相同，不同的仅是斜杆构造方向，试定性分析其刚度的大小（即跨中位移的大小）。

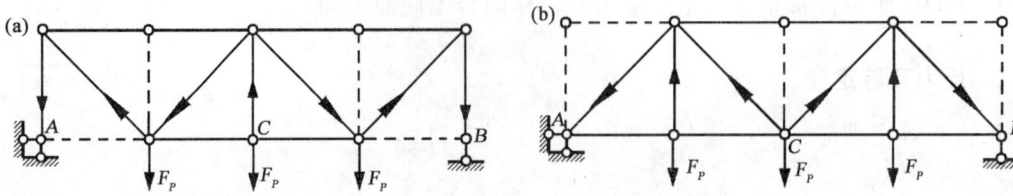

图4.12 刚度大小的定性分析

相关力学基本概念：力的传递路线的合理性是提供结构刚度的有效方法。

【解】 根据结点平衡条件，可定性地确定出各杆的拉压性质，从而可得出其力的传递路线。经比较，图4.12（b）将荷载传到支座处路径比图4.12（a）短，故图4.12（b）所示结构的刚度大于图4.12（a）的刚度。

综上所述，构件是将荷载传递到地基的传力载体。

【例4.12】 图4.13所示三种结构，假定跨度、杆件截面相同，在竖向均布荷载作用下，试比较三者跨中挠度的大小。

相关力学基本概念：传力路线的长短，水平推力的作用。

【解】 从传力路径比较，图4.13（b）最短，刚度最大。而图4.13（a）、（c）传力路径相同，但图4.13（a）有水平推力，它阻止了横杆的下垂，图4.13（c）无水平推力，故刚度最小。

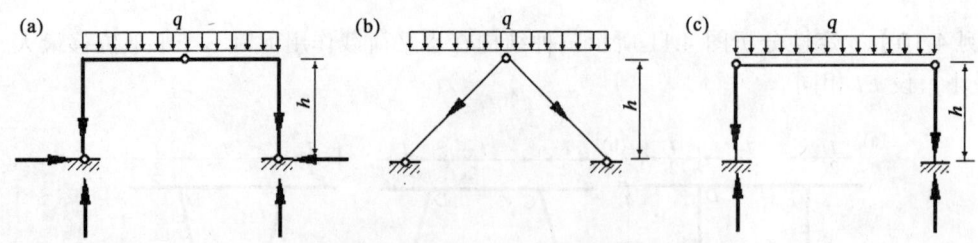

图4.13 不同结构体系的刚度比较

【例4.13】 图4.14（a）当荷载F_P作用在B点时，B、D两点的竖向位移分别为δ_1、δ_2，当AB梁单独承受荷载F_P作用时，B点的位移为δ_3[图4.14（b）]。试求当荷载F_P作用于D点时弹簧的伸长量Δ[图4.14（c）]。

相关力学基本概念：功的互等定理的应用。

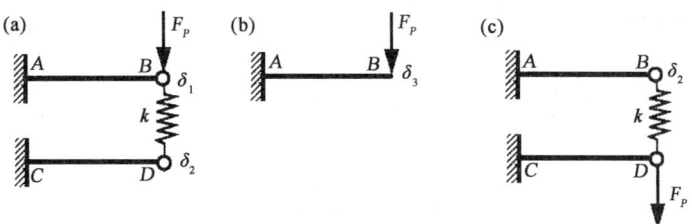

图 4.14 互等定理的应用

【解】 由互等定理可知，在图 4.14（c）中 B 点的位移应等于图 4.14（a）中 D 点的位移 δ_2。设弹簧刚度为 k（产生单位位移时所需施加的力，且有 $\delta=1/k$），对图 4.14（a）和（b）中的 AB 梁应用功的互等定理，则有：

$$F_P\delta_3 - k(\delta_1-\delta_2)\delta_3 = F_P\delta_1 \tag{4.14}$$

再对图 4.14（b）和图 4.14（c）中的 AB 梁应用功的互等定理，有：

$$F_P\delta_2 = k\Delta\delta_3 \tag{4.15}$$

由式（4.14）解得 $k=F_P(\delta_3-\delta_1)/(\delta_1-\delta_2)\delta_3$，代入式（4.15）得：

$$\Delta = \frac{\delta_1-\delta_2}{\delta_3-\delta_1}\delta_2$$

【例 4.14】 图 4.15（a）所示为一等截面薄板条置于刚性平台上，其一端伸出支撑面，薄板条由于自重而产生弹性变形，试求平台上弯曲部分长度 l 与外伸部分长度 a 之比。

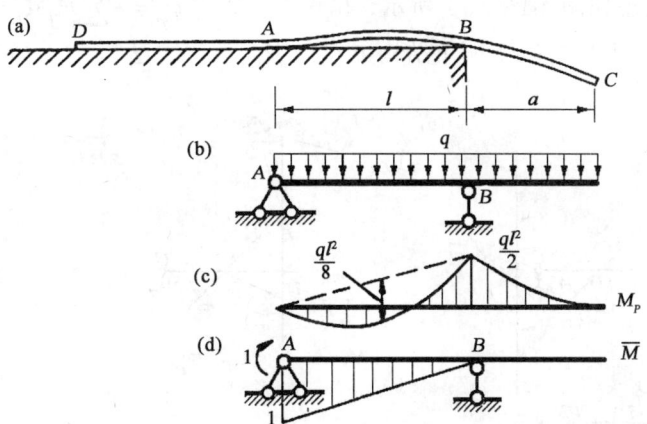

图 4.15 计算简图的选取

相关力学基本概念：计算简图的选取、变形的连续性、控制条件等。

【解】 此题计算简单，主要难在怎样选取计算简图，怎样分析控制条件。虽然 AB 段已经悬空，但 AD 段仍密贴接触于平台而保持直线状态，故其弯矩为零，因而 A 点弯矩为零相当于铰。于是可不考虑 AD 段，而将 ABC 部分视为伸臂梁[图 4.15（b）]。根据变形的连续性可知，截面 A 的转角应为零，于是由图乘法[图 4.15（c）、（d）]可得：

$$\varphi_A = \frac{1}{EI}\left(\frac{2}{3} \cdot \frac{ql^2}{8} l \times \frac{1}{2} - \frac{1}{2} \cdot \frac{qa^2}{2} l \times \frac{l}{3}\right) = 0$$

$$\Rightarrow \frac{l^2}{24} = \frac{a^2}{12}$$

$$\Rightarrow l = \sqrt{2}a$$

4.7 试题分析

【例 4.15】 试求当图 4.16（a）所示结构发生所示支座位移时铰 A 两侧截面的相对转角 φ_A（2000 年试题）。

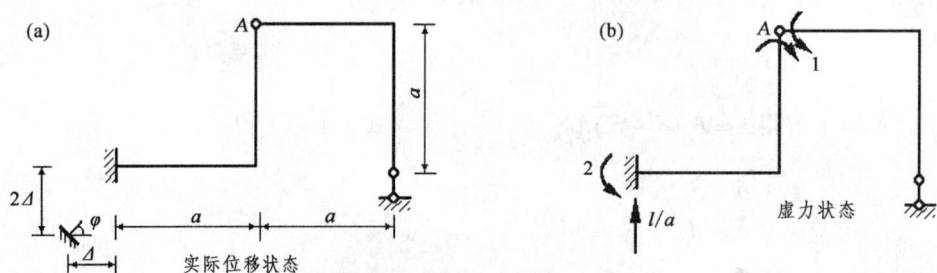

图 4.16 支座移动引起的结构位移

【解】 虚力状态如图 4.16（b）所示，由虚功方程得 $\varphi_A = -\sum \overline{F}_{Ri} \cdot c_i = 2\varphi + 2\Delta/a$。

【例 4.16】 求图 4.17（a）所示结构 B 点的竖向位移。已知 EI 为常数（2001 年试题）。

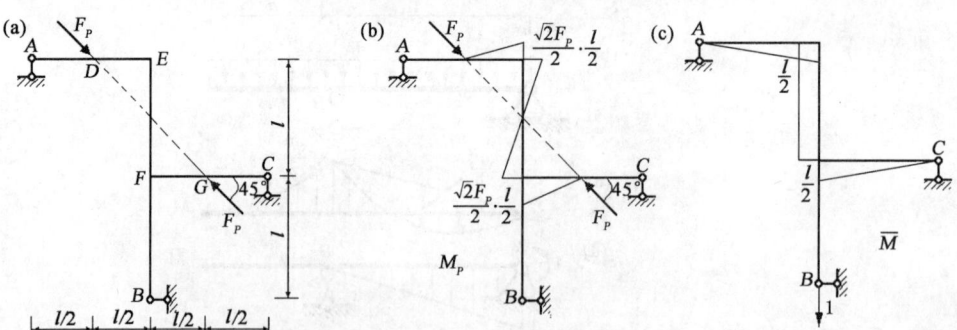

图 4.17 静定结构的位移计算

【解】 根据静定结构的特性，实际状态的弯矩图如图 4.17（b）所示，虚拟状态的弯矩图如图 4.17（c）所示，故得到 $\Delta_{By} = 0$。

【例 4.17】 求图 4.18（a）所示结构 C 点的竖向位移 Δ_{Cy}（2002 年试题）。

【解】 虚力状态如图 4.18（b）所示，可以看出本题实际上是计算一个悬臂梁端点的位移。因此，先计算出附属部分铰 C 的反力为 $F_P/3$，则基本部分固端力矩为 $4F_P$，进而可得：

$$\Delta_{Cy} = \frac{1}{2EI} \times 4F_P \times 12 \text{ m} \times \frac{2}{3} \times 12 \text{ m} = \frac{192F_P}{EI}(\downarrow)$$

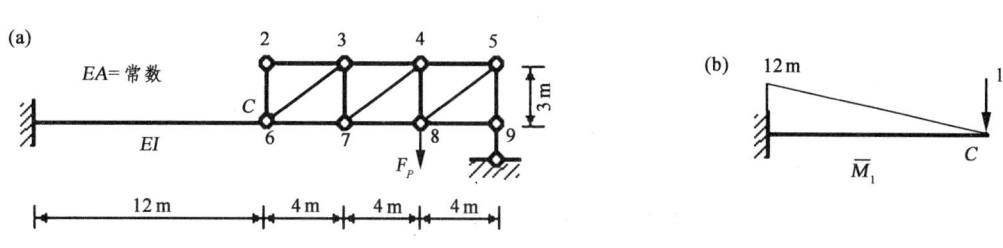

图 4.18 组合结构的位移计算

【例 4.18】 求图 4.19（a）所示刚架水平梁中点 K 截面的转角 φ_K，已知 EI 为常数（2006 年试题）。

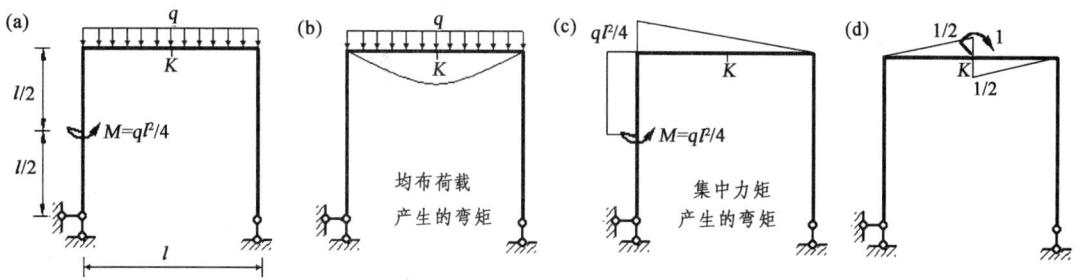

图 4.19 静定刚架的位移计算例 1

【解】 用叠加法绘出实际状态的弯矩图，如图 4.19（b）、（c）所示。虚拟状态的弯矩图如图 4.19（d）所示。只需将图 4.19（c）、（d）图乘，可得 $\varphi_K = ql^3/96EI$（顺时针方向）。

【例 4.19】 求图 4.20（a）所示结构 A 点竖向位移 Δ_{Ay}，已知 EI 为常数（2007 年试题）。

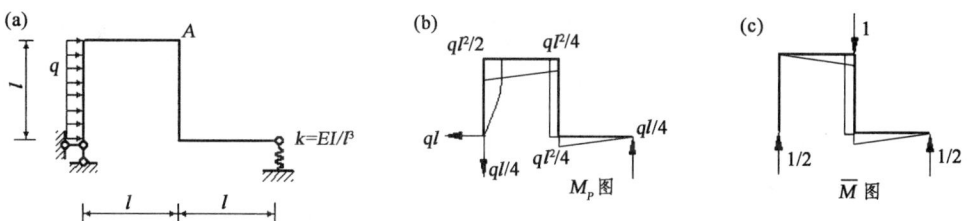

图 4.20 荷载与支座位移共同作用的位移计算

【解】 本题是荷载与支座位移共同作用的位移计算问题。可分别绘出实际状态和虚拟状态的弯矩图及相应的弹簧支座处的反力[图 4.20（b）、（c）]，再按下式计算：

$$\Delta_{Ay} = \int \frac{M_P \bar{M} \mathrm{d}x}{EI} - \sum \bar{F}_R c = \frac{3ql^4}{8EI}(\downarrow)$$

【例 4.20】 作图 4.21（a）所示结构的 M 图，并求 E 点的水平位移（2008 年试题）。

【解】 绘出实际状态位移和虚力状态的弯矩图[图 4.21（b）、（c）]，可得 $\Delta_{Ex} = 768/EI$。

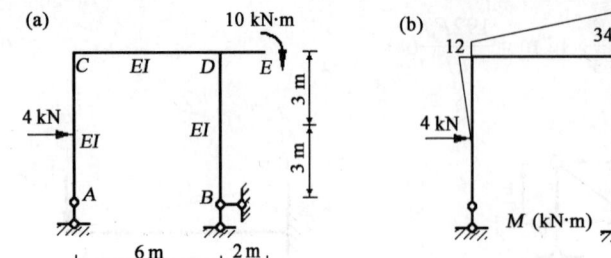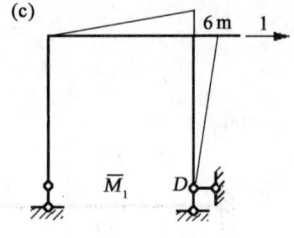

图 4.21 静定刚架的位移计算例 2

第5章 力 法

力法是一种适用于超静定结构受力分析的基本方法,同时它又是位移法的基础。

力法分析与解决问题的方法是:以已知的静定结构内力、位移为基本计算对象,以位移协调条件为"桥梁",将超静定结构的计算转化为静定结构的计算。

5.1 超静定次数的确定

超静定结构可看成是在静定结构的基础上增加若干多余约束构成的结构。因此,确定超静定次数最直接的方法就是在原结构上解出多余约束,使之成为静定结构。解除多余约束的方法,可归纳为以下几种:

(1)去掉或切断一根链杆,相当于去掉一个约束[图 5.1(a)]。

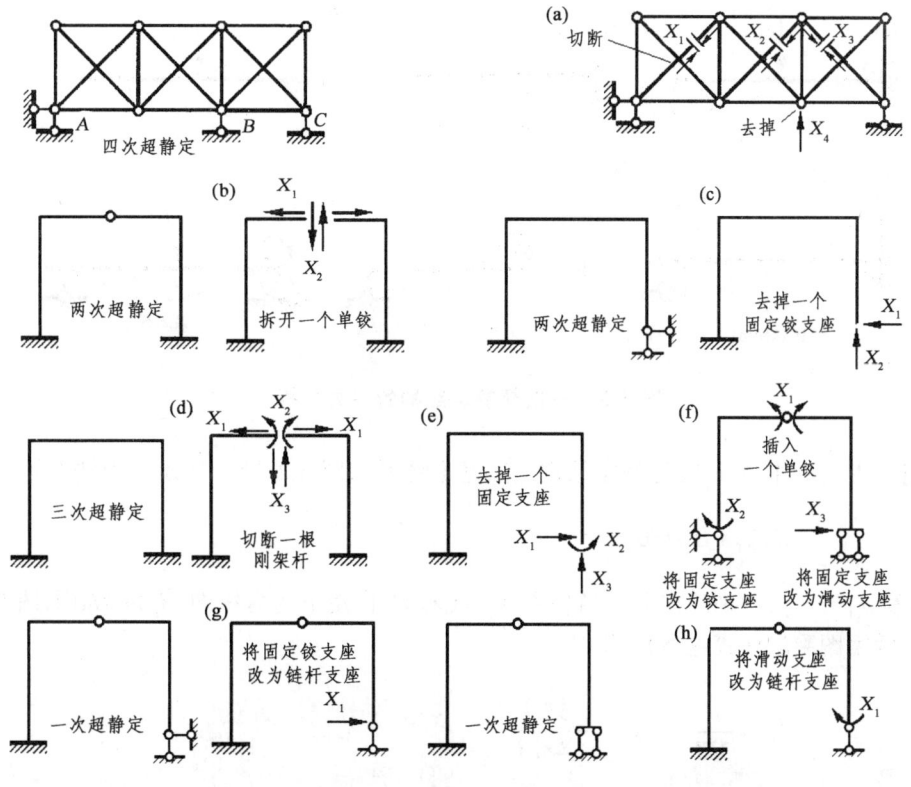

图 5.1 超静定次数的确定

（2）去掉一个固定铰支座或拆开一个单铰，相当于去掉两个约束[图 5.1（b）、（c）]。

（3）去掉一个固定支座或切断一根刚架杆，相当于去掉三个约束[图 5.1（d）、（e）]。

（4）将固定支座改为铰支座或滑动支座，或者在刚架杆件上插入一个铰，或者将铰支座或滑动支座改为链杆支座，均相当于去掉一个约束[图 5.1（f）、（g）、（h）]。

5.2 力法分析超静定结构的算例

一般而言，力法分析超静定结构的步骤为：
（1）首先确定多余约束，并令它满足协调条件。
（2）通过荷载-位移关系将位移用力表示出来，由此建立力法典型方程。
（3）解方程，求出多余力。然后再用平衡方程求结构的反力或内力。

【例 5.1】 求图 5.2（a）所示超静定结构的内力。

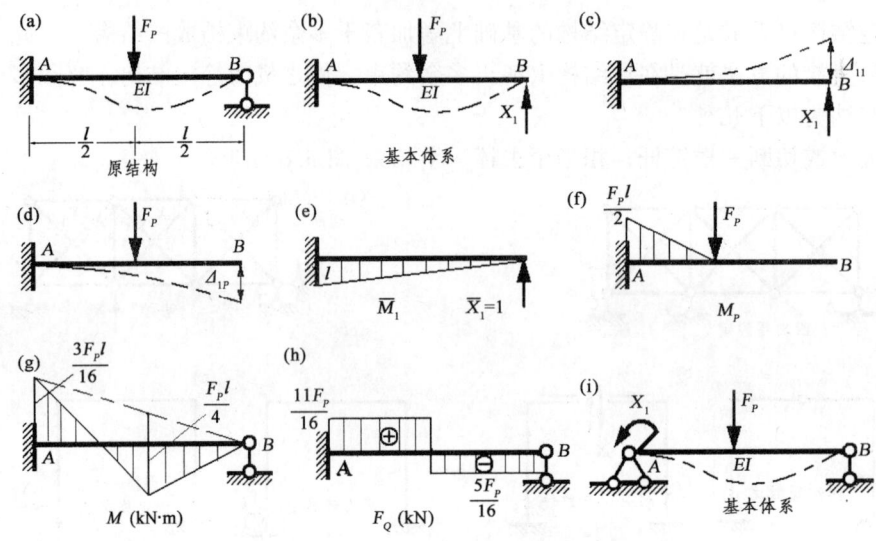

图 5.2 一次超静定结构的内力分析

【解】 所示结构为一次超静定结构。其基本体系如图 5.2（b）所示，力法方程为：

$$\delta_{11}X_1 + \Delta_{1P} = 0 \tag{5.1}$$

为计算 δ_{11} 和 Δ_{1P}，分别绘出基本结构在 $\overline{X}_1=1$ 和 F_P 作用下的弯矩图 $\overline{M}_1$ 和 M_P 图[图 5.2（e）、（f）]，然后用图乘法计算这些位移：

$$\delta_{11} = \frac{l^3}{3EI}, \quad \Delta_{1P} = -\frac{5F_P l^3}{48EI}$$

将 δ_{11} 和 Δ_{1P} 代入式（5.1）可求得：

$$X_1 = -\frac{\Delta_{1P}}{\delta_{11}} = \frac{5F_P}{16}(\uparrow)$$

式中：正号表明 X_1 的实际方向与假设相同，即向上。

多余力 X_1 求出后，其余所有反力、内力的计算都是静定问题。在绘制最后弯矩图 M 图时，可以利用已经绘出的 $\bar{M}_1$ 图和 M_P 图按叠加法进行，即：

$$M = \bar{M}_1 X_1 + M_P$$

如图 5.2（g）所示，可利用微分关系绘制剪力图[图 5.2(h)]。

若选取图 5.2（i）所示的基本体系，其力法方程仍同式（5.1）。其中 $\delta_{11} = l/3EI$，$\Delta_{1P} = -F_P l^2/16EI$，解得 $X_1 = 3F_P l/16$。

【例 5.2】 求图 5.3（a）、（e）所示超静定结构的内力。

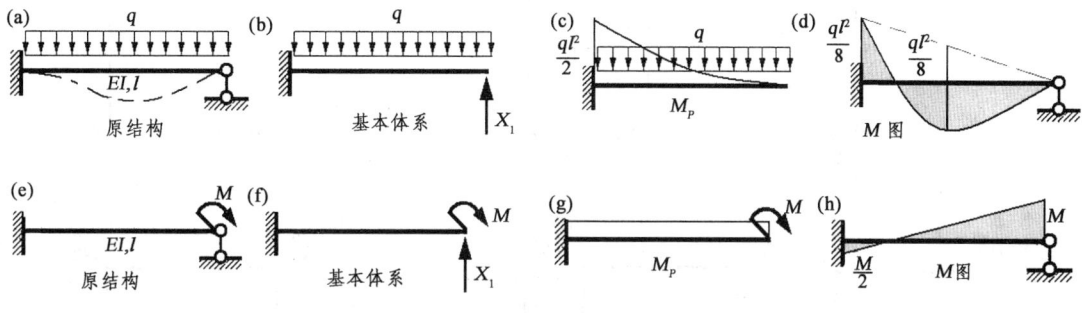

图 5.3 超静定结构的基本分析

【解】 （1）对图 5.3（a）：

选取如图 5.3（b）所示基本体系，则系数 $\delta_{11} = l^3/3EI$，自由项为 $\Delta_P = -ql^4/8EI$。

将 δ_{11} 和 Δ_{1P} 代入力法方程得 $X_1 = 3ql/8(\uparrow)$。按叠加法 $M = \bar{M}_1 X_1 + M_P$ 绘制 M 图，如图 5.3（d）所示。

（2）对图 5.3（e）：

选取如图 5.3（f）所示基本体系，则系数 $\delta_{11} = l^3/3EI$，自由项为 $\Delta_P = -Ml^2/2EI$。

将 δ_{11} 和 Δ_{1P} 代入力法方程得 $X_1 = 3M/2l(\uparrow)$。按叠加法 $M = \bar{M}_1 X_1 + M_P$ 绘制 M 图，如图 5.3（h）所示。

由上述可知，当结构的几何尺寸、材料和截面形状确定后，柔度系数 δ_{11} 是不变的，即与外荷载无关，因此 δ_{11} 表征的是结构本身的属性。而自由项 Δ_{1P} 随荷载不同而不同。

【例 5.3】 用力法求图 5.4（a）所示两次超静定刚架的弯矩图。

【解】 基本体系如图 5.4（c）所示，力法方程为：

$$\begin{cases} \delta_{11}X_1 + \delta_{12}X_2 + \Delta_{1P} = 0 \\ \delta_{21}X_1 + \delta_{22}X_2 + \Delta_{2P} = 0 \end{cases} \quad (5.2)$$

在计算系数项及自由项时，对于刚架可略去轴力和剪力的影响，只考虑弯曲变形，故只绘出基本结构的单位力作用的弯矩图和荷载弯矩图，如图 5.4（d）、（e）、（f）所示。

各系数及自由项为:

$$\delta_{11} = \frac{5l^3}{3EI}, \quad \delta_{12} = \delta_{21} = -\frac{l^3}{EI}, \quad \delta_{22} = \frac{4l^3}{3EI}, \quad \Delta_{1P} = \frac{5ql^4}{12EI}, \quad \Delta_{2P} = -\frac{15ql^4}{24EI}$$

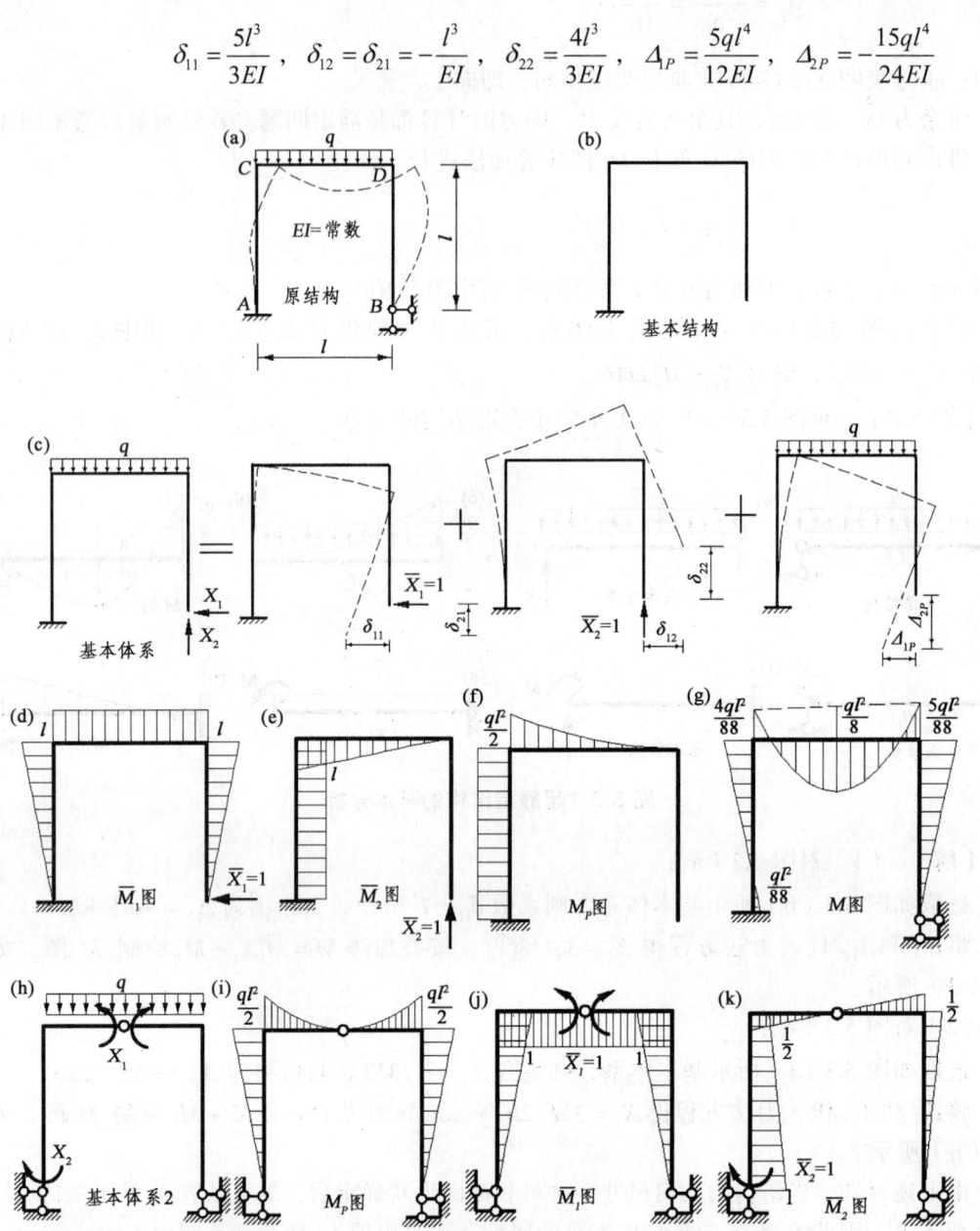

图 5.4 两次超静定结构(刚架)的分析

将它们代入力法方程解得:

$$X_1 = \frac{5ql}{88}, \quad X_2 = \frac{45ql}{88}$$

多余未知力求得后,其余反力、内力的计算便是静定问题。在绘制最后弯矩图时,也可以利用已经绘出的基本结构的各单位弯矩图和荷载弯矩图,按叠加法由下式求得:

$$M = \overline{M}_1 X_1 + \overline{M}_2 X_2 + M_P$$

最终弯矩图如图 5.4（g）所示。

下面就本例作如下说明：

（1）力法的基本体系（基本结构）可以有多种选择，但一定是几何不变的。例如，对图 5.4（a）也可取图 5.4（h）所示的三铰钢架作为基本体系，其荷载和各单位弯矩图如图 5.4（i）、（j）、（k）所示。

（2）在荷载作用下，同一结构的不同基本体系，力法的典型方程形式相同，但方程的物理意义不同。对图 5.4（h）所示基本体系，力法典型方程的物理意义是：第一个方程表示在荷载及未知力 X_1、X_2 共同作用下，横梁跨中截面的相对转角等于零；第二个方程表示固定支座的转角为零。而方程中的每一项都是转角位移。

【例 5.4】 试绘图 5.5（a）所示三跨连续梁的弯矩图。

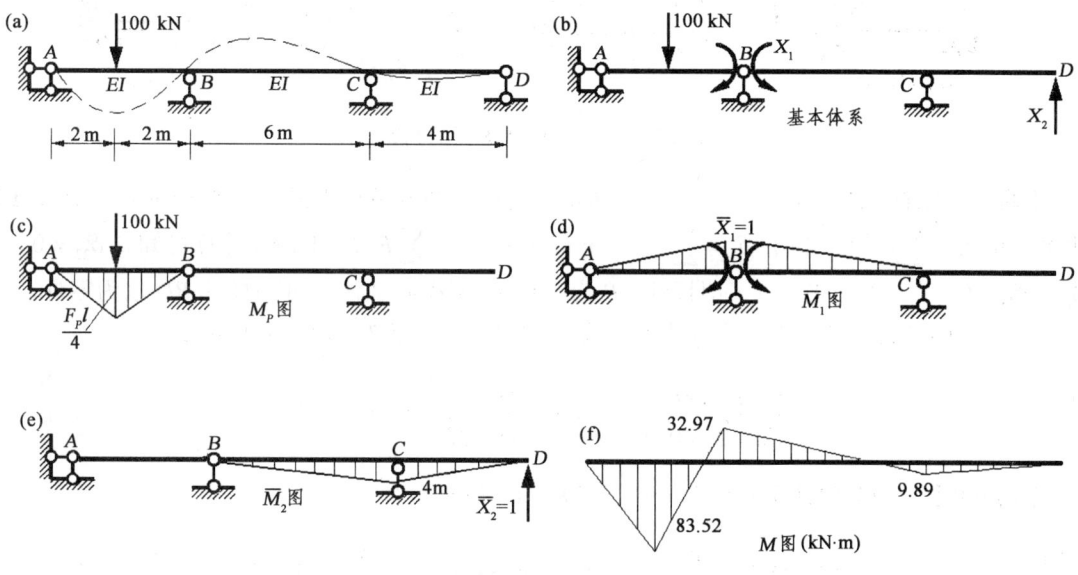

图 5.5 两次超静定结构（三跨连续梁）的分析

【解】 先对结构受力作定性分析，再进行定量计算。

（1）从荷载作用区段来看，支座 B 反力定向上。由直杆内力图与荷载特征可知，B 点弯矩有尖点并与反力指向相同，故 X_1 的实际方向如图 5.5（d）所示。

（2）X_2 方向的确定。由基本体系图 5.5（b）可知，$\Delta_{2P} = 0$。则可将图 5.5（d）视为对 X_2 来说的"一次超静定结构"的弯矩图，根据一次超静定的解 $X_1 = -\Delta_P / \delta_{11}$，则 $\overline{M}_2$ 图 [图 5.5（e）] 的受拉边应与 $\overline{M}_1$ 图的受拉边相反，故 X_2 的正确方向为向上。

（3）定量计算。计算系数项和自由项，代入力法方程，解得 $X_1 = 32.97$ kN·m，$X_2 = 2.47$ kN。

（4）图 5.5（a）所示连续梁的计算结果，也可用于相同跨度、荷载的刚架的分析，如图 5.6 所示。其共同的特点是，弯矩衰减较快。而对图 5.6 所示的曲线结构连续拱，则弯矩的衰减就要平缓得多。若用输水管中的水来比喻这种力的传递（力流），那么"三通直管"是否就比"三通曲管"的阻力大，力的传递是否与结构的"结点形式"有关？请读者思考。

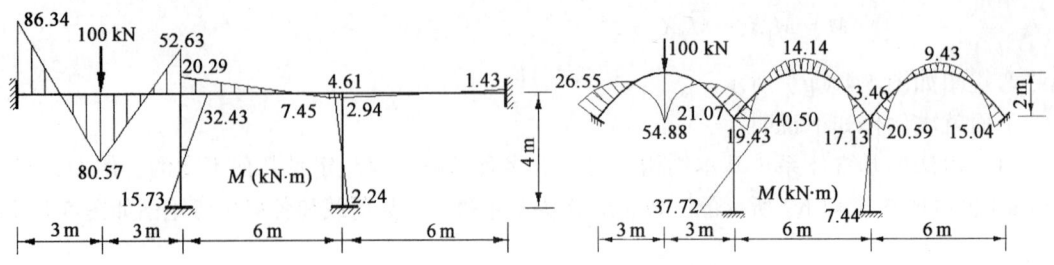

图 5.6 连续刚架与连续拱力的传播影响

【例 5.5】 应用基本结构判定图 5.7（a）所示桁架的零杆并计算内力。EA 为常数。

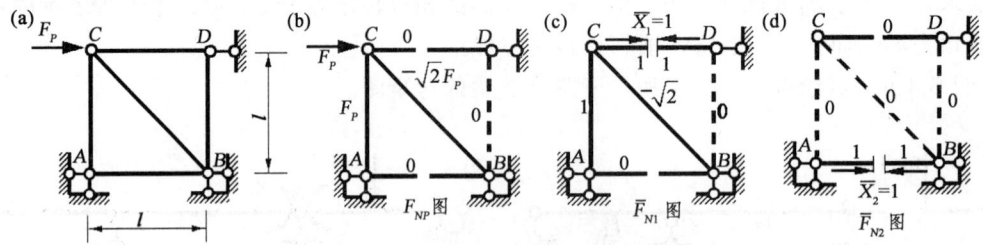

图 5.7 超静定桁架零杆的判定

【解】 以杆 AB、CD 的力为基本未知量，荷载图和各单位力图如图 5.7（b）、（c）、（d）所示。由 $\delta_{ii}=\sum\overline{F}_{Ni}^2 dx/EA$，$\delta_{ij}=\sum\overline{F}_{Ni}\overline{F}_{Nj}dx/EA$ 和 $\Delta_{iP}=\sum\overline{F}_{Ni}F_{NP}dx/EA$ 计算可知，$\delta_{22}\neq 0$，$\delta_{12}=\delta_{21}=0$，$\Delta_{2P}=0$，$X_2=0$（即杆件 AB 为零杆）。根据叠加法，可知杆件 BD 也为零杆。

由上面的分析可知，本题只需求解一个未知量。由图 5.7（b）、（c）可得：

$$X_1=\frac{-(F_P l+2\sqrt{2}F_P l)/EA}{(2l+2\sqrt{2}l)/EA}=-\frac{F_P(1+2\sqrt{2})}{2(1+\sqrt{2})}=-0.793F_P$$

【例 5.6】 用等效体系的概念分析图 5.8（a）所示组合结构。

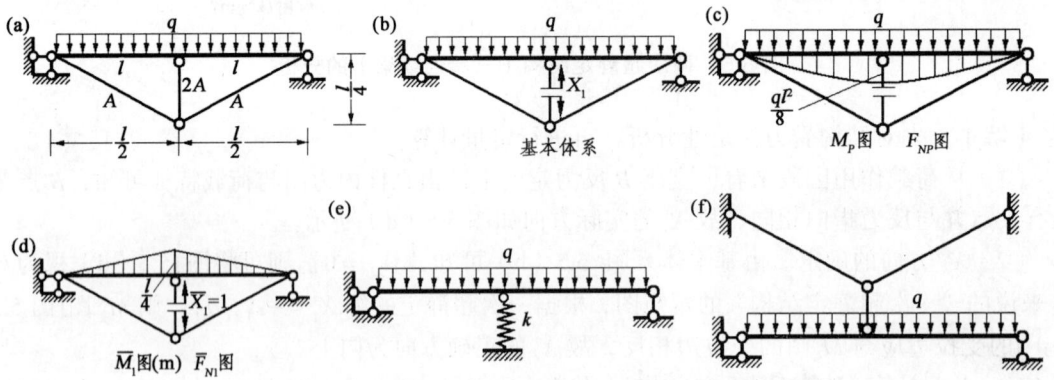

图 5.8 用等效体系的概念分析组合结构

【解】 本题结构为一次超静定结构。图 5.8（a）所示体系与图 5.8（e）等效。也就是说，图 5.8（a）桁架部分的作用相当于一个支撑横梁的弹簧。由此可知，图 5.8（a）中竖杆为压杆，两斜杆为拉杆。

（1）力法方程 $\delta_{11}X_1 + \Delta_{1P} = 0$ 是表示竖杆切口处的相对位移概念。故其中荷载产生的切口处的位移为：

$$\Delta_{1P} = -\frac{5ql^4}{384EI}$$

而单位力产生的切口处的位移为：

$$\delta_{11} = \frac{l^3}{48EI} + \sum \frac{\overline{F}_{N1}^2 l}{EA}$$

则竖杆轴力为：

$$X_1 = \frac{5ql^4/384EI}{l^3/48EI + \sum \dfrac{\overline{F}_{N1}^2 l}{EA}} = \frac{5ql^4/384EI}{l^3/48EI + 1/k}$$

（2）由 $\delta_{11} = l^3/48EI + \sum \overline{F}_{N1}^2 l/EA = l^3/48EI + 1/k$ 可知，当 k 的刚度减小（即截面 A 减小），δ_{11} 增大，X_1 的绝对值减小，于是梁的正弯矩将增大而负弯矩值将减小。当 $k \to 0$（亦即 $A \to 0$）时，梁的弯矩图将成为简支梁的弯矩图，与图 5.8（c）相同。反之，当 $k \to \infty$（即 $A \to \infty$）时，梁的中点相当于有一刚性支座，该截面弯矩为 $ql^2/32$（负弯矩）。

（3）当中点出现负弯矩后，梁中点的剪力增加，而竖杆可能出现受压失稳。此时，可采用图 5.8（f）的结构形式，竖杆为拉杆，避免了失稳。这也就是桥梁中斜拉桥、悬索桥结构的计算简图体系。

5.3　力法的简化计算

力法简化计算的原则是：使尽可能多的副系数以及自由项等于零。能达到这一目的的途径很多，例如利用对称性、未知力分组、弹性中心等，而各种方法的关键都在于选择合理的基本结构以及设置适宜的基本未知量。

5.3.1　无弯矩状态的判定

前提条件：结点荷载，不计轴向变形。

当忽略轴向变形时，刚架若无结点线位移，则在结点集中荷载作用下，各杆弯矩皆为零，如图 5.9 所示。

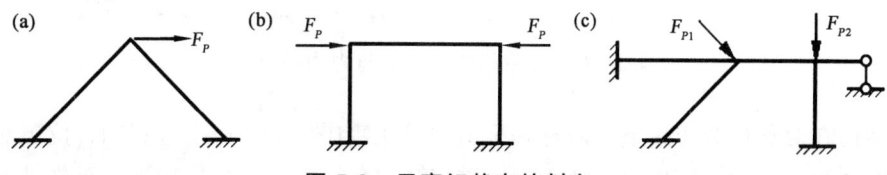

图 5.9　无弯矩状态的判定

判定方法是,将原刚架改为相应的铰结图形,此时:

(1)若相应的铰结图形几何不变,则原刚架弯矩为零。

(2)若相应的铰结图形几何可变,但在所给结点集中荷载作用下能维持平衡,则原刚架弯矩也为零。

5.3.2 对称性的利用

1. 对称结构的概念

所谓对称结构,首先应有一个对称轴,且:

(1)结构的几何形状和支承情况对称于此轴;

(2)各杆的刚度(EI、EA、GA 等)也对称于此轴。

2. 对称结构的变形与内力特点

对称结构在对称荷载作用下产生对称的内力与变形,对称结构在反对称荷载作用下产生反对称的内力与变形,如图 5.10 所示。

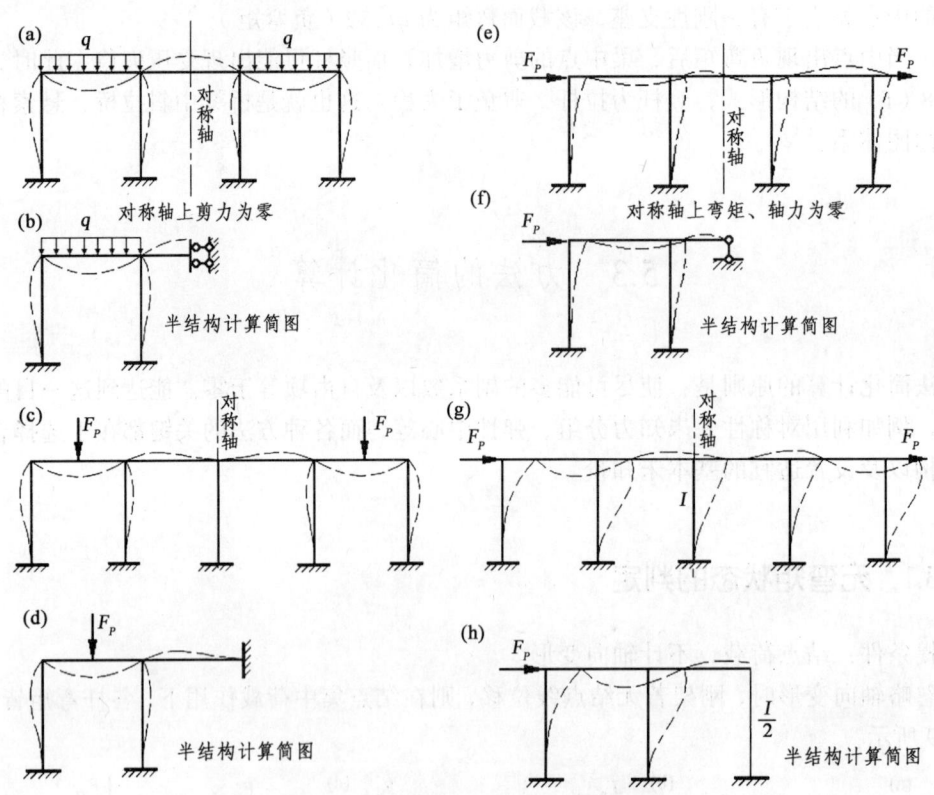

图 5.10 对称结构的变形与内力特点

对称结构在对称荷载作用下,对称轴上剪力等于零[图 5.10(a)、(b)],位于对称轴上的杆件截面弯矩为零[图 5.10(c)、(d)];对称结构在反对称荷载作用下,对称轴上轴力、弯矩等于零[图 5.10（e）、（f）]，位于对称轴上的杆件在忽略轴向变形的条件下，取杆件的一半惯性矩考虑[图 5.10（g）、（h）]。

利用对称结构在对称和反对称荷载作用下的基本受力特点，可以按照变形和内力与原结构的等价的原则，取半边结构计算，如图 5.10（b）、（d）、（f）、（h）所示。

5.3.3 组合未知力

即将单个未知力进行线性组合（也称未知力分组）。恰当地选择、组合未知力，可使一些单位内力图相互正交，从而使力法方程中的副系数为零以简化计算，如图 5.11（a）所示。在某些非对称结构中应用组合未知力的方法，可使单位弯矩图被限制在局部范围内，如图 5.11（b）所示。

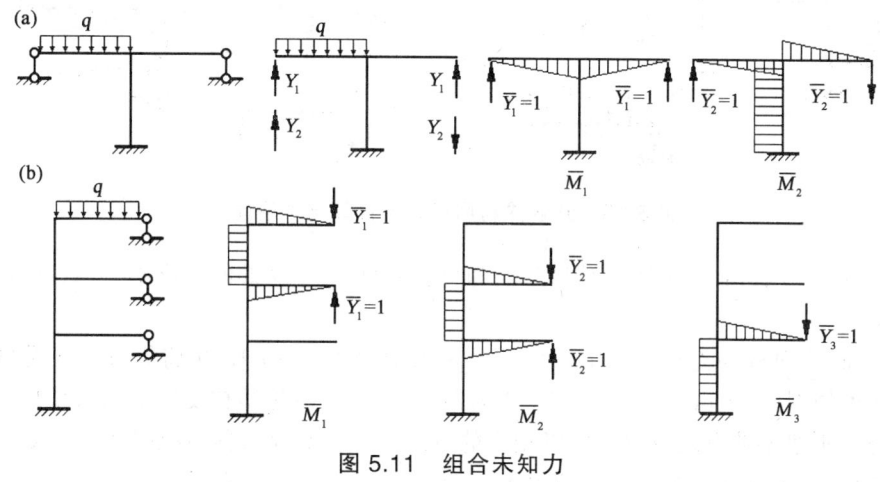

图 5.11 组合未知力

【例 5.7】 求图 5.12（a）所示刚架的弯矩图。设各杆 EI 为常数。

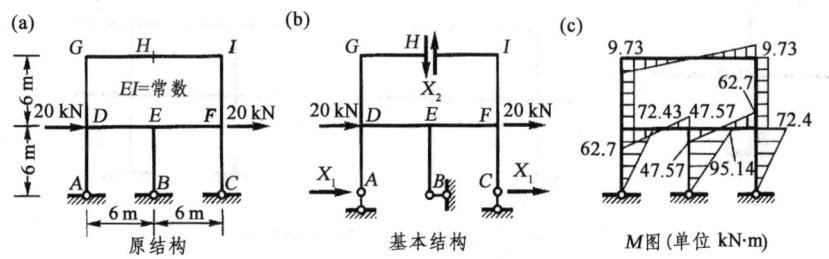

图 5.12 反对称荷载作用下刚架的计算

【解】 原结构为六次超静定，基本结构如图 5.12（b）所示。A、C 支座处于对称位置，只有反对称水平约束力，设为一对未知力 X_1；将杆 GI 中点切开，根据对称结构在反对称荷载作用下的受力特点知，此处只有剪力，设为 X_2；支座 B 位于对称轴上，竖向约束力属于对称力必定为零。

利用对称特点，本题只有两个未知数，由力法求得 $X_1 = -12.07$ kN，$X_2 = -1.62$ kN。求得多余未知力后，可由平衡条件或叠加法求得最后弯矩图[图 5.12（c）]。

【例 5.8】 利用已有的计算结果，求图 5.13（a）所示超静定结构的弯矩图。

【解】 原结构有两个对称轴，故取 1/4 结构计算[图 5.13（b）]。将图 5.13（b）分解为两部分的叠加[图 5.13（c）、（d）]，最后弯矩图如图 5.13（g）所示。

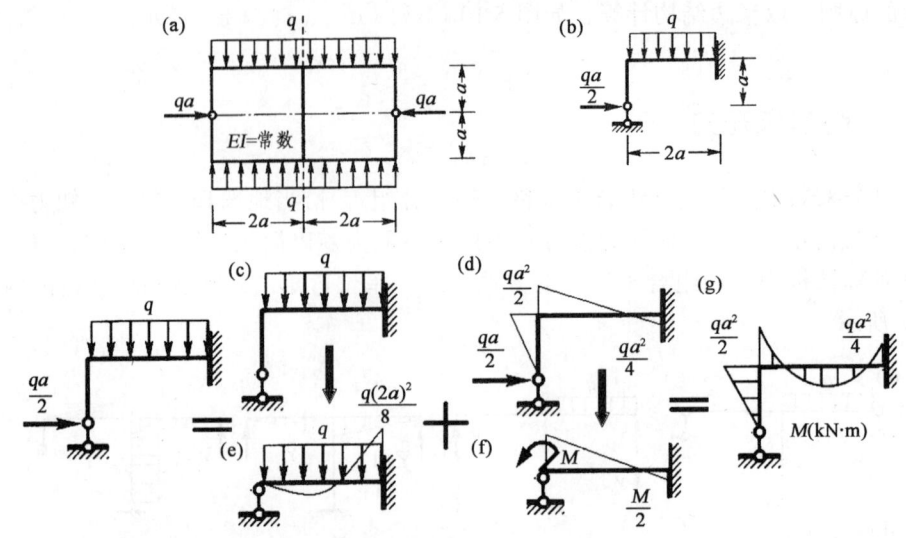

图 5.13 分解并利用已有的计算结果解题

【例 5.9】 图 5.14（a）所示结构几何和材料对称，但 D 处的支座不对称，应用对称性求其弯矩图。

【解】 将不对称的支座约束用未知力 X 表示[图 5.14（a）]，再将力 F_P、X 分解为对称和反对称两种情况[图 5.14（b）、（c）]。因为图 5.14（b）对称结构受结点荷载作用，当忽略轴向变形时，刚架无结点线位移，所以相应的弯矩为零。对反对称情况[图 5.14（c）]取半结构，如图 5.14（d）所示。求解它，即得图 5.14（a）的弯矩图（此处略）。

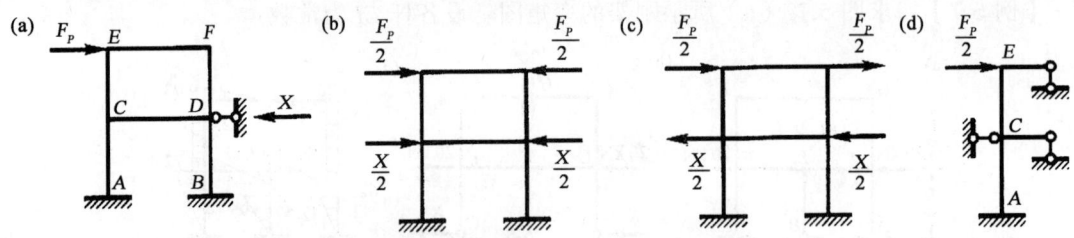

图 5.14 力法概念与对称性的应用

5.4 超静定结构的位移计算

计算位移的虚功方程，同样适用于计算超静定结构的位移。其计算步骤如下：
（1）解算超静定结构，求出最后内力，此为实际位移状态。
（2）任选一种基本结构，加上单位力求出虚拟状态的内力。

（3）按位移计算的积分法或图乘法计算所求位移。

【例 5.10】 求图 5.15（a）所示超静定结构的跨中竖向位移。已知 EI 为常数。

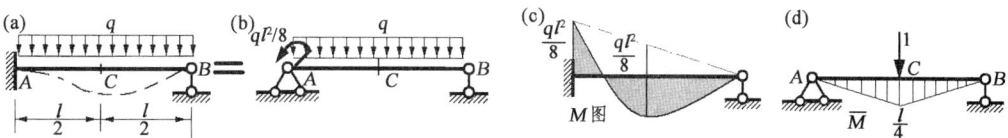

图 5.15 超静定结构的位移计算

【解】 因为图 5.15（b）与图 5.15（a）等效，故计算原结构的位移可在其基本结构上进行。设计算跨中位移的虚拟状态如图 5.15（d）所示，则由计算位移的公式有：

$$\Delta_{Cy} = \int \frac{M\overline{M}dx}{EI} = \frac{5ql^4}{384EI} - \frac{1}{EI} \cdot \frac{1}{2} \cdot \frac{l}{4} l \times \frac{1}{2} \cdot \frac{ql^2}{8} = \frac{ql^4}{192EI}(\downarrow)$$

5.5 最后内力图的校核

正确的内力图必须同时满足平衡条件和位移条件，因而校核应从这两方面进行。

【例 5.11】 检查图 5.16（a）、（b）、（c）所示弯矩图的正确性。

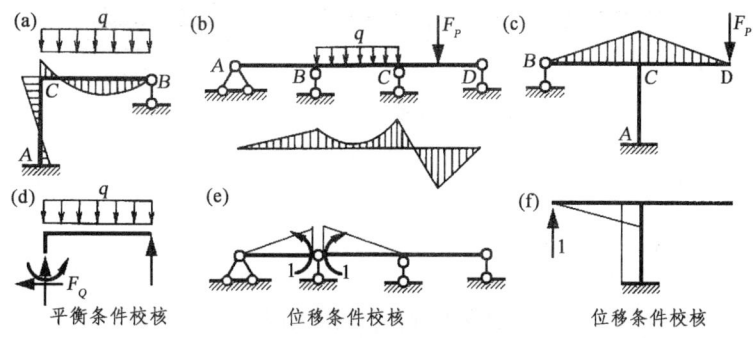

图 5.16 内力图的校核

【解】 对图 5.16（a）：取图 5.16（d）所示隔离体，因不满足水平方向的平衡条件，所以原弯矩图错误。杆 AC 正确的弯矩图应是平行于杆轴线的图形。

对图 5.16（b）：用平衡条件无法判定弯矩图的正确性，故用位移条件检查。截面 B 的线相对转角应等于零，则虚拟状态[图 5.16（e）]与原弯矩图的图乘结果不为零，故原弯矩图错误。

对图 5.16（c）：根据原结构 B 点竖向位移应等于零的位移条件进行校核。图 5.16（f）与原弯矩图的图乘不为零，故原弯矩图错误。

【例 5.12】 利用封闭无铰框架的位移校核条件求图 5.17 所示对称结构的弯矩图。

【解】 对图 5.17（a）：由对称性可知，弯矩图为对称图形，即有 $M_{AB} = M_{BA}$，但其值是未知的，可设其值为 M。由叠加法可绘出其正确的弯矩图的形状[图 5.17（b）]。由封闭无铰框架的位移校核条件有：

$$Ml \times \frac{1}{EI} = \frac{1}{2} \cdot \frac{F_P l}{4} l \times \frac{1}{EI} \Rightarrow M = \frac{F_P l}{8}$$

对图 5.17（c）：由对称性可绘出弯矩图的形状[图 5.17（d）]。由位移校核条件有：

$$Ml \times \frac{1}{EI} = \frac{2}{3} \cdot \frac{ql^2}{8} l \times \frac{1}{EI} \Rightarrow M = \frac{ql^2}{12}$$

对图 5.17（e）：由对称性可绘出其弯矩图的形状[图 5.17（g）]。由位移校核条件有：

$$4 \times Ml \times \frac{1}{EI} = 2 \times \frac{2}{3} \cdot \frac{ql^2}{8} l \times \frac{1}{EI} \Rightarrow M = \frac{ql^2}{24}$$

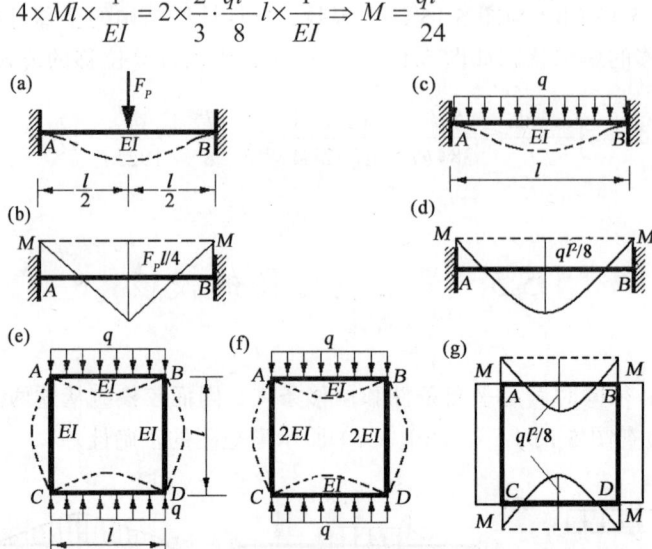

图 5.17　位移校核概念的应用

对图 5.17（f），同理有：

$$2 \times Ml \times \frac{1}{EI} + 2 \times Ml \times \frac{1}{2EI} = 2 \times \frac{2}{3} \cdot \frac{ql^2}{8} l \times \frac{1}{EI} \Rightarrow M = \frac{ql^2}{18}$$

当图 5.17（f）中两立柱 AC、BD 刚度趋于无限大时，角点处有：

$$2 \times Ml \times \frac{1}{EI} + 2 \times Ml \times \frac{1}{2EI} = 2 \times \frac{2}{3} \cdot \frac{ql^2}{8} l \times \frac{1}{EI} \Rightarrow M = \frac{ql^2}{12}$$

此时，结点 A、B、C、D 处相当于固定支座，杆端弯矩与图 5.17（c）相同。由此可知，对于超静定结构可通过调整杆件的刚度而改变内力。

5.6　温度变化时超静定结构的计算

对于静定结构，温度变化将使其产生变形和位移，但不引起内力。对于超静定结构则不然，当温度改变时，一般既要产生变形和位移，又要产生内力。

【例 5.13】 图 5.18（a）所示单跨超静定梁上侧温度升高 t_1 °C，下侧温度升高 t_2 °C，试绘制弯矩图。截面对称于形心轴，高度为 h，材料的线膨胀系数为 α。

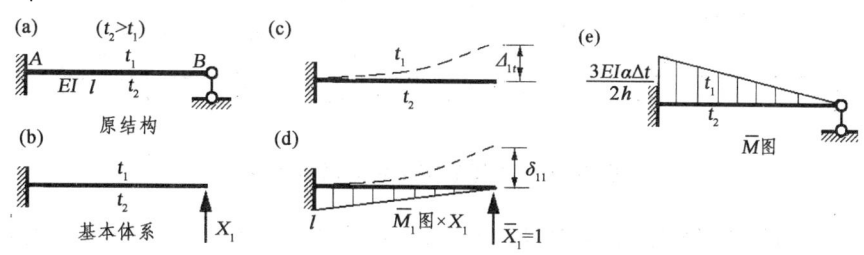

图 5.18 温度变化时的力法解

【解】 本题所示为一次超静定结构，基本体系如图 5.18（b）所示。其力法方程为：

$$\delta_{11}X_1 + \Delta_t = 0 \tag{5.3}$$

因为系数 δ_{11} 是结构本身的属性且与外因无关，故 $\delta_{11} = l^3/3EI$。自由项为：

$$1 \cdot \Delta_{Kt} = \sum \alpha t A_{\omega \bar{N}} + \sum \frac{\alpha \Delta t}{h} A_{\omega \bar{M}}$$

由于本例题中 $\bar{F}_N = 0$，故 $A_{\omega \bar{N}} = 0$，则自由项为：

$$1 \cdot \Delta_t = + \sum \frac{\alpha \Delta t}{h} A_{\omega \bar{M}} = \frac{\alpha(t_2 - t_1)}{h} \times \frac{1}{2} l^2 = \frac{\alpha l^2 \Delta t}{2h}$$

将系数 δ_{11} 及自由项 Δ_t 代入力法方程，得：

$$X_1 = -\frac{\Delta_t}{\delta_{11}} = -\frac{3EI\alpha\Delta t}{2hl}$$

由叠加法可得最后弯矩图。因为静定结构在温度变化时不引起内力[图 5.18（c）]，即 $M = \bar{M}_1 X_1$，也即将 $\bar{M}_1$ 扩大 X_1 倍。由于 X_1 为负值，方向向下，所以最后弯矩图如图 5.18（e）所示。

超静定结构在非荷载（温度变化、支座移动、制造误差等）作用下的情况，与荷载作用时相比，有以下特征：

（1）由静定结构特性可知，基本结构在温度变化与支座移动作用时其内力为零，所以最后内力图仅由多余未知力产生，且内力与杆件刚度成正比。

（2）在温度变化、支座移动、制造误差等因素影响下，其内力与各杆的绝对刚度值成正比。

（3）结构在温度变化时，其哪侧温度低，则哪侧弯矩图为受拉区。

（4）在荷载作用下，超静定结构的内力与各杆的相对刚度有关，与各杆的绝对刚度值无关。当改变超静定结构各杆刚度的相对比值时，各杆的内力将重新分布。

【例 5.14】 应用图 5.18（a）一次超静定结构的计算结果，求解图 5.19（a）所示三次超静定梁在上侧温度升高 t_1 °C，下侧温度升高 t_2 °C 时的弯矩图。已知截面对称于形心轴，高度为 h，材料的线膨胀系数为 α。

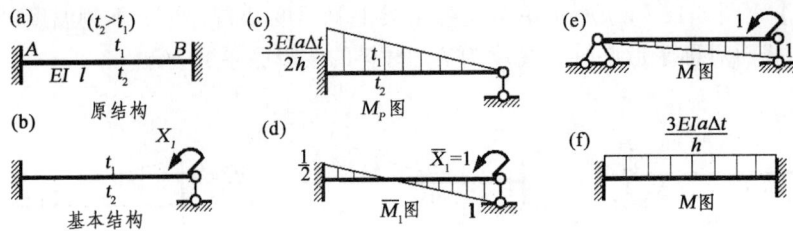

图 5.19 取超静定结构为基本体系

【解】 力法解算超静定结构的思路是"从已知过渡到未知"。利用例 5.13 的解,选取图 5.19(b)所示基本体系(只考虑弯曲变形影响),则力法方程同式(5.3)。式中 δ_{11} 是图 5.19(d)所示超静定结构在单位集中力矩 $\overline{X}_1=1$ 作用下的截面 B 的转角。由超静定结构的位移计算可知,图 5.19(d)与图 5.19(e)的图乘结果为:

$$\delta_{11} = \sum \int \frac{\overline{M}\,\overline{M}_1\,\mathrm{d}x}{EI} = \frac{1}{EI}\left(l\times 1\times\frac{1}{2}\times 1 - \frac{1}{2}\cdot\frac{3}{2}l\times\frac{1}{3}\times 1\right) = \frac{l}{4EI}$$

自由项 Δ_{1t} 由图 5.19(c)与图 5.19(e)图乘所得,即:

$$\Delta_{1t} = -\frac{1}{EI}\cdot\frac{1}{2}\cdot\frac{3EI\alpha\Delta t}{2h}l\times\frac{1}{3}\times 1 = -\frac{\alpha l\Delta t}{4h}$$

将它们代入力法方程得 $X_1 = EI\alpha\Delta t/h$。由叠加法 $M = M_P + \overline{M}_1 X_1$ 可得最后弯矩图[图 5.19(f)]。

【例 5.15】 试求图 5.20(a)所示结构 AB 杆在温度均匀下降 t_0 时引起的内力。设材料的线膨胀系数为 α。

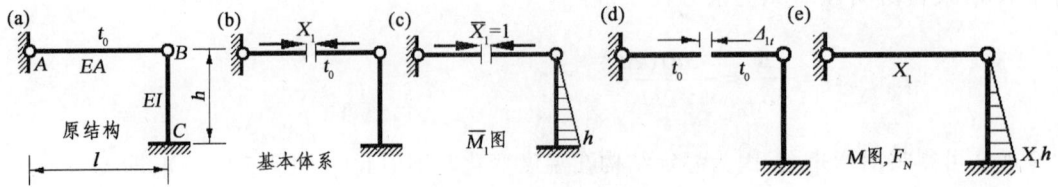

图 5.20 杆件长度与温度变化的关系

【解】 本题所示为一次超静定结构,取图 5.20(b)所示基本体系,力法方程同式(5.3)。系数项由图 5.20(c)求得,即:

$$\delta_{11} = \frac{\overline{F}_{N1}^2 l}{EA} + \int\frac{\overline{M}_1^2\,\mathrm{d}x}{EI} = \frac{l}{EA} + \frac{h^3}{3EI}$$

自由项由图 5.20(d)求得:

$$\Delta_{1t} = \sum(\pm)\alpha t A_{\omega\overline{N}} = -\alpha t_0 l$$

将以上二值代入力法方程,解得:

$$X_1 = \frac{\alpha t_0}{\dfrac{1}{EA}+\dfrac{1}{l}\times\dfrac{h^3}{3EI}} = \frac{\alpha t_0}{\dfrac{1}{EA}+\dfrac{1}{l}\dfrac{1}{k}}$$

式中：$k = 3EI/h^3$ 称为柱子的侧移刚度。该结构的弯矩图及轴力图如图 5.20（e）所示。

与本题相关的概念：

（1）在温度变化作用下，超静定结构的内力与平均温度的变化 t_0 以及材料的线膨胀系数 α 成正比。内力值还随受温度变化作用的 AB 杆截面刚度增大而增大。

（2）柱子的侧移刚度 k 越大，则 AB 杆中的轴力也越大。若 $k \to 0$，AB 杆的轴力也趋于零，这说明温度变化作用下，杆件只有在变形受到约束的情况下才会产生内力；若 $k \to \infty$，或者说 AB 杆两端受到刚性约束，则杆件轴力取得最大值 $\alpha t_0 EA$，与杆件截面刚度成正比，而与杆件长度无关。实际上，该例中的柱子侧移刚度 k 可以广义地理解为 AB 杆周边结构的约束刚度。

用上述定性分析结果可以解释许多因温度变化作用产生的工程问题。

5.7 支座移动时超静定结构的计算

对于静定结构，支座移动将使其产生刚体位移，但不产生内力。对于超静定结构则不然，当支座移动时，一般既要产生位移又要产生内力。

力法分析超静定结构在支座移动时，其典型方程的右端项在选取不同的基本结构时，可为零或不为零，这与荷载作用或温度改变时其力法方程右端总是为零的情况是不同的。

【**例 5.16**】 用力法计算图 5.21（a）所示超静定结构由于支座移动时的弯矩图。

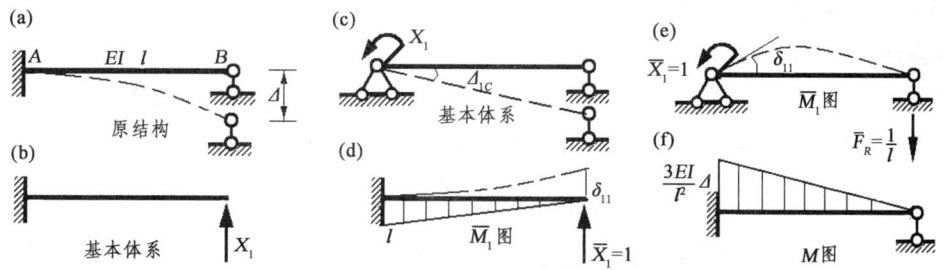

图 5.21 支座移动时的力法解

【**解**】（1）若选取图 5.21（b）所示基本体系，则力法方程为：

$$\delta_{11} X_1 = -\Delta$$

由图 5.21（d）得 $\delta_{11} = l^3/3EI$，所以 $X_1 = -3EI\Delta/l^3$，由叠加法有 $M = \bar{M}_1 X_1$，故弯矩图如图 5.21（f）所示。

（2）若选取图 5.21（c）所示基本体系，则力法方程为：

$$\delta_{11} X_1 + \Delta_c = 0$$

由图 5.21（e）得 $\delta_{11} = l/3EI$，由支座移动的位移计算式得 $\Delta_c = -\sum \bar{F}_R c = -(1/l \times \Delta)$，故得 $X_1 = 3EI\Delta/l^2$，弯矩图如图 5.21（f）所示。

5.8 三类等截面单跨梁的概念分析

在位移法中将用到如图 5.22 所示三类单跨超静定梁（也称基本计算单元或基本构件）在杆端位移（这里称为支座位移）、荷载作用下的杆端弯矩和剪力计算结果，主要是便于位移法计算直接引用。

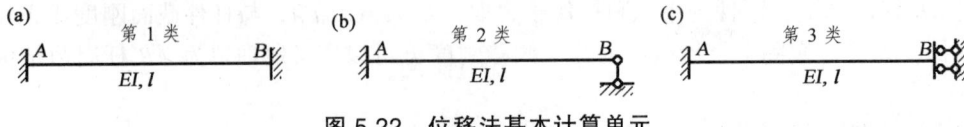

图 5.22 位移法基本计算单元

5.8.1 杆端单位位移引起的杆端力内力

【例 5.17】 试绘出图 5.23（a）所示单跨等截面梁杆端产生单位转角时的内力图。

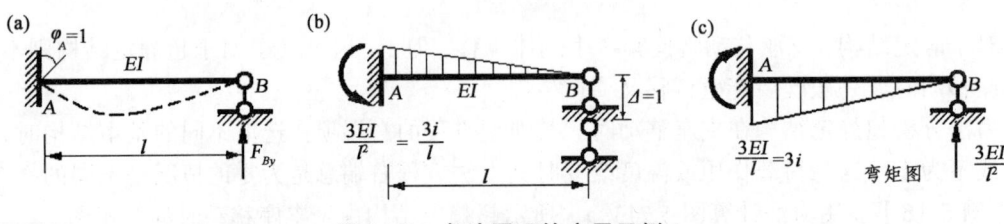

图 5.23 虚功原理的应用示例 1

相关力学基本概念：虚功原理的应用。

【解】 因在例 5.16 中已经求得杆端 B 发生单位线位移时的内力和反力[图 5.23（b）]，可将图 5.23（a）、（b）视为同一结构的两种状态，则虚功方程为：

$$-\frac{3EI}{l^2}\times\varphi_A = -F_{By}\times\Delta \Rightarrow F_{By}=\frac{3EI}{l^2}$$

求得反力 F_{By}，则可绘出结构的弯矩图[图 5.23（c）]。

【例 5.18】 试绘出图 5.24（a）所示单跨等截面梁杆端产生单位转角时的内力图。

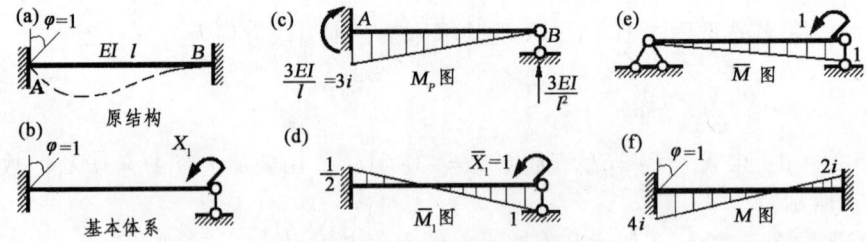

图 5.24 应用低次结果解高次问题

相关力学基本概念：力法解题已知过渡到未知的思路，取超静定结构为基本体系，低次结构结果的应用。

【解】 取图 5.24（b）所示基本体系，力法方程为 $\delta_{11}X_1+\Delta_P=0$（截面 B 的转角为零）。

系数项由图 5.24（d）与图 5.24（e）图乘得：

$$\delta_{11} = \sum \int \frac{\overline{M}\,\overline{M}_1 \mathrm{d}x}{EI} = \frac{1}{EI}\left(l \times 1 \times \frac{1}{2} \times 1 - \frac{1}{2} \cdot \frac{3}{2}l \times \frac{1}{3} \times 1\right) = \frac{l}{4EI}$$

自由项由图 5.24（c）与图 5.24（e）图乘得：

$$\Delta_{1P} = -\frac{1}{EI} \cdot \frac{1}{2} \times 3i \times l \times \frac{1}{3} \times 1 = -\frac{1}{2}$$

将二值代入力法方程得 $X_1 = 2EI/l = 2i$。由叠加法 $M = M_P + \overline{M}_1 X_1$ 可得最后弯矩图[图 5.24（f）]。

【例 5.19】 试绘出图 5.25（a）所示单跨等截面梁杆端产生单位线位移时的内力图。

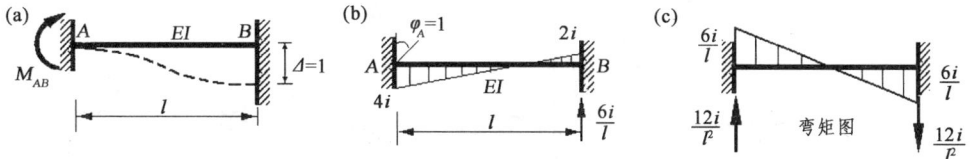

图 5.25 虚功原理的应用示例 2

相关力学基本概念：虚功原理的应用。

【解】 因在例 5.18 中已经求得杆端 A 发生单位转角时的内力和反力[图 5.25（b）]，可将图 5.25（a）、（b）视为同一结构的两种状态，则虚功方程为：

$$M_{AB} \times \varphi_A = -\frac{6i}{l} \times \Delta \Rightarrow M_{AB} = -\frac{6i}{l} \text{（上侧受拉）}$$

因为图 5.25（b）梁上无外荷载，由力矩平衡条件可知，B 端反力矩也为 $6i/l$。于是可绘出图 5.25（c）所示弯矩图。由 $\sum M_A = 0$ 可求得 B 端剪力为 $12i/l^2(\downarrow)$；由 $\sum F_y = 0$ 可求得 A 端剪力为 $12i/l^2(\uparrow)$。

【例 5.20】 试绘出图 5.26（a）所示单跨等截面梁杆端产生单位转角时的内力图。

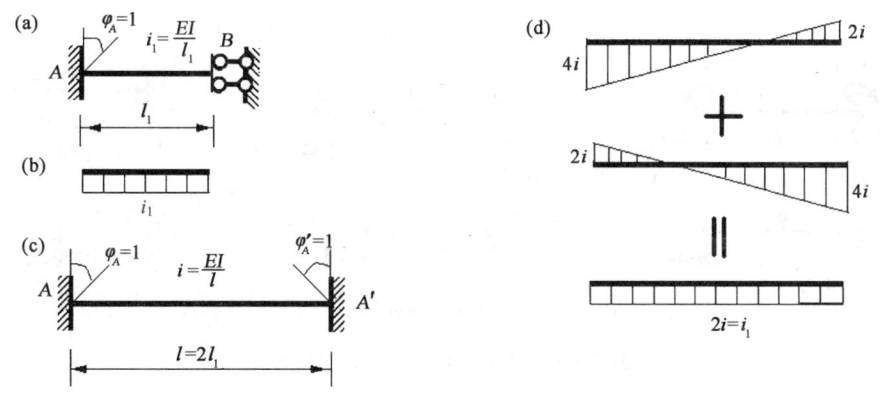

图 5.26 对称性的利用

相关力学基本概念：对称性的利用，已有计算结果的引用，叠加法等。

【解】 求图 5.26（a）所示结构发生单位转角时的内力，可先将其转化为如图 5.26（c）所示刚度相同但长度为其两倍的两端固定梁，作出其两端发生正对称的单位转角时的弯矩图[可以用叠加法得到,如图 5.26(d)所示],然后取其左半即为所求一端固定另一端滑动的梁的弯矩图[图 5.26(b)]。值得注意的是,此梁由于比原两端固定梁短了一半,故其相应的刚度大了一倍,即 $i_1 = 2i$。

5.8.2 杆件荷载引起的杆端力内力

前面例题中已用力法计算了第 2 类杆件即一端固定另一端为铰支座的梁的内力,结果见图 5.27。

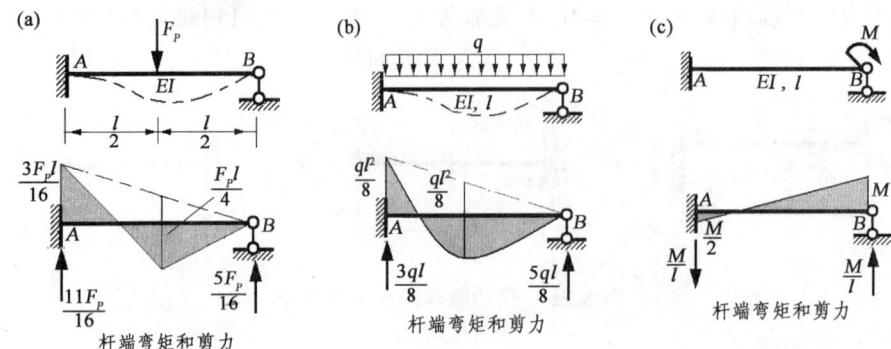

图 5.27 第 2 类杆件的内力分析

【例 5.21】 试绘出图 5.28 所示单跨等截面梁的内力图。

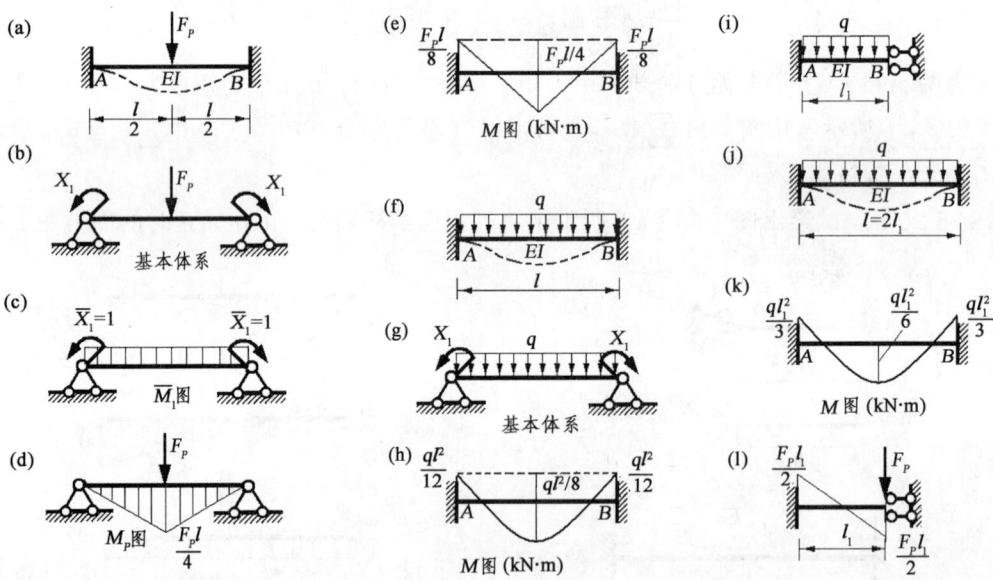

图 5.28 第 1、3 类杆件的内力分析

相关力学基本概念:对称性利用、对比分析。

【解】 对图 5.28(a):因为结构、荷载对称,取图 5.28(b)所示超静定结构为基本体系。力法方程为:

$$\delta_{11} X_1 + \Delta_{1P} = 0$$

式中：系数项由图 5.28（c）自乘得到，即 $\delta_{11}=l/EI$；自由项由图 5.28（c）与图 5.28（d）图乘得到，即 $\Delta_{1P}=-F_Pl^2/8EI$。将两者代入力法方程解得 $X_1=F_Pl/8$。由叠加法 $M=M_P+\overline{M}_1X_1$ 得最后弯矩图如图 5.28（e）所示。

对图 5.28（f）：取图 5.28（g）所示基本体系，由前面结果可得 $\delta_{11}=l/EI$，$\Delta_{1P}=-ql^3/12EI$，则 $X_1=ql^2/12$，最终弯矩图如图 5.28（h）所示。

对图 5.28（i）：将结构转化为跨度为其两倍的两端固定梁[图 5.28（j）]，将 $l=2l_1$ 代入图 5.28（h），则 $M_{AB}=q(2l_1)^2/12=ql_1^2/3$[图 5.28（k）]。同理可求得图 5.28（l）所示结构弯矩图。

5.9 荷载作用的概念分析

【例 5.22】 确定图 5.29（a）所示一次超静定结构的弯矩图形状。已知 EI 为常数。

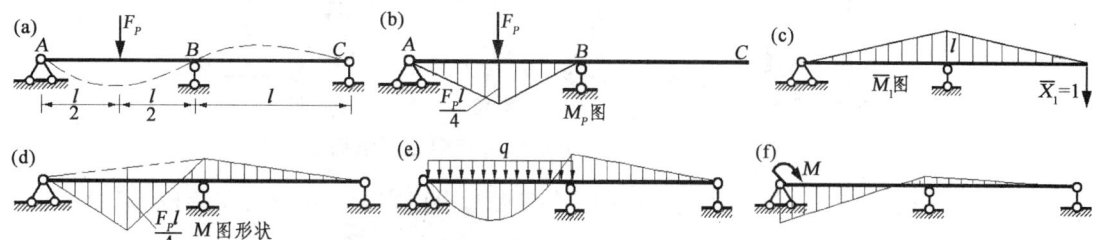

图 5.29 荷载作用时一次超静定结构的分析

相关力学基本概念：力法的应用，支座反力的判定，直杆的受力特点，变形曲线与弯矩图受拉边的关系。

【解】 （1）基本结构选取为外伸梁。首先绘出 M_P 图[图 5.29（b）]，由 $X_1=-\Delta_{1P}/\delta_{11}$ 可知，因为 $\delta_{11}>0$，要使 X_1 为正，则 Δ_{1P} 应为负值，所以 X_1 的正确方向应向下[图 5.29（c）]。

（2）从图 5.29 所示结构的受力情况可知，支座 B 反力向上，所以截面 B 弯矩图有尖点（向上），AB 段叠加上简支梁的弯矩图，BC 段无荷载，弯矩图为直线。

（3）勾绘其变形曲线，根据变形曲线、约束条件可直接绘出弯矩图形状[图 5.29（d）]。同理可得图 5.29（e）、（f）所示结构的弯矩图形状。

【例 5.23】 确定图 5.30（a）所示两次超静定结构的弯矩图形状。已知 EI 为常数。

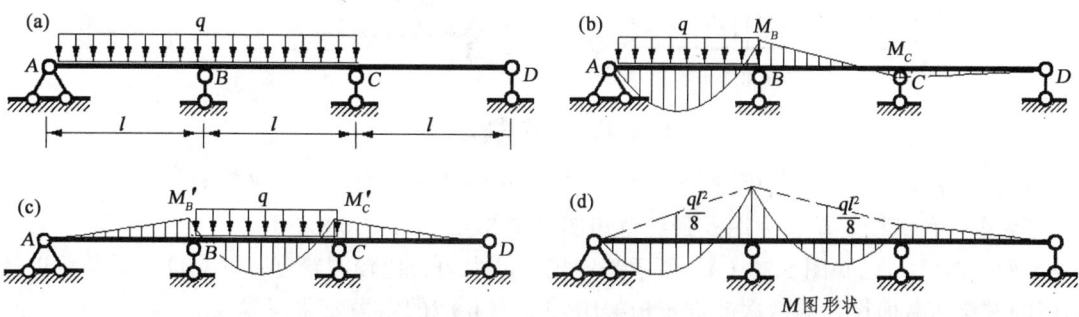

图 5.30 荷载作用时两次超静定结构的分析

相关力学基本概念：荷载分解、对称性和已有结果的利用。

【解】 将图 5.30（a）分解成图 5.30（b）、（c）两种情况。由例题 5.4 可推知图 5.30（b）的弯矩图形状，由对称性可得图 5.30（c）的弯矩图形状。截面 B 处弯矩两者同向，截面 C 处弯矩两者异向。根据力的传递影响可知 $M'_C > M_C$，故最后弯矩图形状如图 5.30（d）所示。

【例 5.24】 确定图 5.31（a）所示超静定刚架的弯矩图形状。已知 EI 为常数。

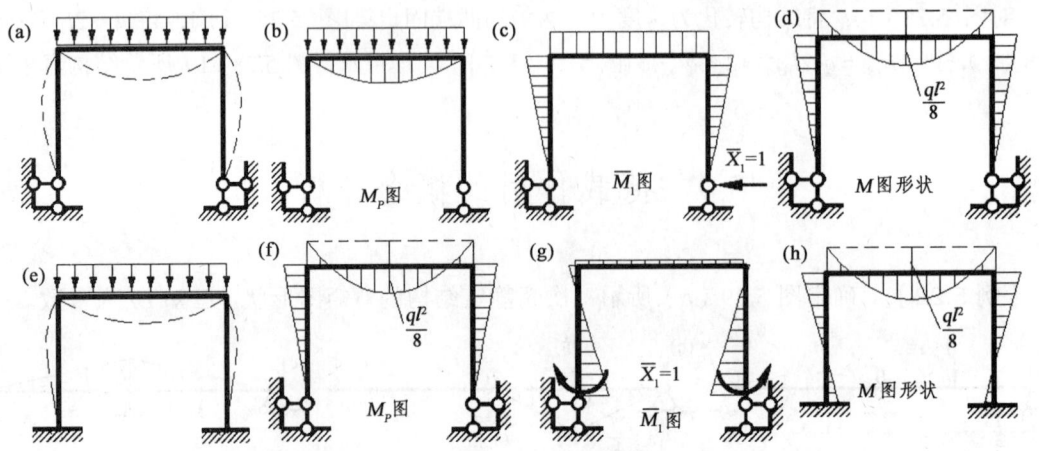

图 5.31　由一次结构的解过渡到三次结构

相关力学基本概念：先计算基本构件（简单结构），再以它为高次超静定结构的基本结构，逐阶升级。

【解】 （1）图 5.31（a）为一次超静定结构，其基本结构为简支刚架。由 M_P 图[图 5.31（b）]可确定 X_1 的实际方向[图 5.31（c）]，由叠加法可得弯矩图形状[图 5.31（d）]。

（2）图 5.31（e）为三次超静定结构，它的基本结构引用图 5.31（a）的计算结果，即 M_P 图如图 5.31（f）所示。由对称性特点知，其有一个未知量 X_1，实际方向如图 5.31（g）所示，由叠加法可得弯矩图形状如图 5.31（h）所示。

【例 5.25】 确定图 5.32（a）所示三次超静定梁的弯矩图形状。EI 为常数。

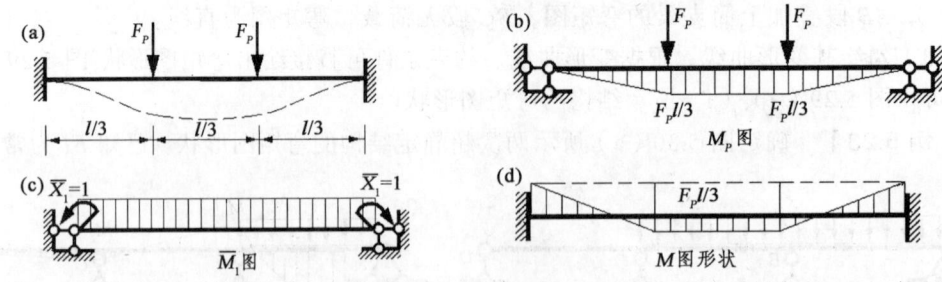

图 5.32　对称性的利用

相关力学基本概念：利用对称性取超静定结构为基本结构。

【解】 荷载图、单位力图及最终弯矩图见图 5.32（b）、（c）、（d）。

【例 5.26】 已知图 5.33（a）所示静定桁架的内力，比较同跨度、同高度、同荷载以及相同的材料和截面尺寸的六次超静定桁架[图 5.33（b）]的内力变化规律。

相关力学基本概念：对比分析方法。

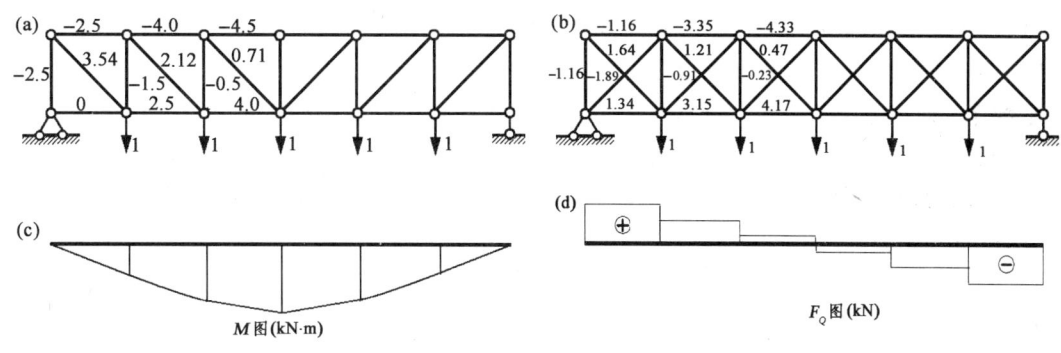

图 5.33 对比分析

【解】 桁架是由梁演变得来的，因此不管是静定还是超静定桁架仍然表现出相应梁的性能，即斜杆承担原梁的剪力[图 5.33（d）]，同样也承担部分弯矩，而上下弦杆只承担原梁的弯矩[图 5.33（c）]。根据上述分析，关于图 5.33（b）有以下概念：

（1）上下弦杆的轴力仍然有两头小、中间大的规律。由于斜杆的增加，其值比静定桁架的值要小。

（2）当节间剪力不变时，斜杆增加，则各杆轴力减少。根据平衡条件可知，后增加的杆件为压杆，即受压力。

（3）在单跨梁中，我们可根据梁中挖孔的大小确定按梁或按桁架分析。这是因为在小孔区域内，梁的应力将作轻微的改变，若为不连通的大孔，则性能同桁架。

以上分析结论也可延伸到门式刚架、桁架及框架的定性分析，如图 5.34 所示。

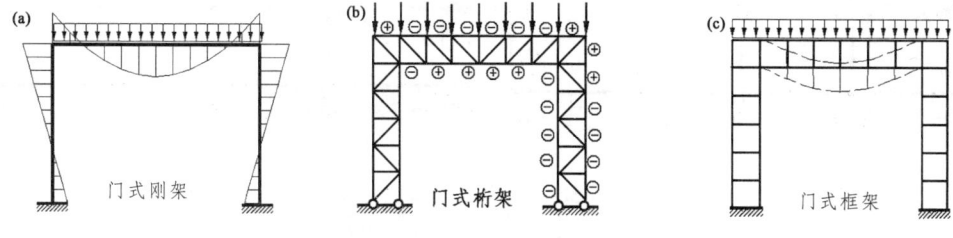

图 5.34 门式结构的概念分析

5.10 支座移动与温度改变的概念分析

【例 5.27】 绘出图 5.35 所示连续梁由于支座移动而引起的弯矩图形状。EI 为常数。

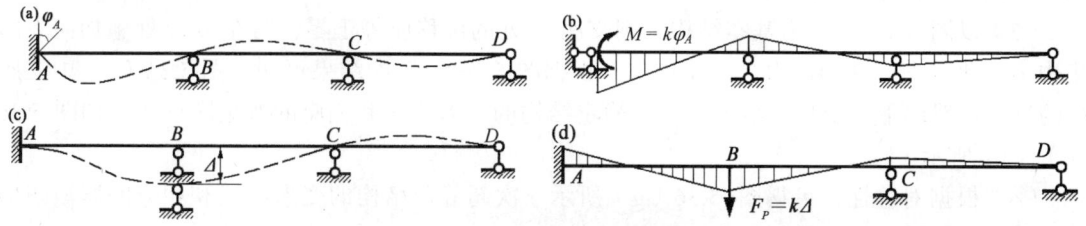

图 5.35 支座移动概念分析

相关力学基本概念：超静定特性，变形曲线与弯矩图的关系（M图的受拉边是变形曲线的凸出边，受拉边变换处的变形曲线有反弯点），等效作用。

【解】 对图 5.35（a）：由单跨超静定梁支座发生单位移动的概念可知，该结构相当于在支座 A 处施加一个力矩，其值可写为 $M = k\varphi_A$ [图 5.35（b）]。再根据荷载与弯矩图的特征可绘出相应的弯矩图形状，变化规律为 $M_A > M_B > M_C$，即可绘出与图 5.35（a）相应的弯矩图形状[图 5.35（b）]。

对图 5.35（c）：支座 B 发生位移 Δ 时，相当于在支座 B 处施加一个向下的集中力，其值可写为 $F_P = k\Delta$，如图 5.35（d）所示，且弯矩图有尖点。又因固定支座 A 的约束能力大于刚结点 C 的约束，故有 $M_A > M_C$。根据这些控制截面的弯矩值和无荷载区段弯矩图为直线的特点，可绘出图 5.35（c）相应的弯矩图形状如图 5.35（d）所示。

【例 5.28】 图 5.36（a）所示四跨等截面连续梁，梁截面高为 h，设下侧温度为 t_1，上侧温度为 t_2，且 $t_2 > t_1$，试绘出其变形曲线和相应的弯矩图形状。

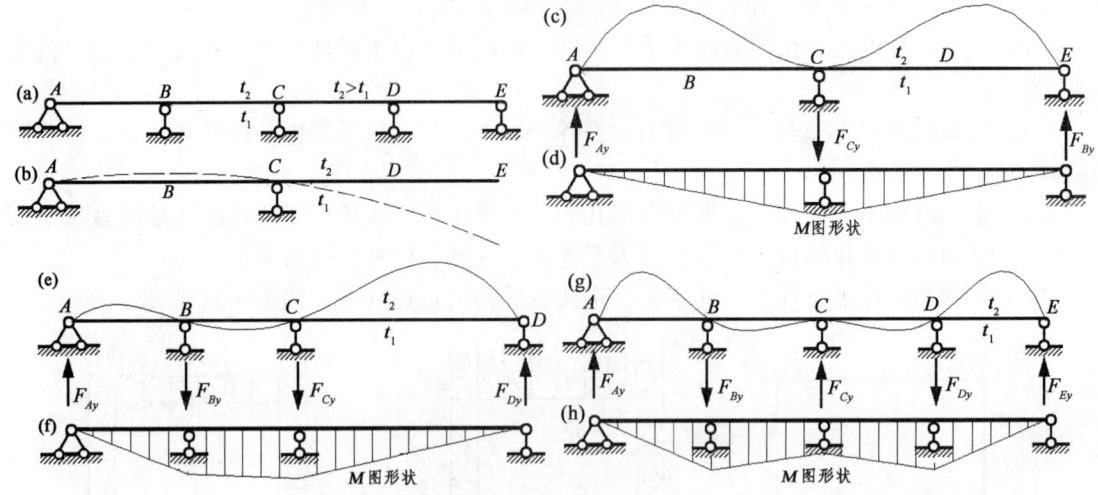

图 5.36 温度变化概念分析

相关力学基本概念：从静定到超静定，从低阶超静定到高阶超静定，也就是从已知到未知的分析。

【解】 （1）图 5.36（a）为三次超静定结构。去掉多余约束 X_B、X_D、X_E，得静定结构，如图 5.36（b）所示。可绘出它的变形曲线，但无内力。

（2）根据变形条件，若使支座 E 处的位移与原结构相等，则需在 E 点施加一个向上的力。由平衡条件可确定支座 A、C 处的反力方向，从而可绘出一次超静定结构的变形曲线和相应的弯矩图形状，如图 5.36（c）、（d）所示。

（3）以图 5.36（c）为基本结构，则支座 B 处的位移应等于零，需在 B 点处施加向下的集中力，此时支座 A 的反力进一步增加。根据图 5.36（c）的结果可知，图 5.36（e）中支座 C 的反力仍然向下，于是可绘出两次超静定结构的变形曲线和相应的弯矩图形状，如图 5.36（e）、（f）所示。

（4）根据对称性，可得图 5.36（g）所示三次超静定结构的变形曲线和相应的弯矩图形状，如图 5.36（g）、（h）所示。

结论：超静定结构由于温度变化而引起的弯矩图，其特点是哪侧温度低则弯矩图位于哪侧。对于静定结构，变形曲线凸向温度高的一边，而对于超静定结构，变形曲线则需按具体情况确定，它不同于荷载作用的情况，即变形曲线凸向与弯矩图的受拉一致。图 5.37 给出了两例以进一步说明此类问题。

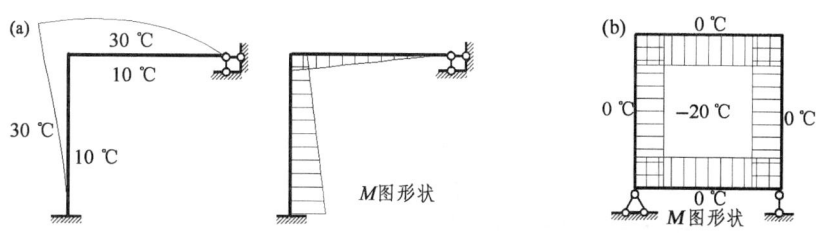

图 5.37 温度变化相关概念题示例

5.11 优化设计问题举例

【例 5.29】 欲使图 5.38（a）所示两跨连续梁的最大正、负弯矩的绝对值相等，试求其中间支座应升高或降低的位移值。

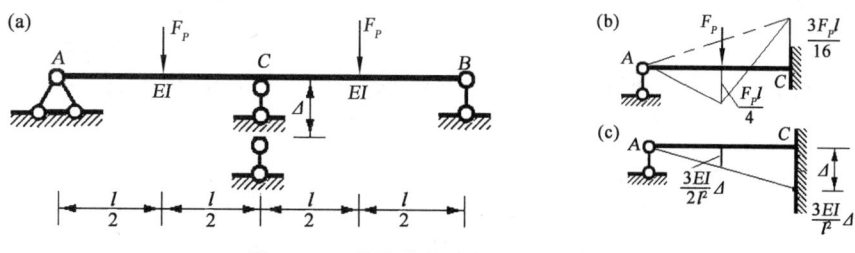

图 5.38 结构优化设计问题示例 1

相关力学基本概念：对称性利用，利用支座移动优化结构受力。

【解】 本题是一对称结构在对称荷载和支座移动作用时的问题，可取半结构并将两个影响分开考虑，如图 5.38（b）、（c）所示。设中间支座 C 降低 Δ。根据要求，有：

$$\frac{3F_Pl}{16} - \frac{3EI}{l^2}\Delta = \left(\frac{F_Pl}{4} - \frac{1}{2} \times \frac{3F_Pl}{16}\right) + \frac{1}{2} \times \frac{3EI}{l^2}\Delta \Rightarrow \frac{F_Pl}{32} = \frac{9EI}{2l^2}\Delta \Rightarrow \Delta = \frac{F_Pl^3}{144EI}(\downarrow)$$

【例 5.30】 试调节图 5.39（a）所示链杆的面积和高度，使两跨等截面连续梁的最大正、负弯矩的绝对值相等。

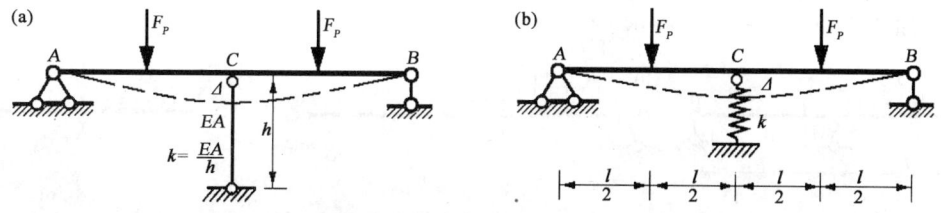

图 5.39 结构优化设计问题示例 2

相关力学基本概念：杆件刚度对受力的调整，等效约束作用。

【解】 令图 5.39（b）与图 5.39（a）等效，则弹簧处反力 $F_{Cy}=k\Delta$，当求得荷载作用下的弹簧反力 F_{Cy} 后，则 $\Delta=F_{Cy}/k$。这里假定 F_P、l、EI 为已知量。由上述相关例题可知 $F_{Cy}h/EA=F_P l^3/144EI$，则只要选定未知量链杆的高度 h 或面积 A 其中之一，即可由上式确定另一量值，问题解决。

【例 5.31】 试将图 5.40 所示支座强迫移动一位移，以使上弦杆 1、2 的轴力相等。已知 EA 为常数。

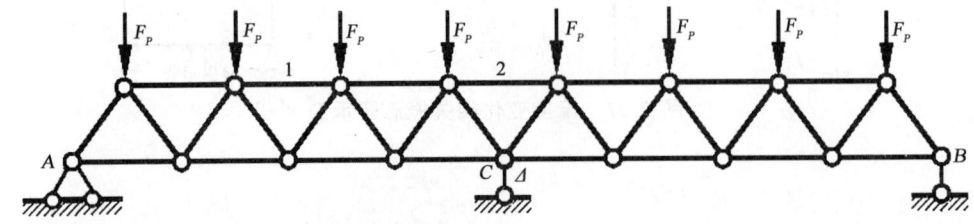

图 5.40 结构优化设计问题示例 3

相关力学基本概念：对称性利用，利用支座移动优化结构受力。

【解】 本题结构为一次超静定结构，可用力法解。

（1）求出超静定结构仅在荷载作用下的两杆轴力，即 $\delta_{11}X_P+\Delta_P=0$，则 $F_{N1}^P=F_{P1}+\overline{F}_N X_P$，$F_{N2}^P=F_{P2}+\overline{F}_N X_P$。

（2）求出超静定结构仅在支座向下移动 $\Delta=1$ 时的两杆轴力 F_{N1}^C 和 F_{N2}^C。

（3）令 $F_{N1}^P+F_{N1}^C\times\Delta=F_{N2}^P+F_{N2}^C\times\Delta$，由此可解得支座位移 Δ。

5.12 用力法解边界非线性问题

所谓边界非线性问题，即边界条件在分析过程中会发生变化的问题。接触问题就是一种典型的边界非线性问题。其特点是：边界条件不是在计算的开始就可以给出，而是在计算过程中确定的。接触体之间的接触点或面和内力随外荷载变化而变化，均属于边界非线性计算问题，也可以说是结构体系改变的计算问题。例如，地铁的护壁围护结构体系，它是随开挖深度的增加而支点逐渐增多的结构体系，其相关计算应按非线性问题进行。

再如，图 5.41（a）所示，在荷载未作用之前梁跨中支座有间隙 Δ，这就属于边界非线性问题或者说体系转换的计算问题。此问题可分成两部分的线性解来处理，即将原荷载 q 分成 q_1、q_2，如图 5.41（b）、（c）所示。

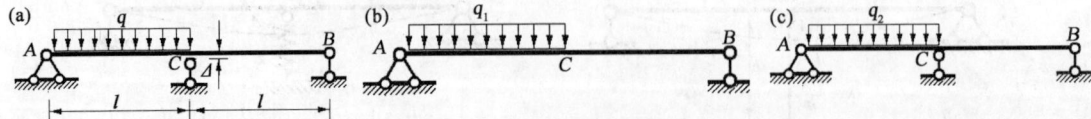

图 5.41 非线性问题示例

（1）设第一部分为在 q_1 作用下梁刚好与支座接触的荷载计算问题。即问题归结为静定结构在 q_1 作用下的位移计算和弯矩图的绘制。因为此时位移已知，于是可解得 q_1。

（2）第二部分为两跨连续梁在 $q_2 = q - q_1$ 作用下的计算问题，即超静定结构的计算问题，可用力法求解。

（3）将两部分问题所得弯矩图叠加，即得问题的解。

【例 5.32】 试用力法分析图 5.42 所示结构，并作其弯矩图。已知荷载作用之前，梁与 C 支座之间存在间隙 $\Delta = l/600$。

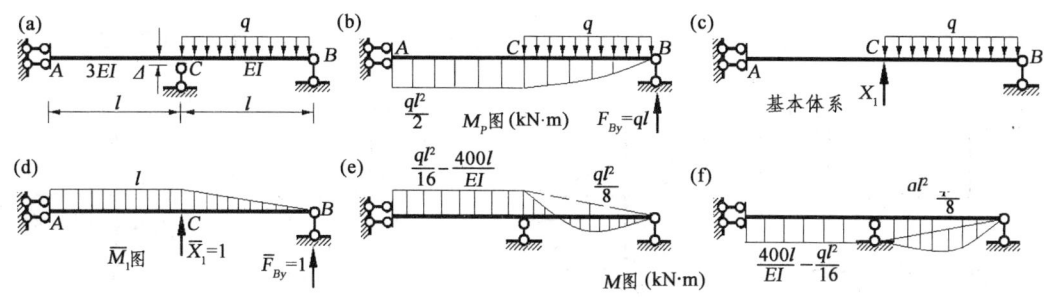

图 5.42 接触问题的力法解

【解】 （1）若加载后梁与支座 C 仍未接触，按静定结构计算，弯矩图如图 5.42（b）所示。

（2）若加载后梁与支座 C 已经接触，则可按支座 C 不存在间隙的超静定梁在荷载和支座 C 下沉 Δ 共同作用时计算，基本体系及 $\overline{M}_1$ 图见图 5.42（c）、（d），其力法方程为：

$$\delta_{11} X_1 + \Delta_P = -\Delta$$

又 $$\delta_{11} = \frac{2l^3}{3EI}, \quad \Delta = d = -\frac{l}{600}, \quad \Delta_P = -\frac{3ql^4}{8EI}, \quad X_1 = \frac{9}{16}ql - \frac{EI}{400l^2}$$

且 $$M = \overline{M}_1 X_1 + M_P$$

故 $$M_{AC} = -l \times \left(\frac{9ql}{16} - \frac{EI}{400l^2} \right) + \frac{ql^2}{2} = \frac{EI}{400l} - \frac{ql^2}{16}$$

若 $M_{AC} > 0$，则 M 图如图 5.42（e）所示；若 $M_{AC} < 0$，则 M 图如图 5.42（f）所示。

5.13 试题分析

【例 5.33】 用力法计算图 5.43（a）所示结构，并绘出弯矩图（1998 年试题）。

【解】 本题为两次超静定结构，用组合未知力求解，则只需一个未知量，基本结构如图 5.43（b）所示，系数和自由项分别为：$EI\delta_{11} = (128 \times 4 \times 2)/3$，$\Delta_P = -120 \times 16$。将二者代入力法方程得：$X_1 = -\Delta_P / \delta_{11} = 5.625 \text{ kN}$。由叠加法 $M = M_P + \overline{M}X_1$ 绘出弯矩图如图 5.43（c）所示。

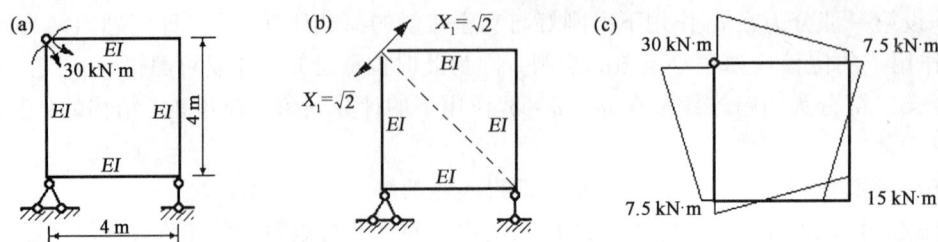

图 5.43 力法解两次超静定结构示例 1

【例 5.34】 用力法计算图 5.44(a)所示结构,并绘出 M 图。EI 为常数(2002 年试题)。

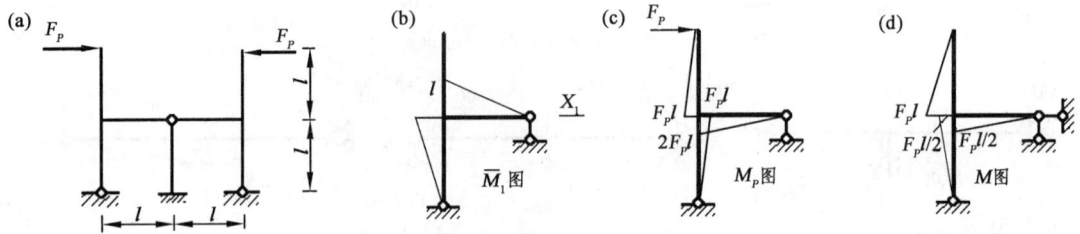

图 5.44 力法解对称结构示例 1

【解】 利用对称性,取半结构计算,解一个未知数。单位、荷载弯矩图如图 5.44(b)、(c)所示, $\delta_{11}=2l^3/3EI$, $\Delta_P=-F_Pl^3/EI$, $X_1=1.5F_P$。最后弯矩图如图 5.44(d)所示。

【例 5.35】 用力法计算图 5.45 所示结构,并作 M 图(2003 年试题)。

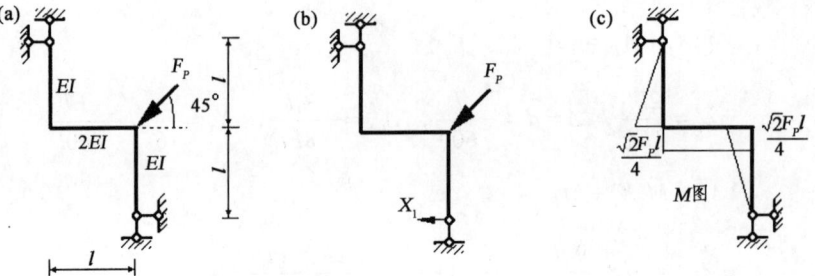

图 5.45 力法解一次超静定结构示例 1

【解】 一次超静定结构,基本体系如图 5.45(b)所示,$EI\delta_{11}=5l^3/6$,$EI\Delta_P=5\sqrt{2}F_Pl^3/24$,$X_1=-\sqrt{2}F_P/4$。最后弯矩图如图 5.45(c)所示。

【例 5.36】 用力法计算图 5.46(a)所示结构,并作结构的 M 图(2004 年试题)。

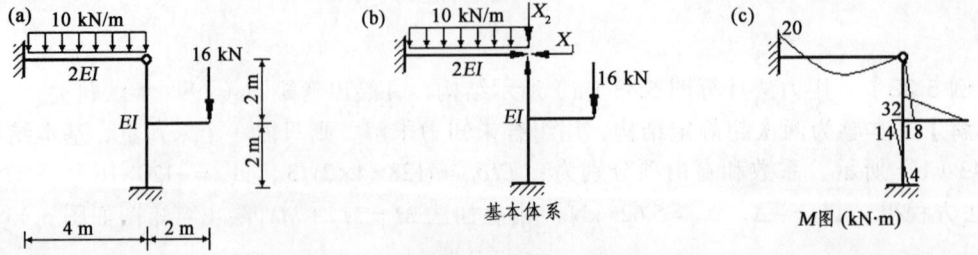

图 5.46 力法解两次超静定结构示例 2

【解】 基本体系如图 5.46（b）所示，解得 $X_1 = -9 \text{ kN}(\leftarrow \rightarrow)$，$X_2 = -15 \text{ kN}(\downarrow\uparrow)$。最后弯矩图如图 5.46（c）所示。

【例 5.37】 用力法计算图 5.47（a）所示结构，并作结构的 M 图（2005 年试题）。

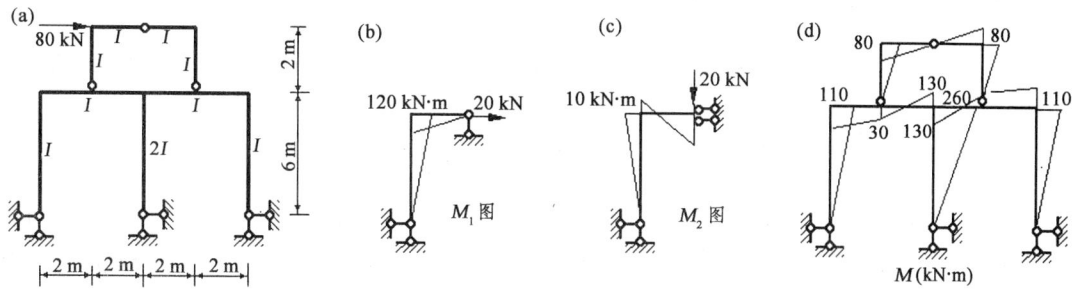

图 5.47 力法解两次超静定结构示例 3

【解】 本题附属部分为三铰刚架的静定结构，将其反力反向作用在基本部分的超静定结构上。利用对称性取半结构，分为对称和反对称计算[图 5.47（b）、（c）]，最后弯矩图如图 5.47（d）所示。

【例 5.38】 用力法计算图 5.48（a）所示结构，并作结构的 M 图（2006 年试题）。

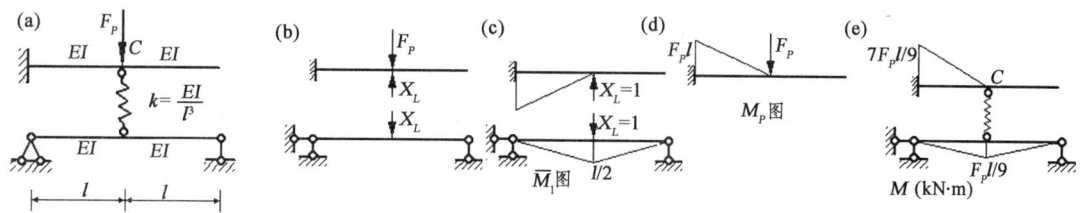

图 5.48 力法解一次超静定结构示例 2

【解】 力法方程为 $\delta_{11}X_1 + \Delta_P = -X_1/k$ [图 5.48（b）]。系数及自由项分别为 $\delta_{11} = l^3/2EI$，$\Delta_P = -F_P l^3/3EI$，解得 $X_1 = 2F_P/9$。根据 $M = M_P + \overline{M}_1 X_1$ 叠加作弯矩图[图 5.48（e）]。

【例 5.39】 用力法计算图 5.49（a）所示结构，并作结构的 M 图，EI 为常数（2007 年试题）。

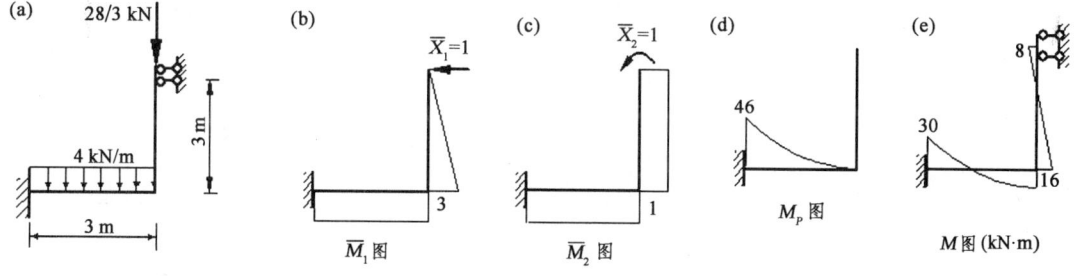

图 5.49 力法解两次超静定结构示例 4

【解】 本题为两次超静定结构，单位、荷载弯矩图如图 5.49（b）、（c）、（d）所示，且 $EI\delta_{11} = 36$，$EI\delta_{22} = 6$，$EI\delta_{12} = 27/2$，$EI\Delta_{1P} = -180$，，$EI\Delta_{2P} = -60$。解得 $X_1 = 8$，$X_2 = -8$。最后弯矩图如图 5.49（e）所示。

【例 5.40】 用力法计算图 5.50（a）所示结构，并作结构的 M 图（2008 年试题）。

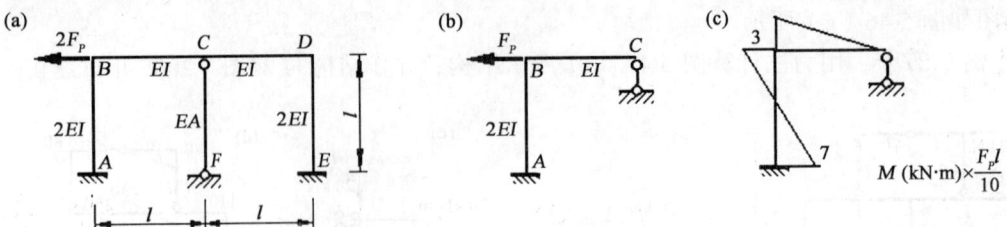

图 5.50　力法解对称结构示例 2

【解】 将本题分解为对称与反对称两种情况计算。在不计轴向变形的影响条件下，对称弯矩为零。反对称取半结构计算，取悬臂刚架为基本结构，则力法方程为 $\delta_{11}X_1 + \Delta_P = 0$，其中 $\delta_{11} = 5l^3/6EI$，$\Delta_P = -F_P l^3 /4EI$，$X_1 = 3F_P/10$。按叠加法绘出其弯矩图[图 5.50（c）]。

第6章 位 移 法

位移法是以结点线位移和角位移为基本未知量,以等截面单跨梁为基本计算单元,由结点平衡条件,求出结点位移,再求结构内力的分析方法。

6.1 位移法基本未知量与基本结构

位移法的基本未知量为各结点的角位移和线位移。从基本结构的角度讲,位移的基本未知量数目,就等于约束住全部独立位移所需的附加刚臂和链杆的总数(图6.1)。

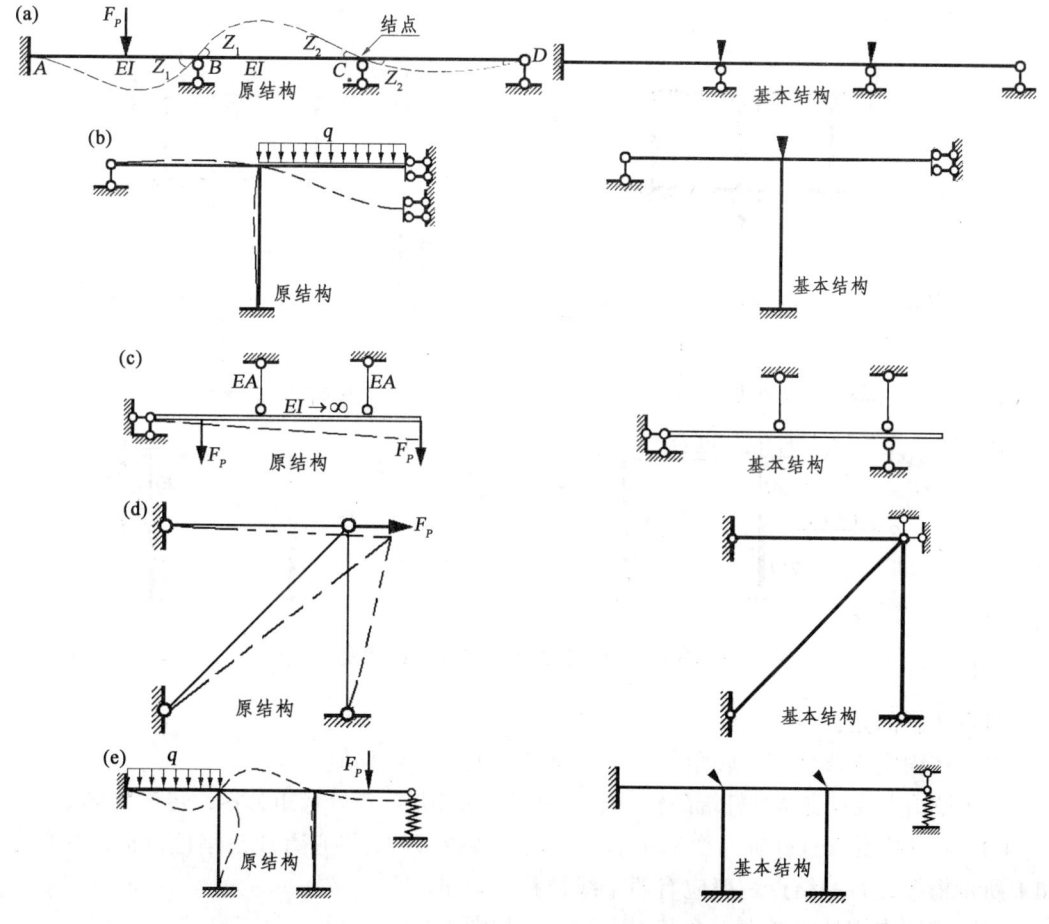

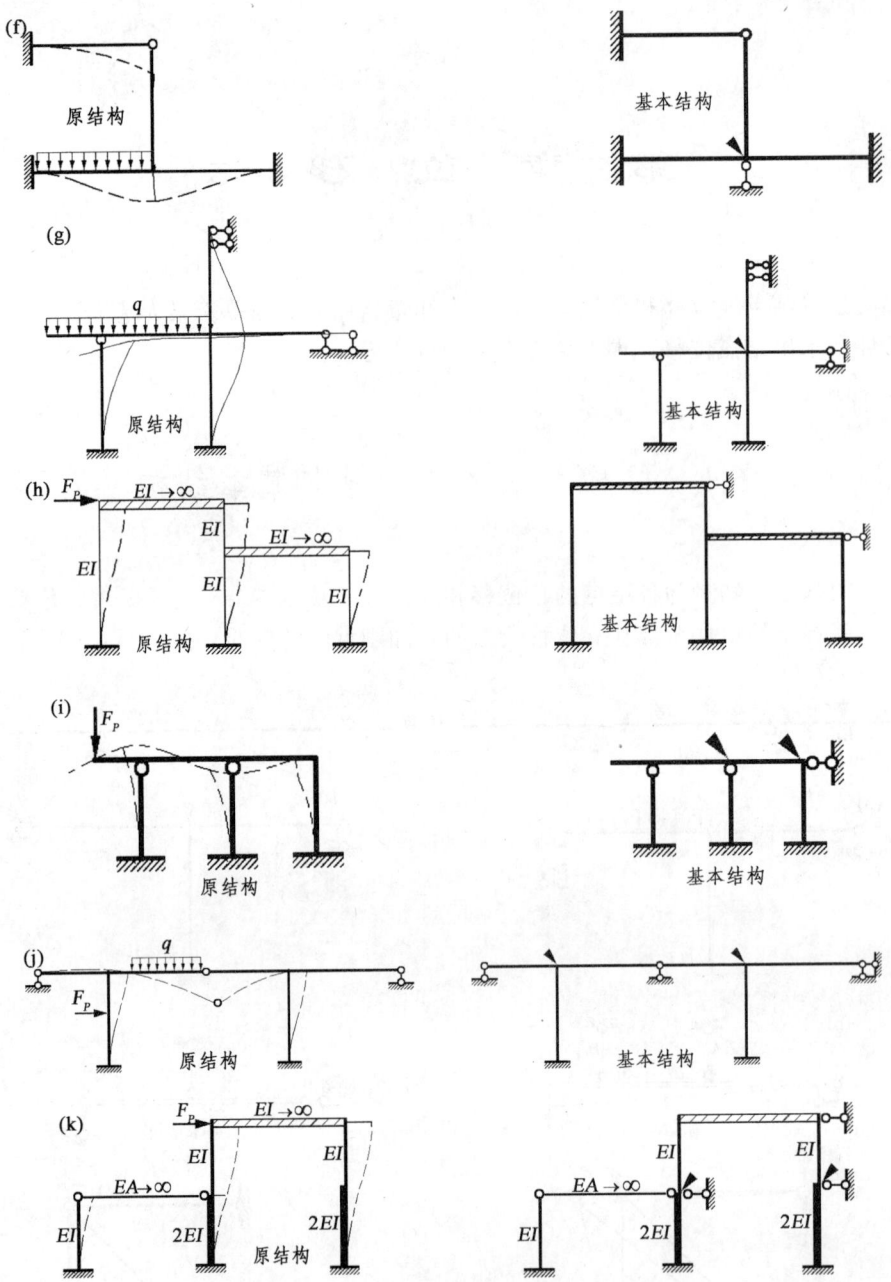

图 6.1 位移法基本未知量的确定

值得注意的是:

(1) 在固定支座处,其转角等于零或是已知的支座位移值。

(2) 铰结点或铰支座处杆端的转角不作为基本未知量。铰处弯矩为零,转角为非独立量。

(3) 在忽略受弯直杆轴向变形影响而确定其线位移时,将它看成是刚性链杆;而如图 6.1(d) 所示桁架,每一结点一般应有两个线位移未知量。

(4) 弹性支座处应考虑一个基本未知量,如图 6.1(e) 所示。

(5)变截面处应作为一个结点考虑,如图 6.1(k)所示。这是因为基本杆件为等截面梁,杆端位移与杆端力关系是在这种条件下得到的。

6.2 位移法分析超静定结构的算例

在位移法中,建立平衡方程的方法有两种,它们是:
(1)直接按平衡条件建立位移法基本方程。
(2)采用基本结构,根据附加刚臂、附加链杆中反力矩和反力应等于零的条件,建立位移法的基本方程(平衡方程)。

【例 6.1】 求图 6.2(a)所示两跨连续梁的杆端弯矩,以结点角位移为基本未知量。

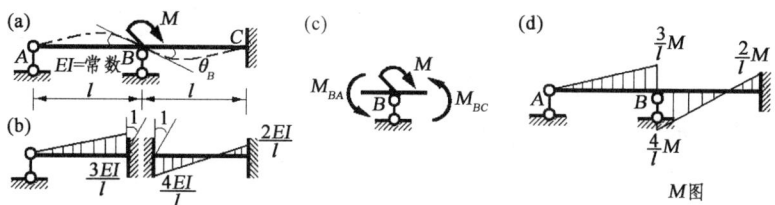

图 6.2 结点角位移为基本未知量

【解】 图 6.2(a)所示两跨连续梁,结点 B 有角位移发生。因为 B 处为刚结点,当它发生转角 θ_B 时,由于变形协调,与之相连的各杆端截面的转角均等于 θ_B。各杆端弯矩与转角的关系式为[图 6.2(b)]:

$$M_{BA} = \frac{3EI}{l}\theta_B, \quad M_{BC} = \frac{4EI}{l}\theta_B, \quad M_{CB} = \frac{2EI}{l}\theta_B$$

取结点 B 为隔离体[图 6.2(c)],规定杆端弯矩顺时针为正(对结点逆时针为正),由结点 B 的平衡条件 $\sum M_B = 0$,得:

$$M - M_{BA} - M_{BC} = M - \frac{3EI}{l}\theta_B - \frac{4EI}{l}\theta_B = 0 \Rightarrow \theta_B = \frac{Ml}{7EI}$$

将转角 θ_B 代入杆端弯矩与转角的表达式,得各杆端弯矩,再根据无荷载区段弯矩图为直线,最后弯矩图如图 6.2(d)所示。

【例 6.2】 求图 6.3(a)所示刚架杆端弯矩,以结点线位移为基本未知量。

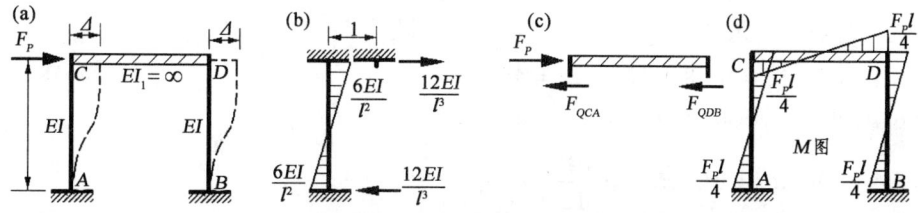

图 6.3 结点线位移为基本未知量

【解】 由于横梁刚度无限大，结点 C、D 处不产生转角；若忽略杆件的轴向变形影响，在图示荷载作用下，只有水平位移 $\Delta_{CA} = \Delta_{DB} = \Delta$。$AC$ 杆和 BD 杆均相当于两端固定梁，由力法已求得各杆端产生单位线位移（$\Delta = 1$）时的刚度系数，如图 6.3（b）所示。其杆端弯矩、剪力与位移的关系式为：

$$M_{AC} = M_{CA} = -\frac{6EI}{l^2}\Delta, \quad M_{BD} = M_{DB} = -\frac{6EI}{l^2}\Delta$$

$$F_{QCA} = \frac{12EI}{l^3}\Delta, \quad F_{QDB} = \frac{12EI}{l^3}\Delta$$

在这里，杆端弯矩以顺时针为正，杆端剪力以使隔离体顺时针转动为正。

取横梁为隔离体[图 6.3（c）]，由平衡条件 $\sum F_x = 0$ 得：

$$F_P - F_{QCA} - F_{QDB} = F_P - \frac{12EI}{l^3}\Delta - \frac{12EI}{l^3}\Delta = 0 \Rightarrow \Delta = \frac{F_P l^3}{24EI}$$

将位移代入杆端弯矩表达式，按荷载与内力图的形状特征以及结点 C、D 按平衡条件绘制横梁杆端弯矩的原则，最后弯矩图如图 6.3（d）所示。

【例 6.3】 用位移法计算图 6.4（a）所示刚架，并绘制弯矩图。E 为常数。

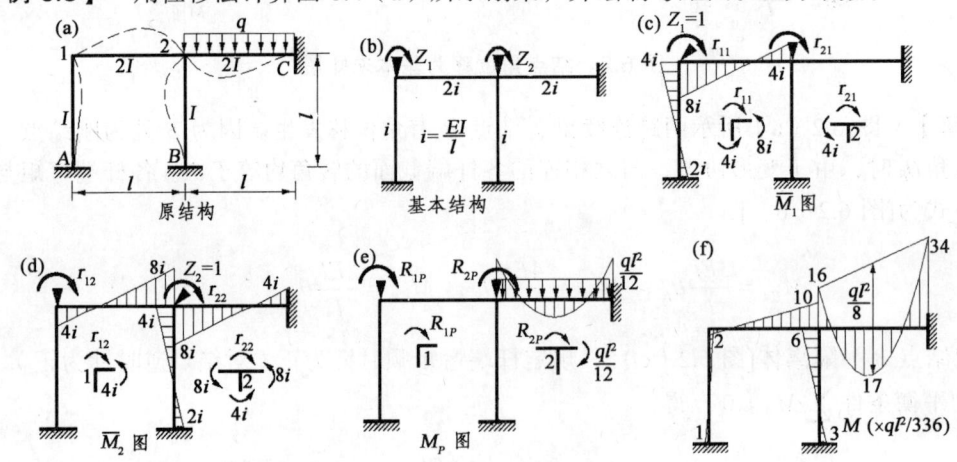

图 6.4 两个角位移未知数

【解】 本题为两个角位移未知数，基本结构如图 6.4（b）所示。其位移法典型方程为：

$$\begin{cases} r_{11}Z_1 + r_{12}Z_2 + R_{1P} = 0 \\ r_{21}Z_1 + r_{22}Z_2 + R_{2P} = 0 \end{cases} \tag{6.1}$$

现计算系数项和自由项。

由图 6.4（c）：$r_{11} = 4i + 8i = 12i$，$r_{21} = 4i$

由图 6.4（d）：$r_{22} = 4i + 8i + 8i = 20i$，$r_{12} = 4i = r_{21}$

由图 6.4（e）：$R_{1P} = 0$，$R_{2P} = -\frac{ql^2}{12}$

将上述各值代入式（6.1）得：

$$\left.\begin{array}{l}12iZ_1 + 4iZ_2 + 0 = 0 \\ 4iZ_1 + 20iZ_2 - \dfrac{ql^2}{12} = 0\end{array}\right\} \Rightarrow \left\{\begin{array}{l}Z_1 = -\dfrac{ql^2}{672i} \\ Z_2 = \dfrac{3ql^2}{672i}\end{array}\right.$$

由叠加法 $M = \overline{M}_1 Z_1 + \overline{M}_2 Z_2 + M_P$ 绘制弯矩图，如图 6.4（f）所示。

【例 6.4】 用位移法计算图 6.5（a）所示刚架，并绘制弯矩图。E 为常数。

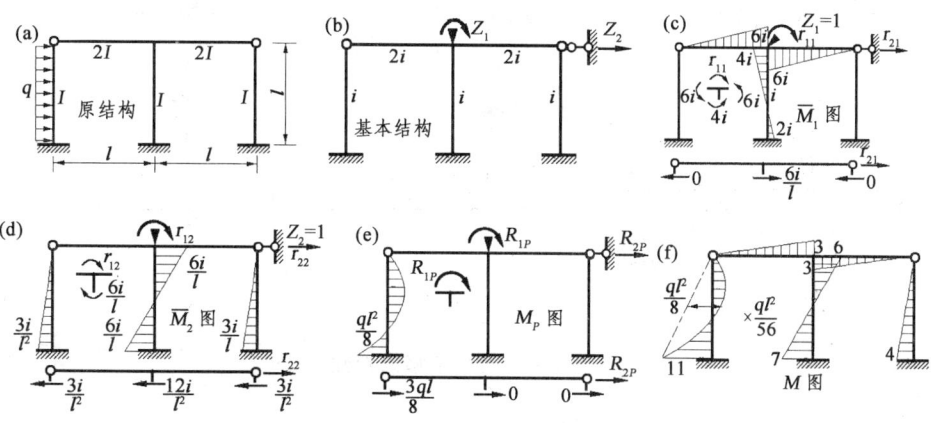

图 6.5 一个角位移和一个线位移未知数

【解】 本题为一个角位移和一个线位移未知数，基本结构见图 6.5（b）。典型方程如式（6.1）所示。

现计算系数项和自由项。

由图 6.5（c）：$r_{11} = 4i + 6i + 6i = 16i$，$r_{21} = -\dfrac{6i}{l}$

由图 6.5（d）：$r_{22} = \dfrac{3i}{l^2} + \dfrac{12i}{l^2} + \dfrac{3i}{l^2} = \dfrac{18i}{l^2}$，$r_{12} = -\dfrac{6i}{l} = r_{21}$

由图 6.5（e）：$R_{1P} = 0$，$R_{2P} = -\dfrac{3ql}{8}$

将上述各值代入式（6.1）得：

$$\left.\begin{array}{l}16iZ_1 - \dfrac{6i}{l}Z_2 + 0 = 0 \\ -\dfrac{6i}{l}Z_1 + \dfrac{18i}{l^2}Z_2 - \dfrac{3ql}{8} = 0\end{array}\right\} \Rightarrow \left\{\begin{array}{l}Z_1 = \dfrac{ql^2}{112i} \\ Z_2 = \dfrac{ql^3}{42i}\end{array}\right.$$

由叠加法 $M = \overline{M}_1 Z_1 + \overline{M}_2 Z_2 + M_P$ 绘制弯矩图，如图 6.5（f）所示。

【例 6.5】 用位移法计算图 6.6（a）所示刚架，并绘制弯矩图。

【解】 本题也为两个位移未知数，基本结构见图 6.6（b）。典型方程如式（6.1）所示。现计算系数项和自由项。

由图 6.6（c）：$r_{11} = 4i + 3i + 3i + i = 11i$，$r_{21} = -\dfrac{3i}{l}$

由图 6.6（d）：$r_{22} = \dfrac{3i}{l^2} + \dfrac{3i}{l^2} = \dfrac{6i}{l^2}$，$r_{12} = -\dfrac{3i}{l} = r_{21}$

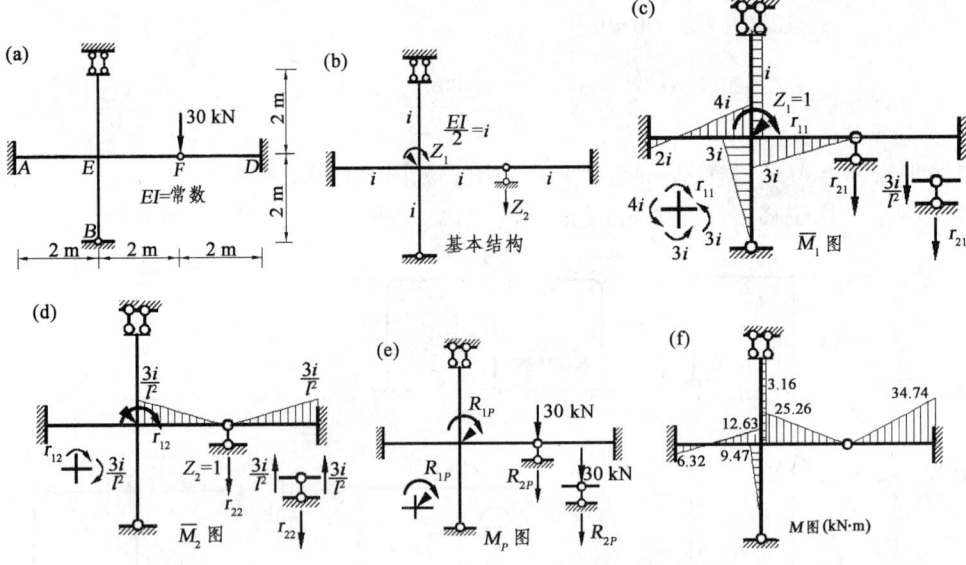

图 6.6 两个位移未知数

由图 6.6（e）：$R_{1P}=0$，$R_{2P}=-30$ kN

将上述各值代入式（6.1）得：

$$\left.\begin{array}{l}11iZ_1-\dfrac{3i}{l}Z_2+0=0\\-\dfrac{3i}{l}Z_1+\dfrac{6i}{l^2}Z_2-30=0\end{array}\right\}\Rightarrow\begin{cases}Z_1=\dfrac{3.16}{i}\\Z_2=\dfrac{23.17}{i}\end{cases}$$

由叠加法 $M=\bar{M}_1Z_1+\bar{M}_2Z_2+M_P$ 绘制弯矩图，如图 6.6（f）所示。

6.3 对称性的利用

【例 6.6】 用位移法计算图 6.7（a）所示对称刚架，并绘制弯矩图。

【解】 本例为对称刚架受对称荷载作用，在对称轴上只有对称约束，又因对称轴上为铰结，故取半边结构时只有水平约束，如图 6.7（b）所示。现在的计算对象如图 6.7（b）所示，它的基本结构如图 6.7（c）所示，有一个角位移未知数，其位移法典型方程为：

$$r_{11}Z_1+R_{1P}=0$$

由图 6.7（d）、（e）计算系数及自由项：

$$r_{11}=8i,\quad R_{1P}=-300\text{ kN}\cdot\text{m}$$

将二值代入典型方程，解得：

$$Z_1=-\dfrac{R_{1P}}{r_{11}}=\dfrac{300\text{ kN}\cdot\text{m}}{8i}=\dfrac{37.5\text{ kN}\cdot\text{m}}{i}$$

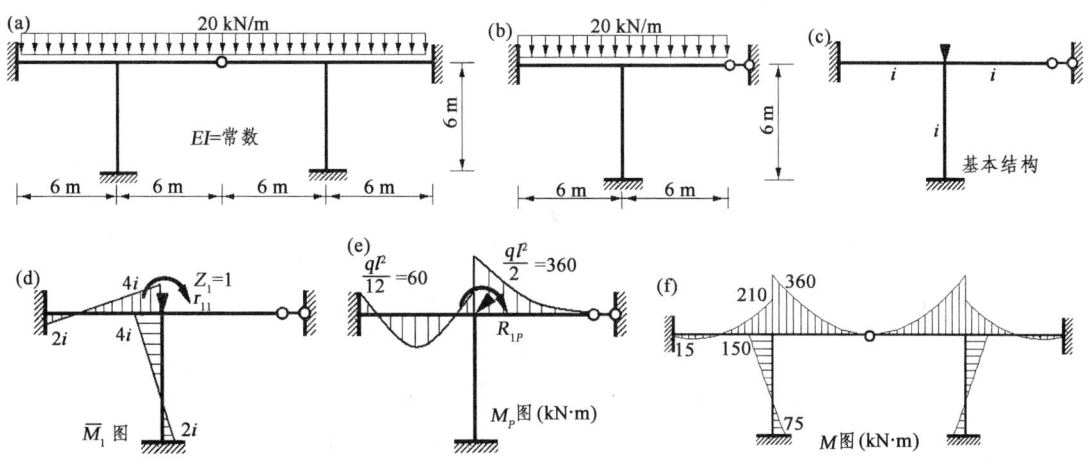

图 6.7 位移法解对称刚架

由叠加法

$$M = \overline{M}_1 Z_1 + M_P$$

绘制弯矩图如图 6.7（f）所示。

【例 6.7】 用位移法计算图 6.8（a）所示对称刚架，并绘制弯矩图。

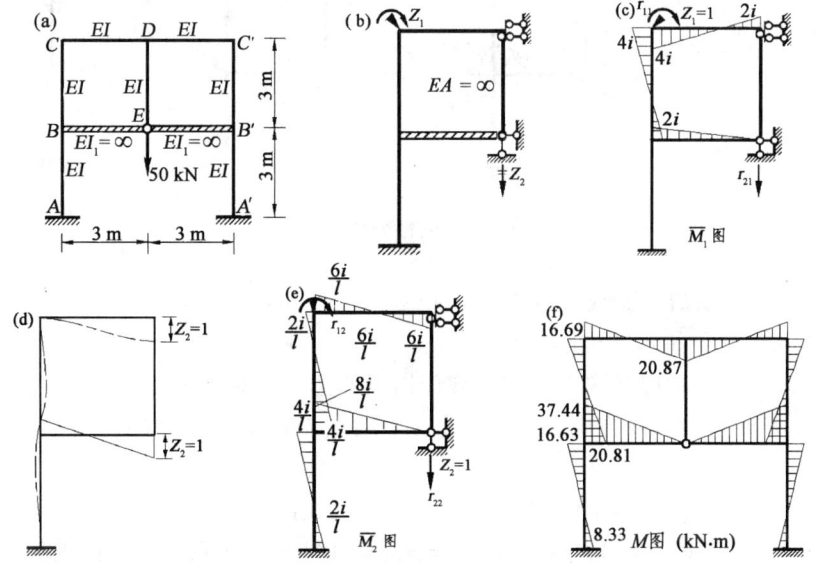

图 6.8 位移法解具有无限刚度杆的对称结构

【解】 由于对称，位于对称轴上的杆件只受轴力，截面 D 的转角为零，且整体结构无侧移，半边结构如图 6.8（b）所示。有两个未知量，典型方程如式（6.1）所示。

现计算系数项和自由项。

由图 6.8（c）：$r_{11} = 4i + 4i = 8i$，$r_{21} = -\dfrac{6i}{l} + \dfrac{2i}{l} = -\dfrac{4i}{l}$

由图 6.8（e）：$r_{22} = \dfrac{12i}{l^2} + \dfrac{8i}{l^2} = \dfrac{20i}{l^2}$，$r_{12} = -\dfrac{4i}{l} = r_{21}$；$R_{1P} = 0$，$R_{2P} = -25 \text{ kN}$

将上述各值代入式（6.1）得：

$$\left.\begin{array}{l}8iZ_1-\dfrac{4i}{l}Z_2+0=0\\-\dfrac{4i}{l}Z_1+\dfrac{20i}{l^2}Z_2-25=0\end{array}\right\}\Rightarrow\begin{cases}Z_1=\dfrac{25}{12i}\\Z_2=\dfrac{25}{2i}\end{cases}$$

由叠加法 $M=\bar{M}_1Z_1+\bar{M}_2Z_2+M_P$ 绘制弯矩图，如图 6.8（f）所示。

【例 6.8】 用位移法计算图 6.9（a）所示刚架，并绘制弯矩图。

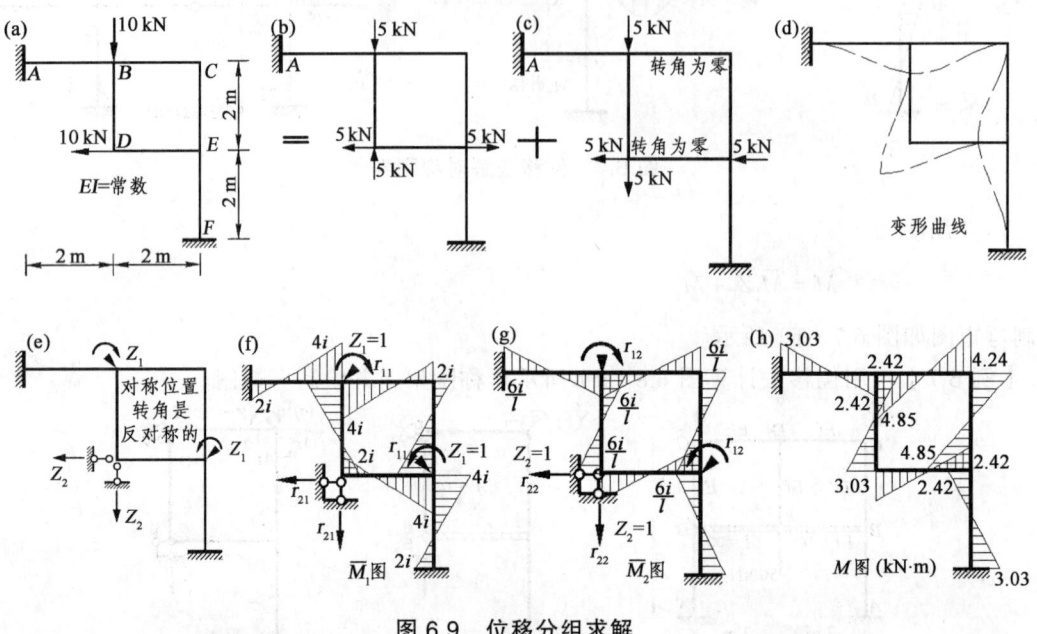

图 6.9 位移分组求解

【解】 （1）将原结构荷载分解为图 6.9（b）、（c）两部分叠加，在不考虑轴向变形影响的条件下，图 6.9（b）所示结构的弯矩为零。

（2）图 6.9（c）为对称结构在对称荷载作用下的情况（对称 DC 连线）。截面 D、C 转角为零；结点 B、E 转角相等而方向相反，设为 Z_1；结点 D 向下与向左的线位移相同，设为 Z_2。因此，结构为两个未知量，如图 6.9（e）所示。

（3）图 6.9（f）、（g）绘出了相应的单位弯矩图，由此可计算出系数 r_{11}、r_{22} 及 r_{12}、r_{21}（$r_{12}=r_{21}$）；由图 6.9（c）可知，自由项 $R_{1P}=R_{2P}=-10\,\text{kN}$。将系数及自由项代入式（6.1），解得结点位移 Z_1、Z_2 的值，由叠加法绘出结构的弯矩图如图 6.9（h）所示。

6.4 具有牵连位移刚架的计算

用位移法分析这类具有牵连位移的结构，其计算原理及步骤与前述相同，难点在于如何确定当产生结点基本位移时所引起的各杆件发生的牵连位移。也就说结构在给定荷载作用下

【例 6.9】 用位移法求解图 6.10（a）所示斜柱刚架。

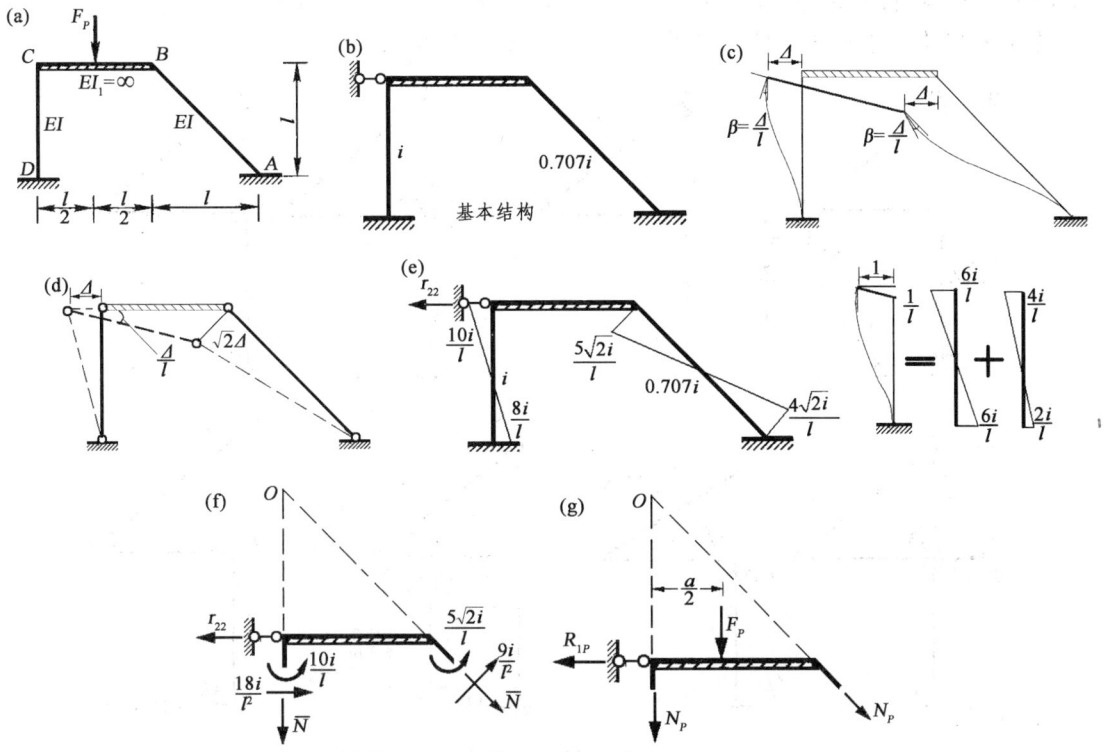

图 6.10 位移法解有侧移的斜柱刚架

【解】 本例只有一个水平线位移未知量 Δ，基本结构如图 6.10（b）所示。但是，当产生单位水平位移时，由于横梁刚度无限大，立柱 DC 除了产生水平位移 Δ 外，杆端还产生了转角 $\beta = \Delta/l$；而斜柱 AB 由于水平位移 Δ 而产生了垂直于杆轴线的位移 $\sqrt{2}\Delta$ 以及转角 $\beta = \Delta/l$ [图 6.10（c）、（d）]。这种由单个位移的产生所引起产生的一系列的相关位移，称为牵连位移。

在图 6.10 中，当产生单位水平位移时，柱 CD 与 BA 的杆端弯矩分别为[图 6.10（e）]：

$$\overline{M}_{CD} = \frac{6i}{l} \times 1 + 4i \times \frac{1}{l} = \frac{10i}{l}, \quad \overline{M}_{DC} = \frac{6i}{l} \times 1 + 2i \times \frac{1}{l} = \frac{8i}{l}$$

$$\overline{M}_{BA} = \frac{6 \times 0.707i}{\sqrt{2}l} \times \sqrt{2} + 4 \times 0.707i \times \frac{1}{l} = \frac{5\sqrt{2}i}{l}$$

$$\overline{M}_{AB} = \frac{6 \times 0.707i}{\sqrt{2}l} \times \sqrt{2} + 2 \times 0.707i \times \frac{1}{l} = \frac{4\sqrt{2}i}{l}$$

再求系数及自由项。为了避开两立柱的轴力，取横梁为隔离体，以未知轴力作用线的交点 O 为力矩中心[图 6.10（f）、（g）]，则：

$$\sum M_O = 0 \Rightarrow r_{11} = \frac{1}{l}\left(\frac{10i}{l} + \frac{5\sqrt{2}i}{l} + \frac{18i}{l^2} \times l + \frac{9i}{l^2} \times \sqrt{2}l\right) = \frac{47.8i}{l}$$

$$\sum M_O = 0 \Rightarrow R_{1P} = -\frac{F_P}{2}$$

将系数及自由项代入典型方程 $r_{11}Z_1 + R_{1P} = 0$，得 $Z_1 = -R_{1P}/r_{11} = F_P l^2/95.6i$。

【例 6.10】 求解图 6.11（a）所示具有牵连位移的刚架。

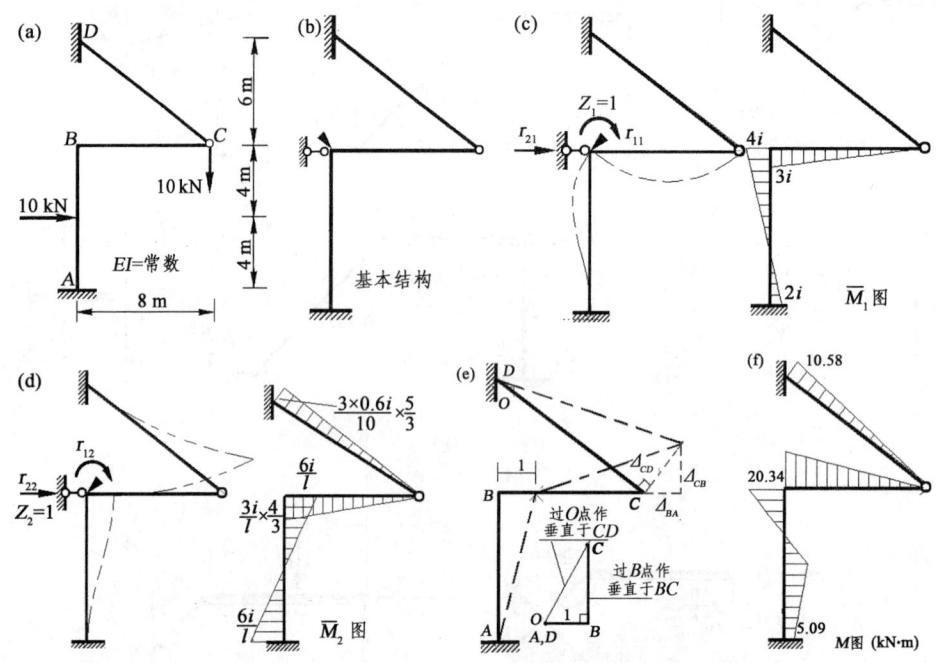

图 6.11 位移法解具有牵连位移的刚架

【解】 本题只有两个基本位移未知量。但是，当 $Z_2 = 1$ 时除了 AB 的杆端产生位移外，杆件 BC、CD 也产生了位移[图 6.11（d）]。关于 BC、CD 杆的杆端位移，可用作结点位移图的方法来确定[图 6.11（e）]，具体为：

在图中任选一点 O 作为不动点（称为极点），它代表所有各结点位移前的位置。A、D 两点是已知不动点，故在此图中它们与 O 点重合。作 OB 垂直于杆 AB；再过 B 点作杆 BC 的垂线；又过 O 点作杆 CD 的垂线，便得出交点 C。在此图中，向量 OB、OC 即分别代表 B、C 点位移，而 AB、BC、CD 则分别代表 AB 杆、BC 杆、CD 杆两端的相对线位移。在三杆的相对位移中，只有一个是独立的，只要给出了其中任一个，其余两个便可借助结点位移图确定。

在本例中，因已知 $\Delta_{AB} = 1$，根据相似三角关系得 $\Delta_{CD} = 5/3$，$\Delta_{CB} = 4/3$。单位弯矩 $\overline{M}_2$ 图如图 6.11（d）所示。最后弯矩图如图 6.11（f）所示。

【例 6.11】 求解图 6.12（a）所示具有牵连位移的梁。

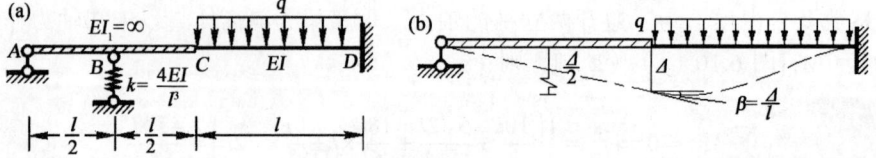

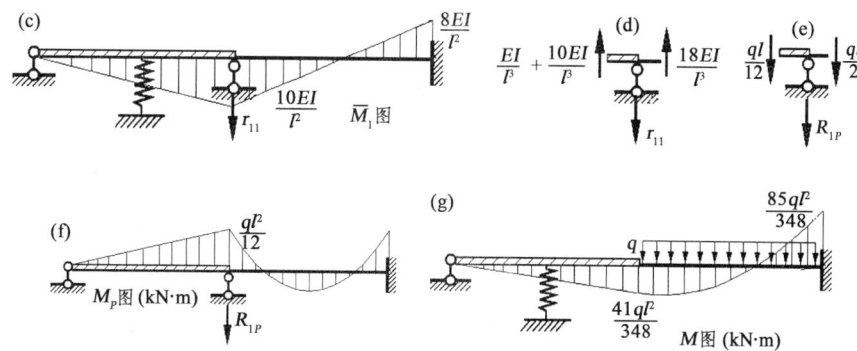

图 6.12 位移法解具有牵连位移的梁

【解】 本例只有结点 C 处的一个线位移未知量 Δ。当基本结构产生单位线位移时,由于梁 ABC 刚度无限大而产生刚体位移,从而使 CD 杆杆端产生转角 $\beta=1/l$ 的牵连位移[图 6.12(b)]。因此,杆件 CD 既产生线位移,又产生角位移,其杆端弯矩为:

$$\bar{M}_C = \frac{6EI}{l^2} + \frac{4EI}{l} \times \frac{1}{l} = \frac{10EI}{l^2}, \quad \bar{M}_D = \frac{6EI}{l^2} + \frac{42EI}{l} \times \frac{1}{l} = \frac{8EI}{l^2}$$

由结点 C 的平衡条件得单位弯矩图如图 6.12(c)所示。同理,可绘出荷载弯矩图如图 6.12(f)所示。

由 $\bar{M}_1$ 图及 M_P 图取结点 C 为隔离体[图 6.12(d)、(e)],其系数和自由项分别为:

$$r_{11} = \frac{18EI}{l^3} + \frac{10EI}{l^3} + \frac{EI}{l^3} = \frac{29EI}{l^3}, \quad R_{1P} = \frac{ql}{12} + \frac{ql}{2} = \frac{7ql}{12}, \quad \Delta = \frac{7ql^4}{384EI}$$

根据 $M = \bar{M}_1 \Delta + M_P$,$M$ 图如图 6.12(g)所示。

注:当 $\Delta=1$ 时,结点 B 处弹簧反力为 $k \times 1/2 = 2EI/l^3$。因此,A、C 处剪力均为 EI/l^3。

6.5 支座位移、温度变化作用下的位移法计算

支座位移、温度变化等非荷载因素一般会使超静定结构产生内力。当用位移法分析时,基本原理及解题步骤仍与荷载作用时相同,不同的只是位移法方程中的自由项,这时它是由支座位移、温度变化等作用引起的基本结构中的附加约束反力。此时,位移法方程的物理含义是:附加约束在各结点位移和非荷因素共同作用下的约束反力应等于零。由于附加约束实际上是不存在的,根据解的唯一性定理,能使附加约束反力全部为零的结点位移,也就是结构的真实位移。

【例 6.12】 图 6.13(a)所示等截面梁,支座 B 下沉 20 mm,支座 C 下沉 12 mm,各杆 $E = 210$ GPa,$I = 2 \times 10^{-4}$ m^4。试作其弯矩图。

【解】 本例有两个角位移未知量,基本结构如图 6.13(b)所示。由图 6.13(c)、(d)、(e)计算系数及自由项,并代入式(6.1),即:

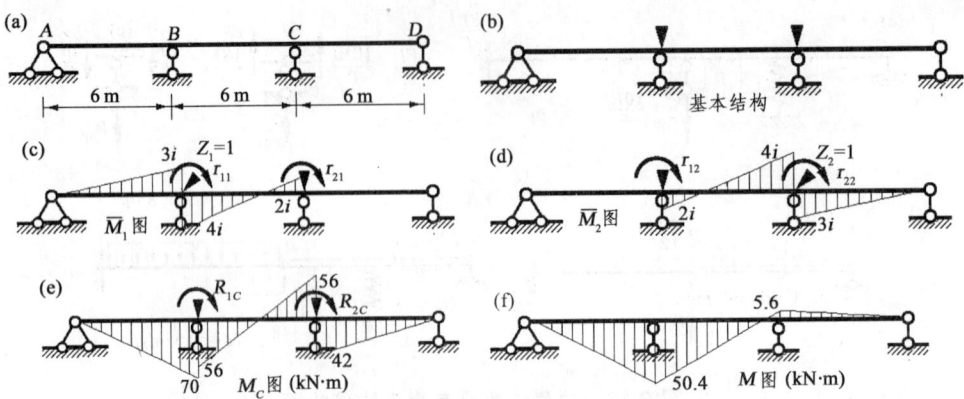

图 6.13 支座移动时的位移法解

$$\begin{cases} 7iZ_1 + 2iZ_2 - 14 \text{ kN·m} = 0 \\ 2iZ_1 + 7iZ_2 - 98 \text{ kN·m} = 0 \end{cases} \quad (EI = 42\,000 \text{ kN·m}, \quad i = 7\,000 \text{ kN·m})$$

$$\Rightarrow Z_1 = \frac{98}{15i} = 0.933\,3 \times 10^{-3} \text{ rad}, \quad Z_2 = \frac{238}{15i} = 2.266\,7 \times 10^{-3} \text{ rad}$$

按叠加法 $M = \bar{M}_1 Z_1 + \bar{M}_2 Z_2 + M_c$ 绘制弯矩图,如图 6.13(f)所示。

温度变化作用对于杆件变形的影响可以分解成两部分:一部分是由于杆件轴线处的温度变化 t_0,它是沿杆件截面高度相同的温度变化,使杆件产生伸长或缩短变形;另一部分是由于杆件两侧表面温度变化的差值 Δ_t,将其设为沿杆件截面高度线性变化且在形心轴处等于零的温度变化,它使杆件产生弯曲变形。上述温度变化除会引起位移法基本结构的内力外,也会引起基本结构中的附加约束反力 R_{it}。在求 R_{it} 时,可以将上述两部分因素单独考虑,分别求出各自的附加约束反力 R'_{it} 和 R''_{it},然后再进行叠加。超静定结构的最终变形,是上述温度影响以及由此所引起的结构内力共同作用的结果。

【例 6.13】 求图 6.14(a)所示单层工业纵向排架由于温度均匀升高 t 所引起的柱弯矩。设各柱的截面相同,各纵向水平系杆的截面也相同,材料的线膨胀系数为 α。忽略因内力引起的轴向变形。

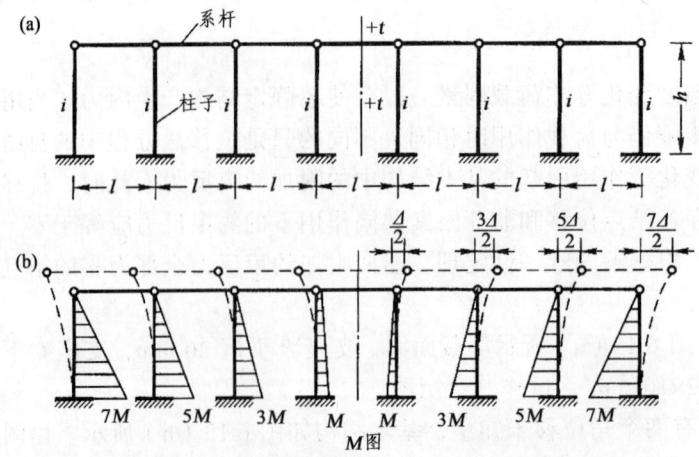

图 6.14 温度变化时的位移法解

第6章 位移法

【解】 此纵向排架为对称结构，受对称的温度变化作用，温度均匀升高 t 时排架的变形如图 6.14（b）中的虚线所示。温度升高时柱子的伸长因为未受到约束，所以不会产生内力；系杆的伸长会使柱顶产生水平位移，从而引起柱的弯矩和剪力，并在系杆中引起轴力。设柱间每一系杆的伸长量为 Δ，则在忽略内力引起的轴向变形时有：

$$\Delta = \alpha t l$$

因为变形是对称的，离对称轴越远的柱顶水平位移和内力数值越大。以最靠近对称轴的两柱为例，其柱底弯矩的数值为：

$$M = 3i \times \frac{\Delta}{2h} = \frac{3i\alpha tl}{2h}$$

其余柱子的弯矩将按柱顶水平位移的比值增大，如图 6.14（b）所示。

6.6 位移法概念分析

相关基本概念如下：

（1）根据附加刚臂、附加链杆的反力矩及反力判断转角和线位移的方向（或者将约束的反力矩、反力反号加于结点上，按结点荷载分析），从而确定杆件的杆端受拉边，再由直杆荷载与弯矩图形状特征绘出各杆件的弯矩图形状。

（2）结点处各杆端线位移相等，刚结点处各杆端夹角保持不变。

（3）M 图的受拉边是变形曲线的凸出边。

（4）M 为零的直杆，仍保持直线。

（5）受拉边变换处，变形曲线有反弯点（拐点）。

（6）支座处的位移为已知条件。

【例 6.14】 试分析图 6.15（a）所示组合结构的内力。

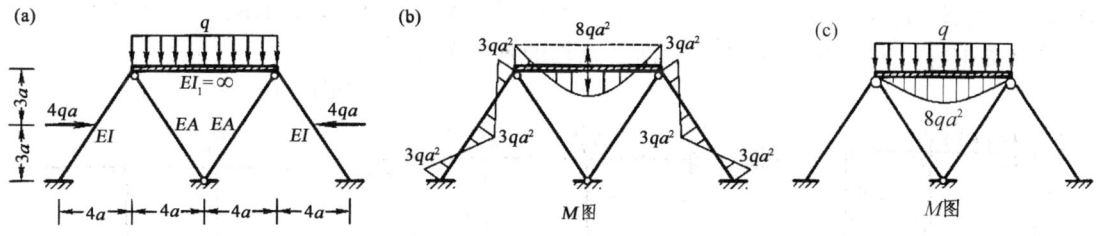

图 6.15 组合结构的分析

相关力学基本概念：对称性利用、相对刚度概念、叠加法。

【解】 本题对称结构受对称荷载作用，故无侧移；在不计受弯杆轴向变形的前提下，横梁杆端不会发生竖向位移。于是，可以判定该结构各结点处均无线位移；又因横梁刚度无限大，所以两端结点上也不发生角位移。

根据以上分析，结构两侧斜杆的杆端弯矩为：

$$\frac{F_P l}{8} = \frac{4qa \times 6a}{8} = 3qa^2$$

再根据结点力矩平衡条件和叠加法可绘出横梁弯矩，如图 6.15（b）所示。如果两斜梁上无集中荷载，则弯矩图如图 6.15（c）所示。

【例 6.15】 试绘图 6.16（a）所示结构的弯矩图。

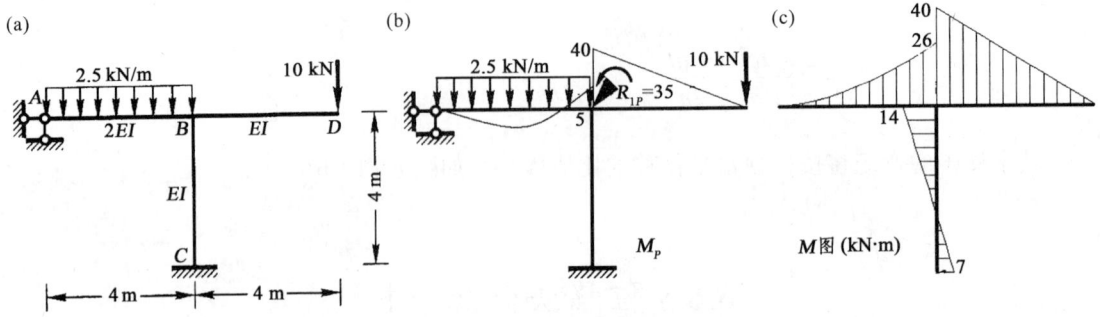

图 6.16 一个角位移未知量刚架的分析

相关力学基本概念：根据附加刚臂反力矩判断转角方向，从而确定杆件的杆端受拉边。直杆荷载与弯矩图形状特征，刚结点处各杆端夹角保持不变。

【解】 （1）由附加刚臂反力矩[图 6.16（b）]可知，结点 B 顺时针转动，则杆件 BC 的 B 端左侧受拉，由两端固定梁 B 端发生转角可知 C 端右侧受拉。

（2）结点 B 附加刚臂反力矩为 35 kN·m。根据刚结点 B 处各杆端夹角保持不变的概念，转动 BA 杆单位转角需 $6i$ 力矩，转动 BC 杆单位转角需 $4i$ 力矩，故使结点 B 转动单位转角共需 $10i$ 的力矩。35 kN·m 使结点 B 转动的角度为 $\theta_B = 35 \text{ kN·m}/10i$，于是杆件 BC 转动 θ_B 时所需力矩为：

$$4i \times \theta_B = 4i \times \frac{35 \text{ kN·m}}{10i} = 14 \text{ kN·m}$$

此时 C 端弯矩为 7 kN·m。由叠加法可绘出弯矩图，如图 6.16（c）所示。

【例 6.16】 试绘出图 6.17（a）所示结构的弯矩图形状。

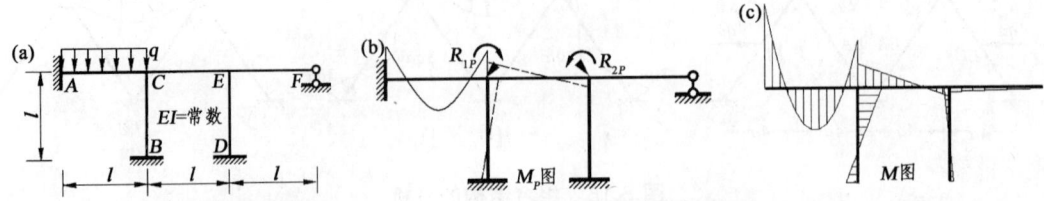

图 6.17 两个角位移未知量刚架的分析示例 1

相关力学基本概念：根据附加刚臂反力矩判断转角方向，从而确定杆件的杆端受拉边。逐个单结点分析。

【解】 由图 6.17（b）附加刚臂约束反力矩可知，结点 C 发生逆时针转动。杆件 CE 的 C 端上侧受拉，根据两端固定梁可知，CE 的 E 端下侧受拉。结点 E 发生顺时针转动，杆件 EF 的 E 端下侧受拉，杆件 ED 的 E 端左侧受拉，D 端右侧受拉。其弯矩图形状如图 6.17（c）所示。

【例 6.17】 运用力学概念分析图 6.18（a）所示结构，并绘制弯矩图形状。

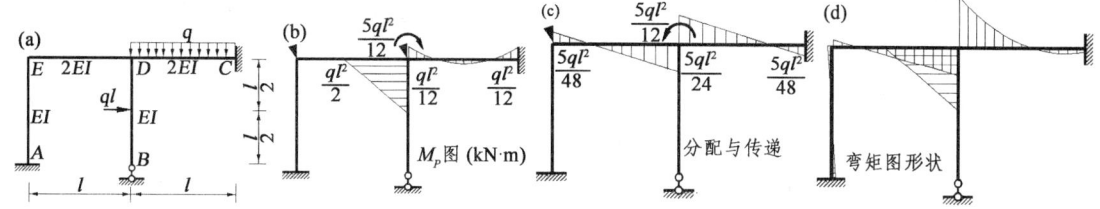

图 6.18 两个角位移未知量刚架的分析示例 2

【解】 绘出 M_P 图[图 6.18（b）]，求得附加约束反力矩，从而又可判定结点的转角方向。将约束力矩反号为结点荷载[图 6.18（c）]，同样可确定另一结点的转角方向。将两部分弯矩叠加即可得到最后弯矩图形状[图 6.18（d）]。

【例 6.18】 运用力学概念分析图 6.19（a）所示结构，并绘制弯矩图形状。

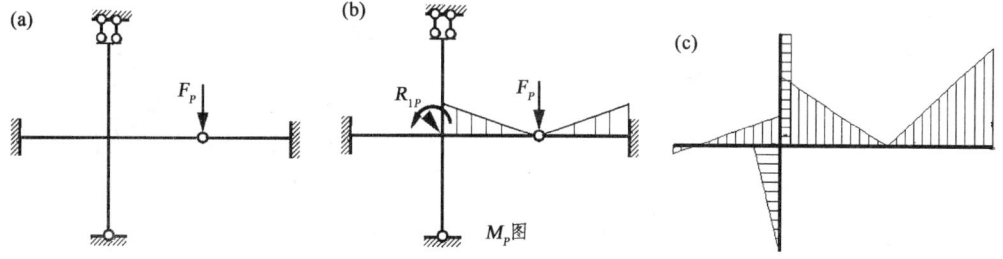

图 6.19 两个结点位移未知量结构的分析

【解】 在刚结点处施加刚臂，可绘出 M_P 图[图 6.19（b）]。根据附加约束反力矩可判定结点为顺时针方向转动。由结点转动方向及左边各杆的约束条件，可绘出各自的弯矩图形状，如图 6.19（c）所示。

【例 6.19】 绘制图 6.20（a）所示结构的弯矩图形状。

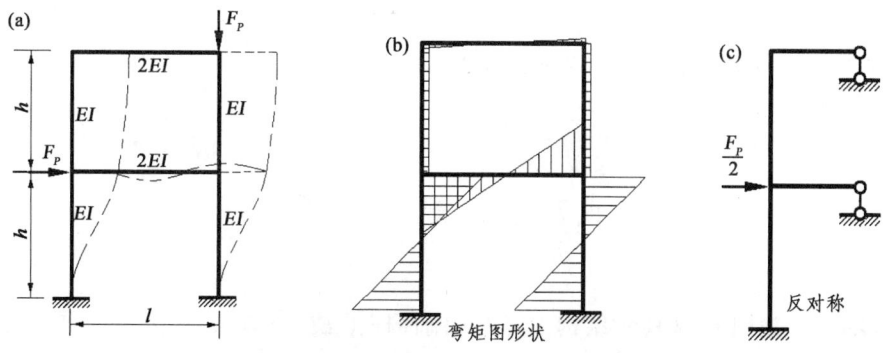

图 6.20 两层框架的分析

相关力学基本概念：忽略轴向变形、结点荷载作用的影响及刚体移动。

【解】 （1）在不计轴向变形影响条件下，竖向结点集中荷载对变形、弯矩无影响，它仅增大右立柱的轴力。

（2）水平集中荷载引起下横梁向右侧移，如图6.20（a）所示。应当注意的是：

① 下层柱两端的相对线位移方向相同，因此柱中的剪力方向及弯矩图的倾斜方向也相同。

② 上横梁无荷载作用，上层两柱变形很小，可近似认为它们是随中横梁作刚体运动。因为上层立柱剪力等于零，所以它的弯矩图应是一条平行于杆轴的直线。

③ 由于横梁刚度相对比柱大，下立柱可视为一端滑动另一端固定的情况。

由以上分析，弯矩图的形状如图6.20（b）所示，也可根据反对称[图6.20（c）]得到。

【例 6.20】 求图6.21（a）所示刚架 K 点的水平位移和弯矩图。已知 $A = 10I/l^2$。

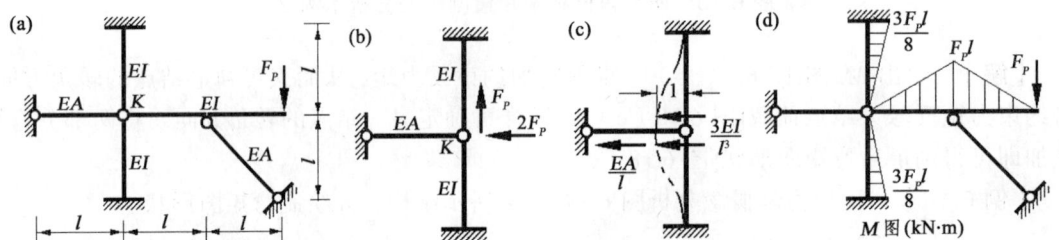

图 6.21 刚度系数概念的应用

相关力学基本概念：基本部分与附属部分的传力关系，刚度系数的概念。

【解】 首先注意到 K 以右部分是静定的，故可将其去掉而以截断处的内力代替其作用，只分析剩余部分[图6.21（b）]。受弯杆件不计轴向变形，故 K 点只有水平位移。由结点刚度系数定义可知，当使 K 点移动单位水平位移时[图6.21（c）]，需施加力为：

$$k = 2 \times \frac{3EI}{l^3} + \frac{EA}{l} = \frac{16EI}{l^3}$$

于是由 $2F_P = k\Delta$ 得水平位移：

$$\Delta = \frac{2F_P}{k} = \frac{F_P l^3}{8EI}(\leftarrow)$$

两立柱右侧受拉，故最后弯矩图如图6.21（d）所示。

6.7 试题分析

【例 6.21】 设图6.22所示结构中 AB 为刚性杆（$EI_c \to \infty$），其余各杆 EI、l 均相同。求 B 点的竖向位移 Δ_B（1996年试题）。

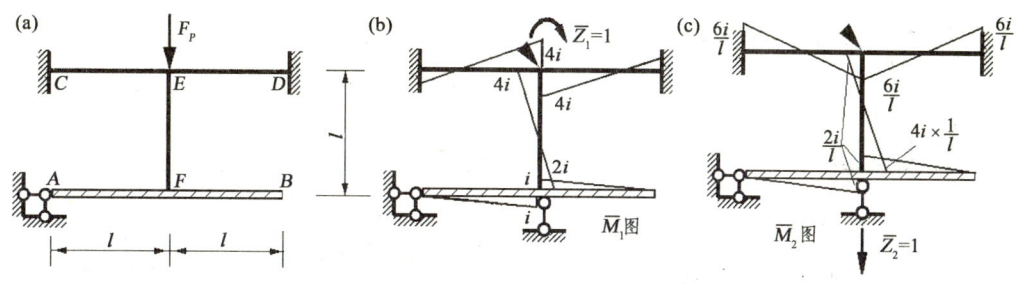

图 6.22 超静定结构的位移计算

【解】 本题用位移法解,单位弯矩图如图 6.22(b)、(c) 所示。这里需注意的是,当产生线位移时,下横梁转动 $1/l$ 角度,因为它的刚度无限大,于是带动竖杆也转动 $1/l$ 角度。由于竖杆下端有弯矩,由结点平衡条件可知无限刚度梁也有弯矩。系数、自由项和最终结果为:

$$r_{11}=12i, \quad r_{22}=\frac{28i}{l^2}, \quad r_{12}=r_{21}=\frac{2i}{l}, \quad R_{1P}=0,$$

$$R_{2P}=-F_P, \quad Z_2=\frac{3}{83}\frac{F_Pl^3}{EI}, \quad \Delta_B=\frac{6}{83}\frac{F_Pl^3}{EI}$$

【例 6.22】 用位移法计算图 6.23(a) 所示对称刚架,绘出结构的最后弯矩图。已知各杆 EI 为常数(1999 年试题)。

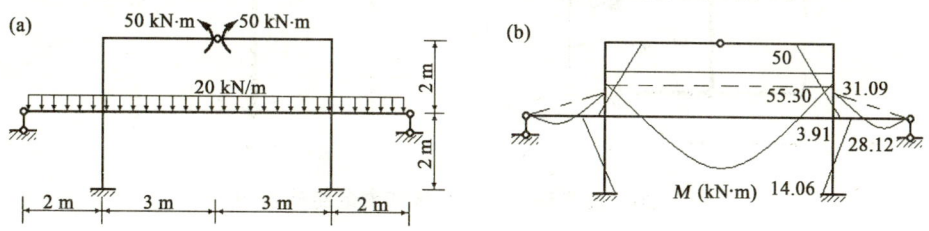

图 6.23 位移法解含一个未知量的对称结构

【解】 取半结构按位移法计算,只有一个角位移未知量。系数及自由项分别为 $r_{11}=16EI/3\ \text{m}$,$R_{1P}=-75\ \text{kN}\cdot\text{m}$,解得 $\theta=14.06/EI$,由叠加法绘弯矩图如图 6.23(b) 所示。

【例 6.23】 用位移法作图 6.24(a) 所示结构的 M 图。已知 EI 为常数(2002 年试题)。

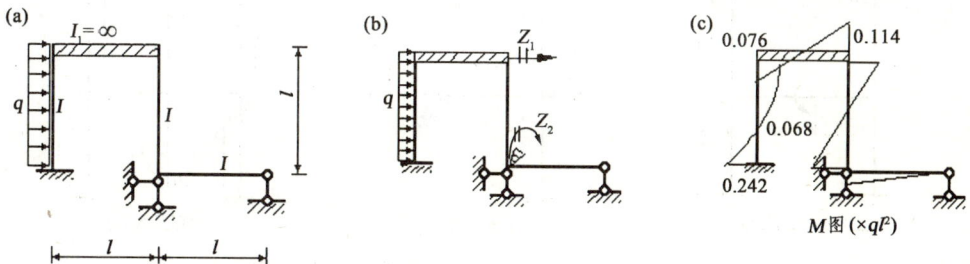

图 6.24 位移法解含两个未知量的结构示例 1

【解】 本题有两个未知数,基本体系如图 6.24(b) 所示。解得 $Z_1=7ql^3/264i$,$Z_2=6ql^2/264i$,最后弯矩图如图 6.24(c) 所示。

【例 6.24】 用位移法作图 6.25（a）所示结构的 M 图（2003 年试题）。

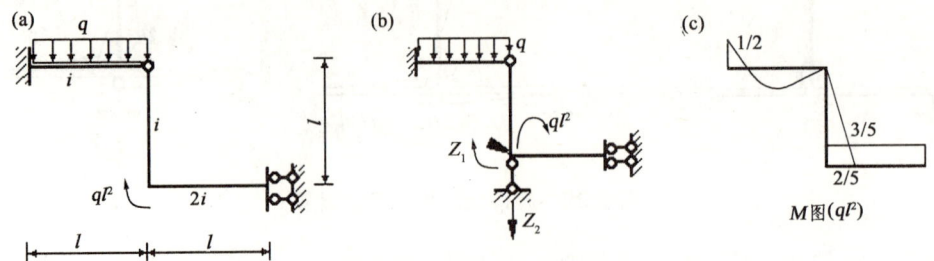

图 6.25 位移法解含两个未知量的结构示例 2

【解】 有两个位移未知量，基本体系如图 6.25（b）所示，且有：$r_{11} = 5i$，$r_{12} = r_{21} = 0$，$r_{22} = 3i/l^2$，$R_{1P} = -ql^2$，$R_{2P} = -3ql/8$，$Z_1 = ql^2/5i$，$Z_2 = ql^3/8i$。最后弯矩图如图 6.25（c）所示。

【例 6.25】 用位移法作图 6.26（a）所示结构的 M 图。已知各水平杆件 EI 为常数（2005 年试题）。

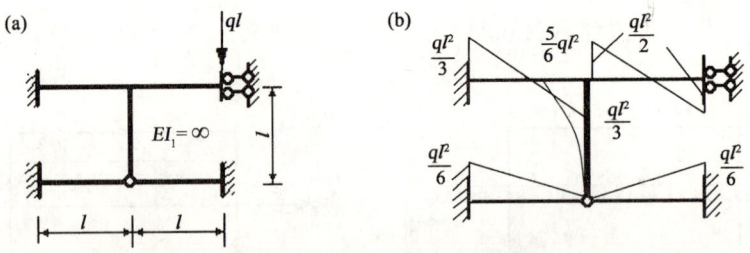

图 6.26 位移法解含一个未知量的结构示例 1

【解】 有一个线位移未知数，解得 $r_{11} = 18EI/l^3$，$R_{1P} = -ql$，$Z_1 = F_P l^3/18i$。最后弯矩图如图 6.26（b）所示。

【例 6.26】 用位移法作图 6.27（a）所示结构的 M 图。已知 EI 为常数（2007 年试题）。

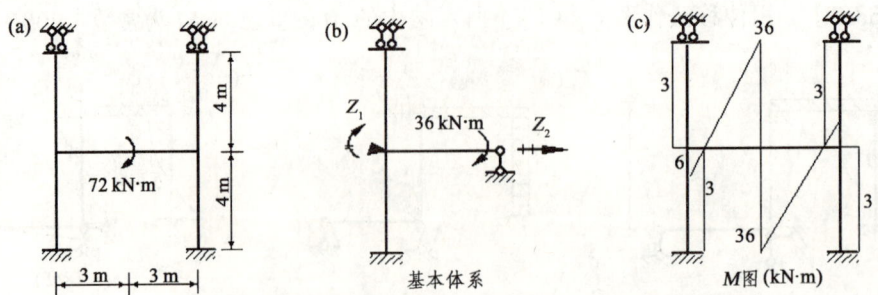

图 6.27 位移法解含两个未知量的对称结构

【解】 利用对称性取半结构计算[图 6.27（b）]，有：$r_{11} = 2.25EI$，$r_{12} = r_{21} = -0.375EI$，$r_{22} = 0.187\,5EI$，$R_{1P} = 18$ kN·m，$R_{2P} = 0$，$Z_1 = -12/EI$，$Z_2 = -24/EI$。最后弯矩图如图 6.27（c）所示。

【例 6.27】 用位移法作图 6.28（a）所示结构的 M 图。各杆 EI 为常数（2008 年试题）。

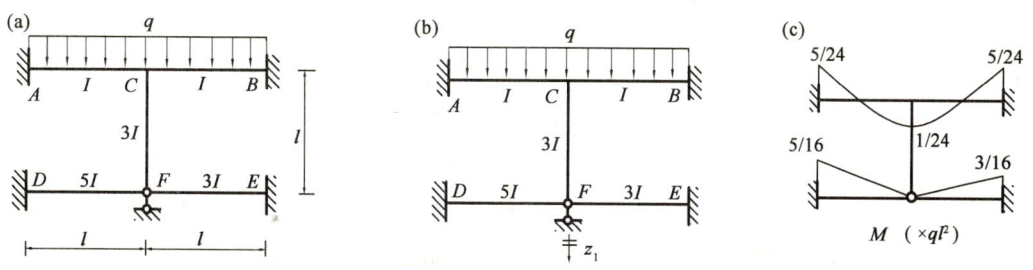

图 6.28 位移法解含一个未知量的结构示例 2

【解】 基本体系如图 6.28（b）所示，有：$r_{11}=48EI/l^3$，$R_{1P}=-ql$，$Z_1=ql^4/48EI$。最后弯矩图如图 6.28（c）所示。

第 7 章 实用方法与概念分析

本章应用位移法的概念导出一些实用的方法，如渐近法和近似法。

渐近法包括：弯矩分配法、无剪力分配法、迭代法等。渐近法应用逐次渐近的方法来计算杆端弯矩，其结果的精度随计算轮次的增加而提高。

近似法包括：剪力分配法和分层法等。近似法是通过忽略影响结构内为的某些次要因素，对计算模型采取物理近似，从而达到简化分析的目的。

上述方法都是以位移法为基础而导出的特定条件下的解题方法，其共同特点是避免组成和求解联立方程，在实际使用时有各自的适用范围。渐近法和近似法不仅在结构受力的定量分析中仍具有使用价值，而且其基本概念在结构受力的定性分析方面也具有重要的作用。

7.1 弯矩分配法分析超静定结构的算例

【例 7.1】 应用单结点弯矩分配法计算图 7.1 所示结构。设图中各杆长度均为 l，EI 为常数。

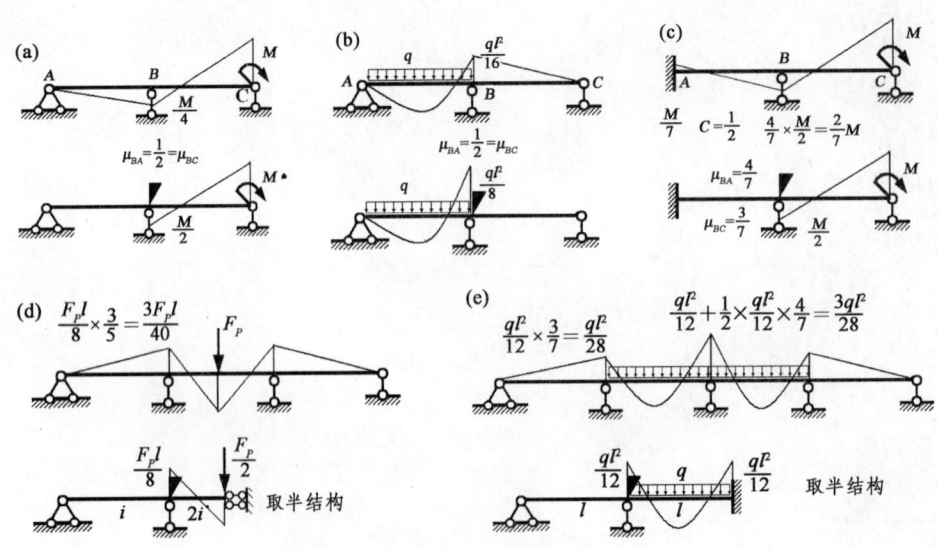

图 7.1 单结点弯矩分配法示例

【解】 计算过程及相关结果见图 7.1。

【例 7.2】 用弯矩分配法计算图 7.2 所示连续梁，并绘制弯矩图。

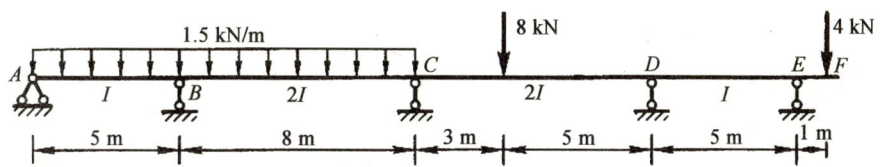

图 7.2 弯矩分配法解四跨连续梁

【解】（1）首先可计算出静定部分 EF 的弯矩，此连续梁用位移法解时有三个基本未知量，即结点 B、C、D。这样，用弯矩分配法计算时，也只需相应设置三个附加刚臂。

（2）固端弯矩计算，如图 7.3 所示。

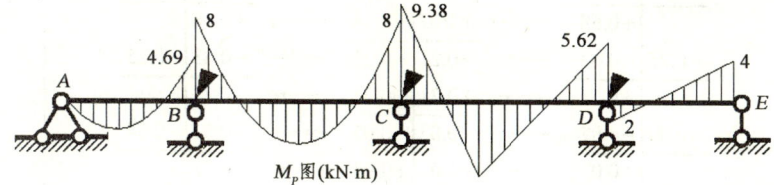

图 7.3 固端弯矩的计算

由图 7.3 可得：

$$M_{BA}^{F} = \frac{ql^2}{8} = 4.69 \text{ kN·m}, \quad M_{CB}^{F} = \frac{ql^2}{12} = 8 \text{ kN·m} = -M_{BC}^{F}$$

$$M_{CD}^{F} = -\frac{F_P ab^2}{l^2} = -9.38 \text{ kN·m}, \quad M_{DC}^{F} = \frac{F_P a^2 b}{l^2} = 5.62 \text{ kN·m}$$

$$M_{DE}^{F} = \frac{1}{2} M_{ED}^{F} = 2 \text{ kN·m}$$

（3）计算分配系数。

令 $EI/4\text{ m} = i$，则杆 BC、CD 的线刚度为 i；杆 AB、DE 的线刚度为 $EI/5\text{ m} \times (4/4) = 0.8i$。结点 B 的分配系数：

$$\mu_{BA} = \frac{S_{BA}}{\sum S_B} = \frac{3 \times 0.8i}{3 \times 0.8i + 4i} = 0.375, \quad \mu_{BC} = \frac{S_{BC}}{\sum S_B} = 0.625$$

结点 C 的分配系数：

$$\mu_{CB} = \frac{S_{CB}}{\sum S_C} = \frac{4i}{4i + 4i} = 0.5, \quad \mu_{CD} = \frac{S_{CD}}{\sum S_C} = 0.5$$

结点 D 的分配系数：

$$\mu_{DC} = \frac{S_{DC}}{\sum S_D} = \frac{4i}{3 \times 0.8i + 4i} = 0.625, \quad \mu_{DE} = \frac{S_{DE}}{\sum S_D} = 0.375$$

（4）轮流放松各结点进行弯矩分配与传递。为了使计算收敛较快，分配宜从不平衡弯矩数值较大的结点开始，本例先放松结点 D。此外，由于放松结点 D 时，结点 C 是固定的，故

又可同时放松结点 B。由此可知，凡不相邻的各结点每次均可同时放松，这样可加快收敛速度。整个计算过程详见图 7.4。

（5）计算杆端弯矩，它等于固端弯矩 + 分配弯矩 + 传递弯矩。得各杆端弯矩后，再叠加上相应简支梁的弯矩，得最后弯矩图如图 7.4 所示。

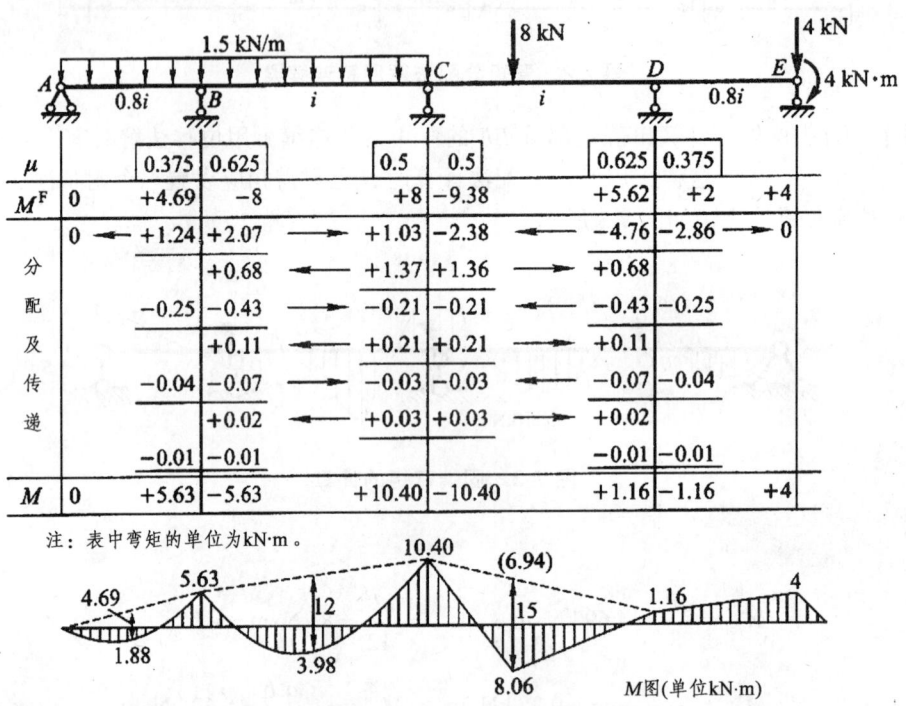

图 7.4 弯矩的分配与传递

7.2 无剪力分配法

力矩分配法只适用于连续梁和无侧移刚架的内力计算，而无剪力分配法则可用于既有角位移又有线位移的特定条件下的刚架内力计算。

图 7.5 所示为一些可用无剪力分配法分析的结构及其用位移法计算时相应的基本结构形式。

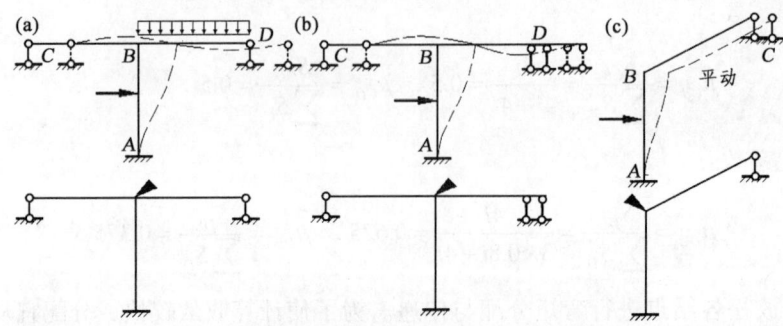

图 7.5 可用无剪力分配法分析的结构

7.3 剪力分配法

当刚架横梁与柱子的弯曲刚度之比 $i_b/i_c \geqslant 3 \sim 5$ 时,通常可将横梁刚度近似视为无限大,而柱子为弹性杆,如图 7.6(a)所示。因此,从位移法概念来说,这类结构只有侧移,而无结点角位移,分析这类结构时可将原刚架的受力状态视为图 7.6(b)、(c)所示两种状态的叠加。其中,图 7.6(b)的情况容易求解,图 7.6(c)中水平集中荷载均作用在横梁上,此时柱子变形的反弯点(弯矩零点)均出现在中央[图 7.6(d)],只要得知每个柱子中的剪力,便可以作出柱子的弯矩图。而柱子中的剪力可以通过将楼层总水平剪力按各柱的剪切刚度(又称侧移刚度)进行分配得到,这就是剪力分配法的基本思路。

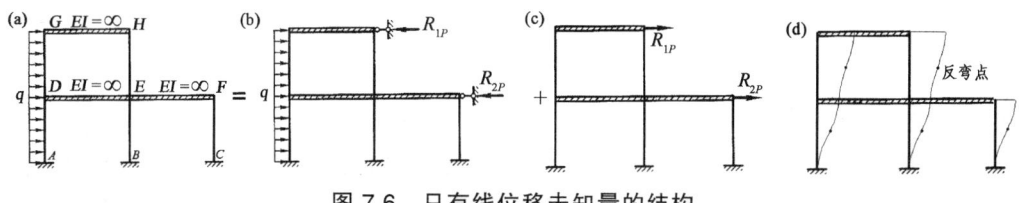

图 7.6 只有线位移未知量的结构

1. 并联体系的特征

图 7.7 所示结构的各柱是相互并联的,并联的基本特征是:各杆件两端的相对位移相同,而总剪力等于各杆剪力之和(绝对值)。

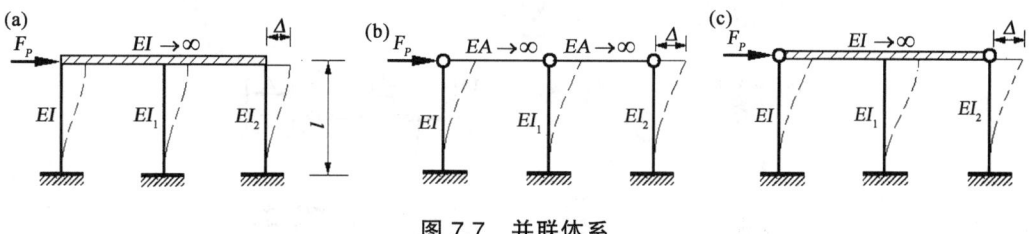

图 7.7 并联体系

很明显,杆件并联后的剪切刚度就等于各杆剪切刚度的和,即:

$$k_{并}=k_1+k_2+\cdots+k_n=\sum_{j=1}^{n}k_j \tag{7.1}$$

或从剪切柔度的角度分析,根据柔度与刚度之间的倒数关系有:

$$\delta_{并}=\frac{1}{\dfrac{1}{\delta_1}+\dfrac{1}{\delta_2}+\cdots+\dfrac{1}{\delta_n}}=\frac{1}{\displaystyle\sum_{j=1}^{n}\dfrac{1}{\delta_j}} \tag{7.2}$$

根据并联杆件的基本特征:

$$\Delta=\Delta_1=\Delta_2=\cdots=\Delta_i$$

于是有:

$$\frac{F_P}{k_{并}} = \frac{F_{Q1}}{k_1} = \frac{F_{Q2}}{k_2} = \cdots = \frac{F_{Qi}}{k_i}$$

将式（7.1）代入上式，即得并联杆中任一杆 i 的剪力为：

$$F_{Qi} = \frac{k_i}{\sum_{j=1}^{n} k_j} \cdot F_P = \gamma_i F_P \tag{7.3}$$

式中：$\gamma_i = k_i / \sum_{j=1}^{n} k_j$ 称为并联杆的剪力分配系数，在概念上，它与弯矩分配法中的分配系数相同。这是因为在弯矩分配法中 $\sum_{j=1}^{n} S_j$ 是各杆的转动刚度之和，而分配系数 μ 是表示各杆所分配弯矩的比例系数。

2. 串联体系的特征

图 7.8 所示结构的各柱是相互串联的，串联的基本特征是：各杆件承受的剪力相同，而总位移等于各杆两端相对侧移之和（绝对值）。于是有：

$$F_P \delta_{串} = F_P(\delta_1 + \delta_2 + \cdots + \delta_n) = F_P \sum_{j=1}^{n} \delta_j$$

将上式等号两边同除以 F_P，得串联柱的剪切柔度为：

$$\delta_{串} = F_P(\delta_1 + \delta_2 + \cdots + \delta_n) = \sum_{j=1}^{n} \delta_j \tag{7.4}$$

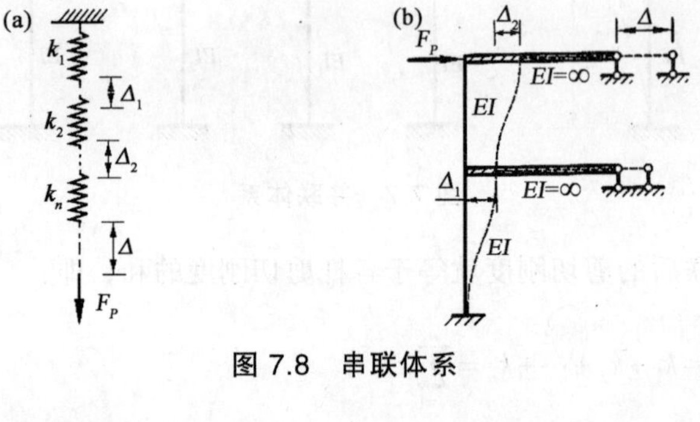

图 7.8 串联体系

或从剪切刚度的角度分析，有：

$$k_{并} = \frac{1}{\dfrac{1}{k_1} + \dfrac{1}{k_2} + \cdots + \dfrac{1}{k_n}} = \frac{1}{\sum_{j=1}^{n} \dfrac{1}{k_j}} \tag{7.5}$$

【例 7.3】 用剪力分配法计算图 7.9（a）所示结构，并绘制弯矩图。

【解】 对图 7.9（a）：将原结构分为两种状态的叠加。对于结点荷载状态，应用并联公式（7.3），则两柱顶部剪力各为：

$$F_Q = \gamma F_P = \frac{3i/l^2}{3i/l^2 + 3i/l^2} F_P = \frac{1}{2} \times \frac{3ql}{8} = \frac{3ql}{16}$$

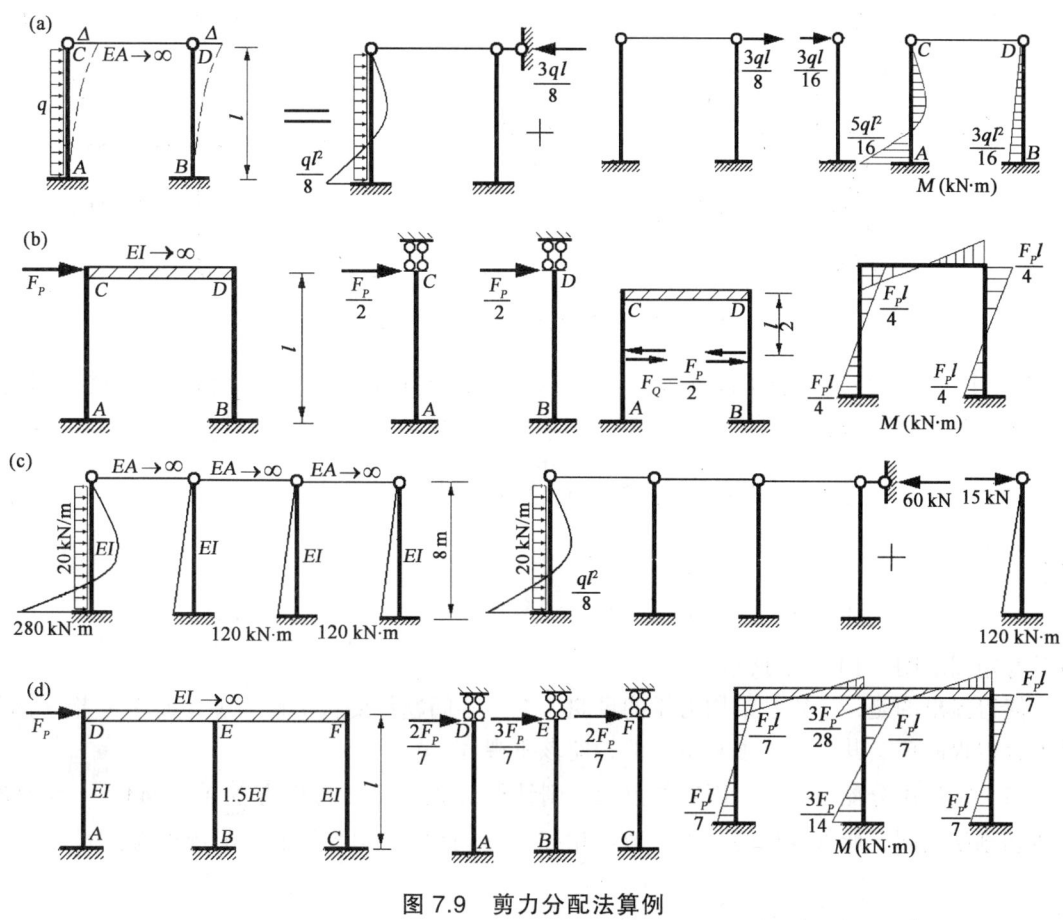

图 7.9 剪力分配法算例

则 $M_{AC} = \dfrac{ql^2}{8} + \dfrac{3ql}{16} \times l = \dfrac{5ql^2}{16}$（左侧受拉），$M_{BD} = \dfrac{3ql}{16} \times l = \dfrac{3ql^2}{16}$（左侧受拉）

对图 7.9（b）：应用式（7.3）。则两柱顶部剪力各为：

$$F_Q = \gamma F_P = \dfrac{12i/l^2}{12i/l^2 + 12i/l^2} F_P = \dfrac{1}{2} \times F_P = \dfrac{F_P}{2}$$

此时柱子变形的反弯点（弯矩零点）均出现在中央，只要得知每个柱子中的剪力，便可以作出柱子的弯矩图。

对图 7.9（c）、（d）：运用前面解题的概念即可绘出各自的弯矩图。对于弯曲刚度无限大的横梁，其弯矩图按结点平衡条件绘制。

7.4 对称结构的概念分析

【例 7.4】 试绘制图 7.10（a）所示结构的弯矩图。设图中各杆长度均为 l，EI 为常数。
相关力学基本概念：平衡条件、单结点弯矩分配法、对称性。

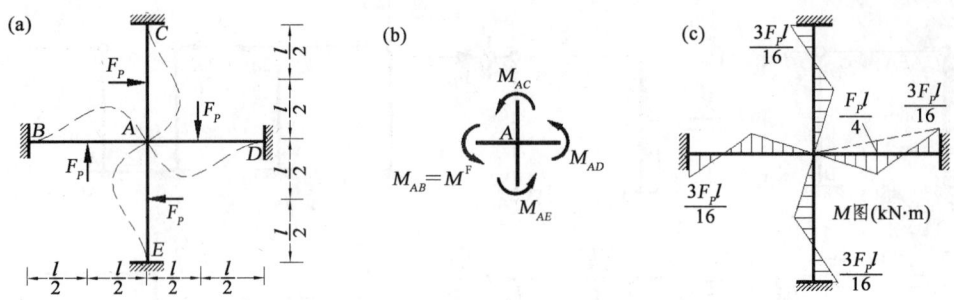

图 7.10 平衡条件与对称性的应用

【解】 （1）应用平衡条件分析。取结点 A 为隔离体[图 7.10（b）]，由于各杆受力相同，则相交于结点 A 的各杆端弯矩大小、方向均相同，设为 M^F。由平衡条件：

$$\sum M_A = M_{AB} + M_{AC} + M_{AD} + M_{AE} = 4M^F = 0$$

则必有 $M^F = 0$，即：

$$M_{AB} = M_{AC} = M_{AD} = M_{AE} = 0$$

最后弯矩图如图 7.10（c）所示。

值得提出的是，平衡是结构力学的灵魂，有很多问题都要从平衡入手，而学习者一般将平衡看得很简单，其实它是很有讲究的，应该重视。

（2）按弯矩分配法计算。固定结点 A，则结点 A 的不平衡弯矩为 $\sum M^F_{Aj} = 4M^F$。因为各杆转动刚度相同，所以各杆的分配系数也相同（$\mu = 1/4$），则各杆的分配弯矩为：

$$\mu\left(-\sum M^F_{Aj}\right) = \frac{1}{4}(-4M^F) = -M^F$$

结点 A 各杆"杆端弯矩 = 固端弯矩 + 分配弯矩 = 零"。

注：本题属于"旋转对称"问题。对称是定性分析中的一个重要概念和手段，深入挖掘对称，设法灵巧地利用对称，可以帮助我们理清思路，简化计算。

【例 7.5】 绘制图 7.11 所示结构的弯矩图。

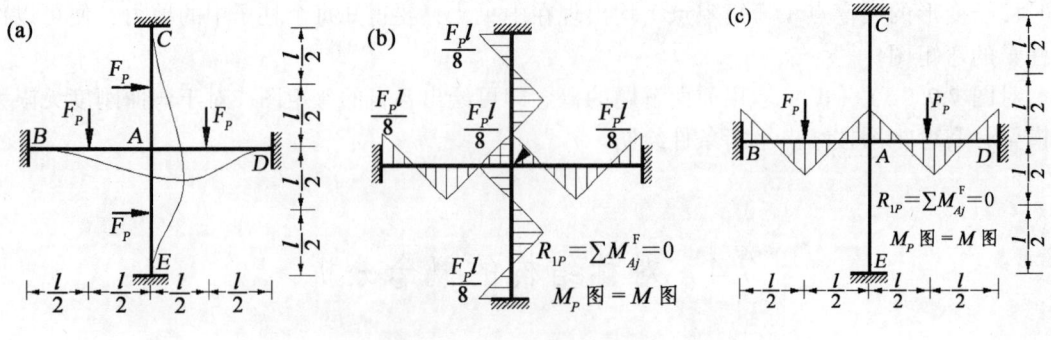

图 7.11 平衡条件的应用

相关力学基本概念：平衡条件的应用。

【解】 由于附加刚臂反力矩等于零,由平衡条件可知,此时 M_P 图即为原结构的弯矩图,如图 7.11(b)所示。同理,图 7.11(c)的弯矩图即为 M_P 图。

【例 7.6】 图 7.12(a)所示刚架,EI 为常数,各杆长为 l,不计轴向变形,试绘弯矩图。

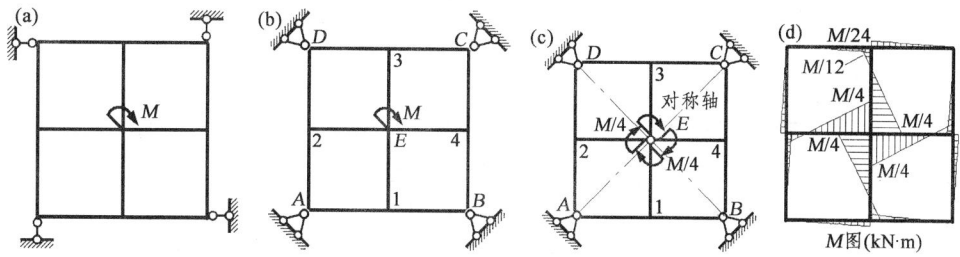

图 7.12 对称性的利用

相关力学基本概念:计算简图的确定,对称性的利用。

【解】 (1)计算简图的确定。因不计轴向变形,此时四结点无线位移,故图 7.12(a)所示结构可用图 7.12(b)所示计算简图表示。

(2)对称性的利用。根据结点 E 的平衡条件知,两组正交的杆端弯矩各为 $M/4$,如图 7.12(c)所示。因结构沿对角线 AC、BD 对称,承受反对称荷载,故结点 A、B、C、D、E 为铰结,见图 7.12(c)。

(3)若将结点 1、2、3、4 固定,则有传递弯矩 $M/8$。以结点 3 为例:

$$M_{C3} = M_{D3} = 0$$

而分配弯矩:

$$M_{3C} = M_{3D} = \frac{1}{3} \times \frac{M}{8} = \frac{M}{24}, \quad M_{3E} = \frac{M}{12}$$

最后弯矩图如图 7.12(d)所示。

【例 7.7】 分析图 7.13(a)所示对称刚架,并绘制弯矩图形状。

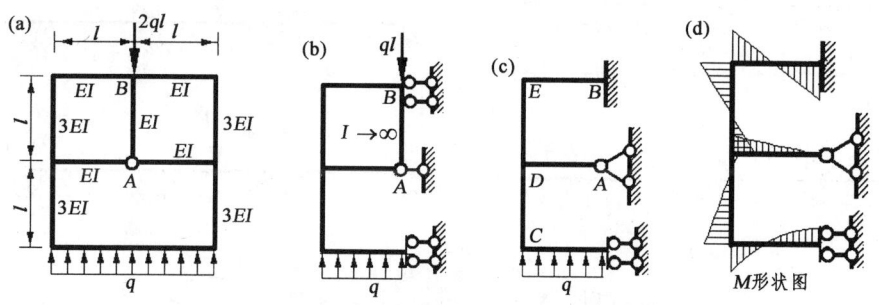

图 7.13 相对位移概念的应用示例 1

相关力学基本概念:对称性的利用,相对位移概念。

【解】 对称结构受对称荷载作用,其变形是对称的。取半边结构如图 7.13(b)所示,因为不计轴向变形影响,所以杆件 AB 的 A 点与 B 点的线位移相等,即相对线位移为零,故可改绘为如图 7.13(c)所示的约束。对于图 7.13(c)所示结构的弯矩图可这样来绘制:在

结点 C 和结点 E 处分别施加附加刚臂和链杆，得刚臂的约束反力矩 $ql^2/3$，按一次分配处理，而求得附加链杆的约束反力 ql，按剪力分配法处理。将两部分叠加，即得最后弯矩图形状如图 7.13（d）所示。

【例 7.8】 分析图 7.14（a）所示对称刚架，并绘制弯矩图。已知 EI 为常数。

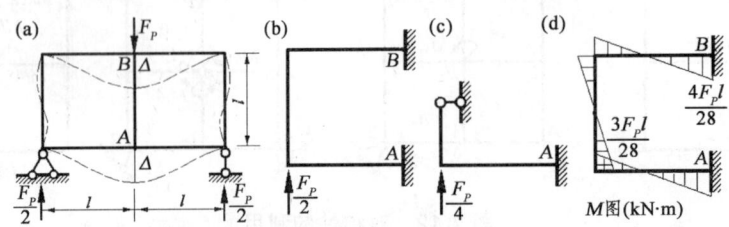

图 7.14 相对位移概念的应用示例 2

相关力学基本概念：对称性的利用，相对位移概念。

【解】 因为 AB 两点相对线位移为零，取半结构如图 7.14（b）所示。再将图 7.14（b）应用对称结构在正、反对称荷载作用时的特征，得反对称半结构[图 7.14（c）]，对它用无剪力分配法计算，得弯矩图如图 7.14（d）所示。

7.5 弯矩图形状的定性分析

下面我们通过例题的形式介绍如何运用力学的基本概念对超静定结构受力状态作出定性的分析。

【例 7.9】 绘制图 7.15（a）所示连续梁在集中荷载作用下的弯矩图形状。

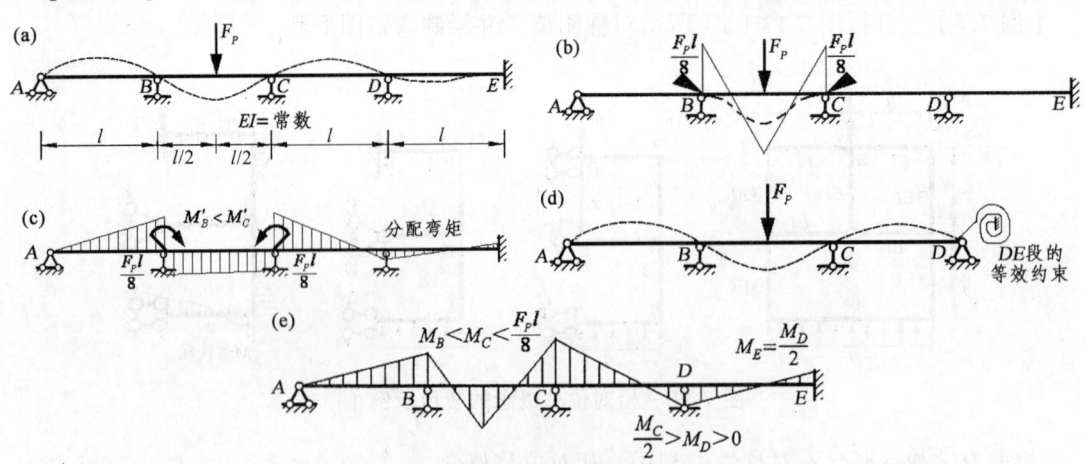

图 7.15 仅有角位移的连续梁的分析

相关力学基本概念：变形曲线的绘制，约束刚度及位移大小的判定，弯矩形状及大小的判定。

【解】 （1）首先由主动力作用部分 BC 段开始。人为施加刚臂[图 7.15（b）]，则可容易绘出单跨梁的变形曲线；放松结点[图 7.15（c）]，根据刚结点的定义可绘出其余各段的变形曲线，如图 7.15（a）所示。

（2）对比 BA 和 CD 杆，前者远端为铰支，而后者远端 D 端相当于转动约束，如图 7.15（d）所示，因此转动刚度 $S_{CD} > S_{BA}$。由此可见，在数值上有 $\theta_B > \theta_C$，梁 AB 跨的挠度应大于 CD 跨，而 DE 跨的挠度相对最小，且应存在反弯点。

（3）弯矩形状及大小的判定，根据变形曲线、刚结点和支座性质进行。

根据以上对连续梁的刚度和变形方面的分析，其弯矩图形状如图 7.15（e）所示。B、C 支座处梁承受负弯矩，其值应小于 B、C 两端为固定端时的弯矩[图 7.15（b）]，由分配弯矩可知 $M'_B < M'_C$，由此可推出最后弯矩 $M_B < M_C$。

关于 M_D：当 D 点为固定端时截面弯矩值应为 C 截面的一半；当 D 为铰时其弯矩为零；现 D 点相当于转动弹簧支座，因而有 $M_C/2 > M_D > 0$。而 E 支座处有 $M_E = M_D/2$。

由以上的分析可见，对结构受力状态作概念分析时，通常可以按照以下的原则进行：

（1）一般可从主动力作用区开始进行，分析结构的变形和内力特点。

（2）在分析中，应按照由相对主动的位移到被动位移、主动力到被动力的顺序进行，综合运用有关结构刚度和力的分配与传递方面的概念。

（3）为了确定变形的形状、大小和内力的上限、下限，常可借助于诸如假定杆件远端为固定或可自由转动等极端情况的分析。

（4）当有多个外部主动力作用时，可应用叠加原理确定结构最终的受力状态。

【例 7.10】 绘出图 7.16（a）所示结构的弯矩图形状。

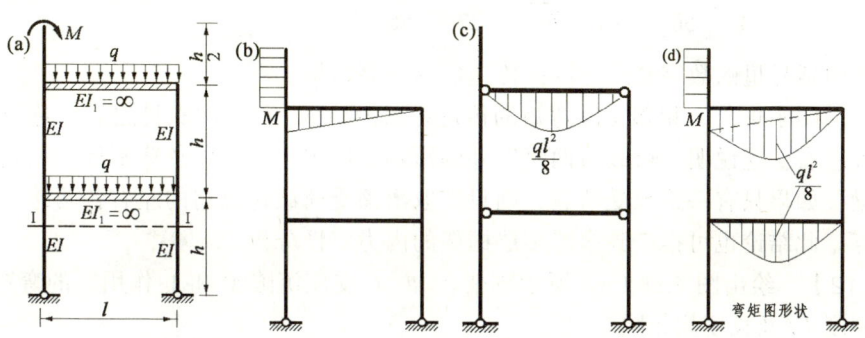

图 7.16 两层框架结构的分析

相关力学基本概念：平衡条件、强梁弱柱。

【解】 （1）力偶矩 M 单独作用时，可画出悬臂端弯矩，由杆件相对刚度概念及力矩分配法，可得弯矩图如图 7.16（b）所示。

（2）因为横梁刚度相对柱的刚度为无限大，柱对梁的约束很小，故将横梁与柱的相交点视为铰结[图 7.16（c）]，在均布荷载作用下其弯矩图与简支梁相同，最后弯矩图形状如图 7.16（d）所示。

【例 7.11】 图 7.17（a）所示连续梁各跨均为 l，确定其弯矩图形状和影响范围。EI 为常数。

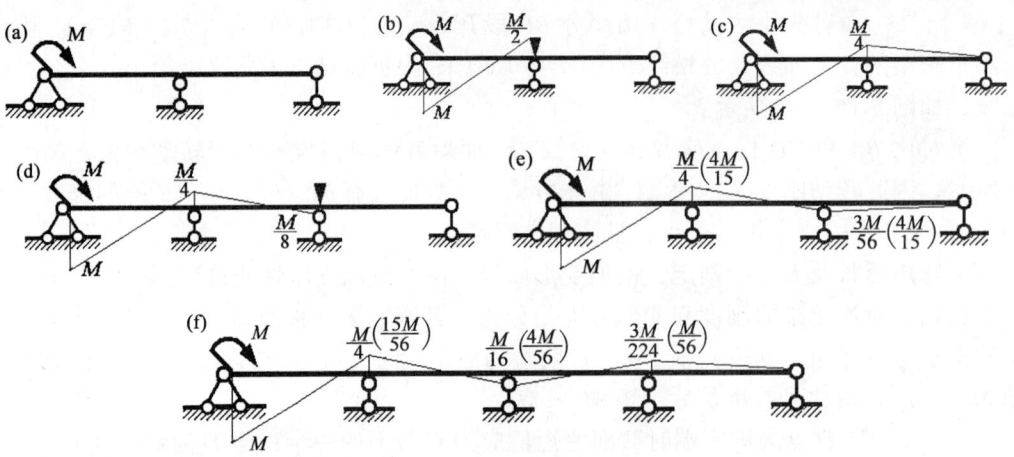

图 7.17 一次分配与轮换分配的比较

相关力学基本概念：力矩分配法、一次分配、刚度、力的传递。

【解】（1）一个结点的分配的精确解见图 7.17（c）。

（2）两个结点的一次分配与轮换分配的比较见图 7.17（e），即：

$$\frac{M}{4} < \frac{4M}{15}, \quad \frac{3M}{36} > \frac{M}{15}$$

（3）三个结点的一次分配与轮换分配的比较见图 7.17（f），即：

$$\frac{M}{4} < \frac{5M}{56}, \quad \frac{M}{16} > \frac{4M}{56}, \quad \frac{3M}{224} < \frac{M}{56}$$

注：图中括号里的数字是经过两次传递后的计算结果。

由上面的图示可见，相邻支座弯矩的传递系数为 1/4，经过两次传递后，弯矩值已降至原值的 7% 左右。这说明，荷载对两跨以外的影响已经很小，可以忽略不计。因此，对于任意跨连续梁，如果只有一跨承受荷载，则只需取出该受荷载跨及它的左右各两跨一共五跨的连续梁计算。此结论也可推广到多跨多层框架的内力定性分析。

【例 7.12】 绘出图 7.18（a）所示刚架在 A、C 支座沉陷 Δ_A 和 Δ_C 作用下的弯矩图形状。各杆弯曲刚度 EI 及长度均相同。

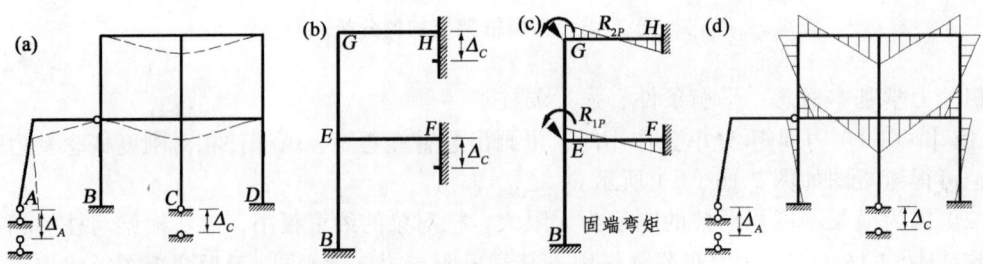

图 7.18 支座沉陷时的刚架分析

相关力学基本概念：静定结构和超静定结构的特性，对称性利用，力矩分配法，刚度系数概念，附加刚臂约束反力矩方向与转角方向的确定。

【解】 (1) 左边附属部分为静定刚架,支座沉陷只产生刚体位移[图 7.18(a)]而不产生内力。右边基本部分为超静定结构,它既要产生变形[图 7.18(a)]又要产生内力。由此可知,最后弯矩图仅由基本部分产生。

(2) 基本部分为对称结构,且受对称"荷载"作用,取半结构计算[图 7.18(b)]。

(3) 从附加刚臂约束反力矩的方向可知[图 7.18(c)],结点 E、G 顺时针转动,故杆件 EG 的 E 端右侧受拉,G 端左侧受拉,杆件上无外荷载,杆件弯矩图为斜直线。同理,杆件 EB 的 E 端左侧受拉,由传递系数可知,B 端右侧受拉,杆件弯矩图为斜直线。

(4) 定量关系分析:结点 G 各杆分配系数为 $\mu_{GH}=\mu_{GE}=1/2$,结点 B 各杆分配系数为 $\mu_{EG}=\mu_{EF}=\mu_{EB}=1/3$,传递系数均为 1/2。

根据力矩分配法概念及分配系数、传递系数可知(采用一次分配):$M_{GH}=M_{GE}<M_{EH}<M_{EH}$(弹性约束与固定支座关系)。从固端弯矩和分配系数可知:$M_{EB}<M_{EG}<M_{GE}$。从"荷载"(支座移动)和框架上下层刚度可知:$M_{HG}<M_{FE}$。根据直杆与荷载的形状特征可知:各杆弯矩图为直线[图 7.18(d)]。

【例 7.13】 分析图 7.19(a)所示横梁无限刚性的刚架弯矩图形状。设高均为 l。

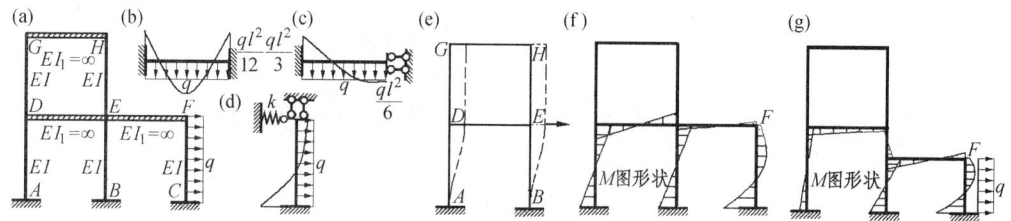

图 7.19 仅有结点线位移的刚架分析

相关力学基本概念:变形分析、弹性变形与刚体运动、弯矩与剪力的关系。

【解】 (1) 横梁刚度无限大,所以各结点只有线位移而无角位移。

(2) 均布荷载作用在刚架的 CF 柱上,由于横梁刚度无限大,立柱视为一端滑动另一端固定的单跨梁,则它的弯矩图介于图 7.19(b) 和图 7.19(c) 之间,如图 7.19(d)所示。

(3) 柱 CF 水平均布荷载对右边框架的影响如图 7.19(e)所示。横梁无荷载作用,DG、EH 两柱无变形和内力,它们是随中横梁作刚体运动,上横梁与中横梁的侧移相等。由以上分析,弯矩图的形状如图 7.19(f) 所示。

(4) 对于图 7.19(g),与图 7.19(a)的分析类似。但应注意的是,此时对应图 7.19(d)的水平弹性约束要弱于图 7.19(a),也就是说结点 F 的弯矩增大。对于柱 BE 的弯矩,类似梁跨中作用于一个集中荷载的情况,但 B 端约束强于 E 端,故上段弯矩比下段小,再由结点力矩平衡并结合图 7.19(f),整个结构的弯矩图的形状如图 7.19(g)所示。

【例 7.14】 绘出图 7.20(a)所示刚架在 F_P 作用下的弯矩图形状。已知 EI 为常数,各杆长度均为 l。

相关力学基本概念:结点荷载,变形分析,由结点转动方向判定受拉边,一次分配,结点力矩平衡。

【解】 (1) 根据该刚架受结点荷载作用的变形特征可知,其变形是以结点的线位移为主。在结点 1、2、3、4、5 处附加上刚臂后[图 7.20(b)]类似于例 7.13,各结点的水平线位移和剪力存在以下关系:

$$\Delta_{3x} > \Delta_{5x} > \Delta_{4x} > \Delta_{2x} > \Delta_{1x}$$
$$F_{QC3} > |F_{Q35}| = F_{Q24} > F_{QB2} > F_{QA1}$$

（2）根据图 7.20（b）所示各附加刚臂上的约束反力矩的方向，可知结点 1、2、3 发生顺时转动，故可判定 12 杆 1 端下侧受拉、2 端上侧受拉；杆 3E 的 3 端下侧受拉，DE 杆弯矩为零，则 E 端为零。结点 4 顺时针转动，而结点 5 逆时针转动，故杆 45 下侧受拉。

（3）由上面各杆件受拉边的判定及固端弯矩、一次分配、结点力矩平衡等概念，可绘出弯矩图的形状如图 7.20（c）所示。

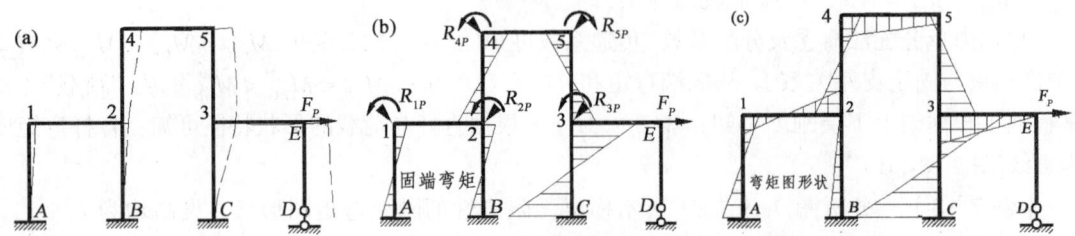

图 7.20 具有结点线位移和角位移的刚架分析

【例 7.15】 运用力学概念分析图 7.21（a）所示结构，并绘制弯矩图形状。

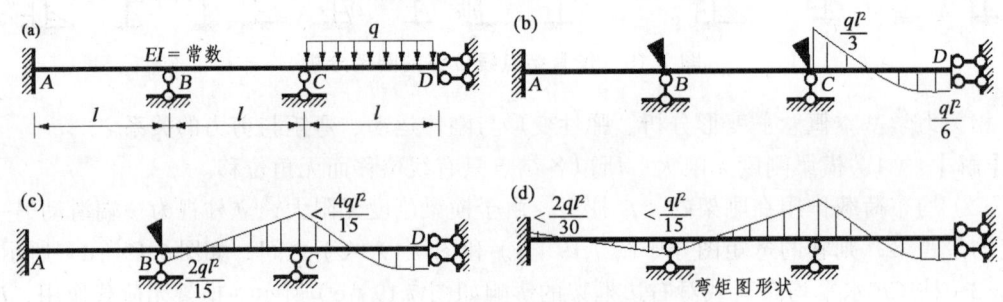

图 7.21 单结点分配概念的应用

相关力学基本概念：单结点分配、传递、影响及逐个结点进行。

【解】 由图 7.21（b）结点 C 的附加刚臂约束反力矩的方向，可知 θ_C 顺时针转动，则 CB 杆 C 端上侧受拉，B 端由传递弯矩可知下侧受拉，杆件弯矩图为斜直线。由结点 B 附加刚臂[图 7.21（c）]的约束反力矩方向，可知 θ_B 逆时针转动，则 AB 杆 B 端下侧受拉，A 端由传递弯矩可知上侧受拉，杆件弯矩图为斜直线。最后弯矩图形状如图 7.21（d）所示。

【例 7.16】 分析图 7.22（a）所示对称刚架，并绘制弯矩图形状。

相关力学基本概念：将受力状态分别考虑，力矩分配法与剪力分配在不同受力状态下的应用。

【解】 该刚架用位移法解时有 D 结点的角位移和横梁的水平线位移两个基本未知量，其 M_P 图如图 7.22（b）所示。

(1) 由附加刚臂的反力方向可知，D 点的角位移必将是顺时针方向转动。在此状态下：杆件 DF 的 D 端下侧受拉，杆件 DA 的 D 端左侧受拉，根据两端固定梁的受力可确定 A 端右侧受拉。杆件 DC 的 D 端上侧受拉。按单结点分配，得各杆弯矩见图 7.22（c）。

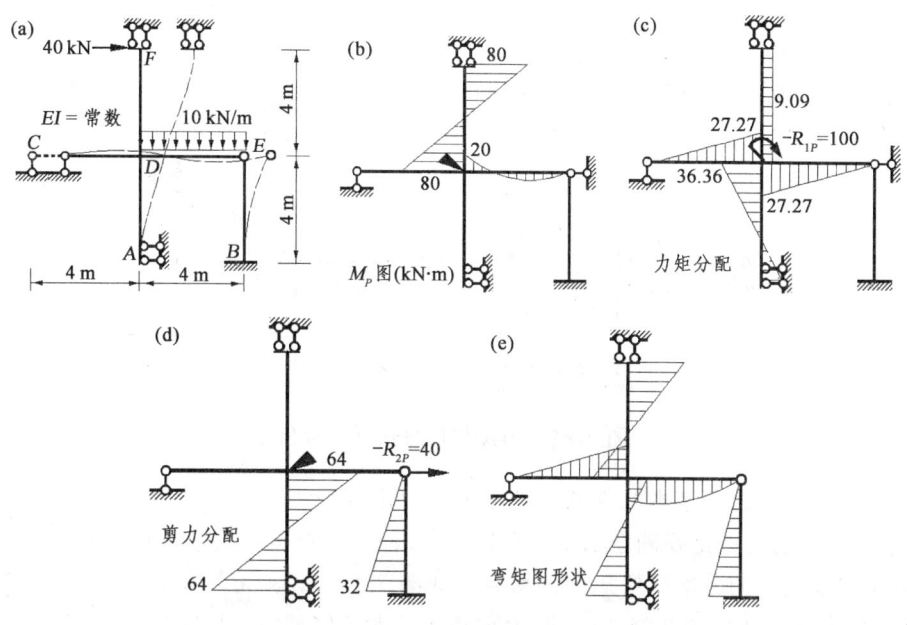

图 7.22 具有角位移与线位移的刚架分析

(2) 由附加链杆的反力方向可知，横梁的水平位移是向右的，其约束反力值为 40 kN（→）。按剪力分配 [图 7.22（d）]，则 4/5 的荷载给杆件 AD，1/5 的荷载由杆件 BF 承担，各杆弯矩如图 7.22（d）所示。

最后根据图 7.22（b）、（c）、（d），得弯矩图形状如图 7.22（e）所示。

【例 7.17】 绘制图 7.23（a）所示结构的弯矩图形状。

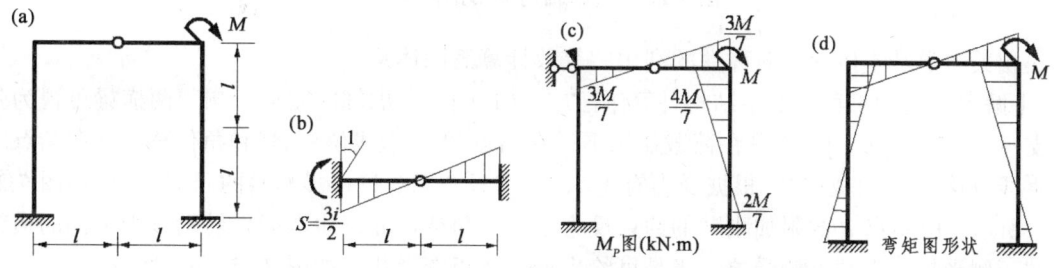

图 7.23 具有两个角位移与一个线位移的刚架分析

相关力学基本概念：转动刚度、力矩分配法。

【解】 本题主要涉及以角位移为主的变形，因此，首先要确定横梁的转动刚度问题 [图 7.23（b）]。水平位移向右，故最后弯矩图中左支座弯矩值 $>3M/14$，右支座处弯矩值 $<2M/7$。该题也可应用对称性来判定弯矩图形状。M_P 图见图 7.23（c），最后弯矩图见图 7.23（d）。

【例 7.18】 绘制图 7.24（a）所示结构的弯矩图形状。

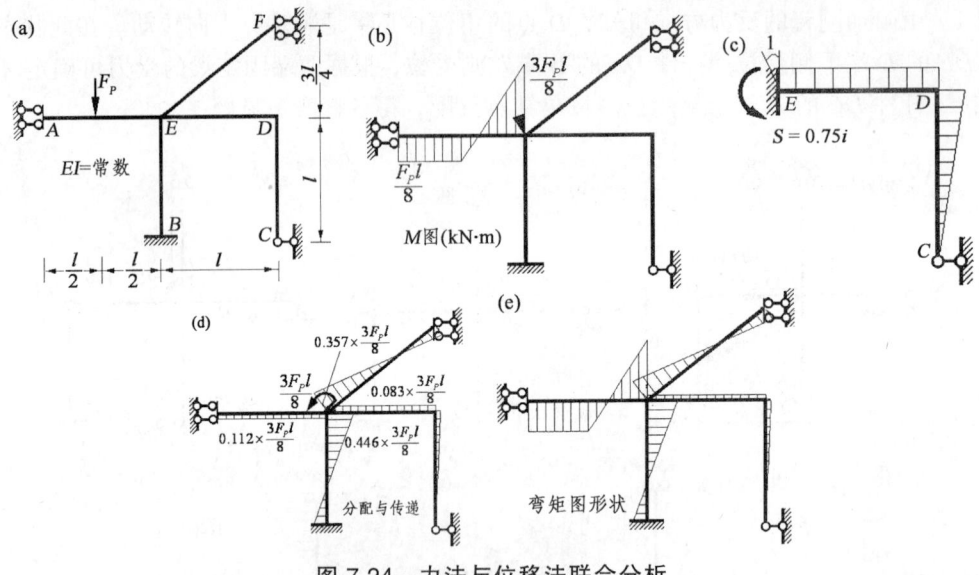

图 7.24 力法与位移法联合分析

相关力学基本概念：基本构件的转动刚度，力矩分配法。

【解】 本题的要点是要确定 EDC 部分的转动刚度，这可由力法求得，如图 7.24（c）所示。然后应用单结点的分配得弯矩图的形状，如图 7.24（d）、(e) 所示。

【例 7.19】 试作出图 7.25（a）所示刚架在考虑杆件轴向变形时的弯矩图的大体形状，已知各杆 E、A、I 相同。

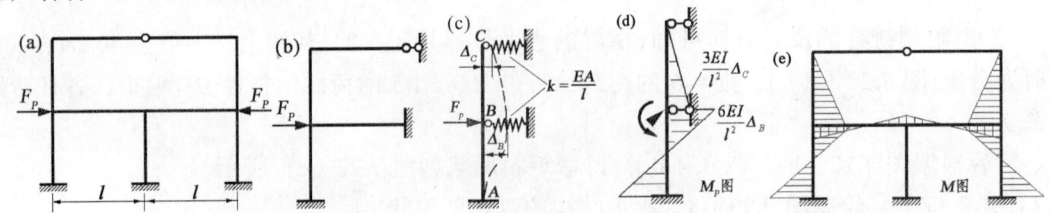

图 7.25 考虑轴向变形的刚架分析

相关力学基本概念：对称性的利用，等效计算简图体系。

【解】 结构对称，取半结构计算[图 7.25（b）]。考虑轴向变形影响，两横梁可视为弹簧支承[图 7.25（c）]。于是在荷载作用下，在结点 B 产生线位移 Δ_B 和角位移 θ_B，在结点 C 产生线位移 Δ_C 和角位移 θ_C。根据受力有 $\Delta_B > \Delta_C$，在只考虑线位移影响时的固端弯矩，如图 7.25（d）所示。由结点 B 的附加刚臂的约束反力矩，可知结点 B 产生顺时针转动，则中部的横梁左端下侧受拉，右端上侧受拉，于是可绘出最后弯矩图形状，如图 7.25（e）所示。

7.6 试题分析

【例 7.20】 用力矩分配法作图 7.26（a）所示连续梁的弯矩图，并求结点 B 的转角 φ_B。已知各杆 $EI = 15\,000 \text{ kN} \cdot \text{m}^2$。

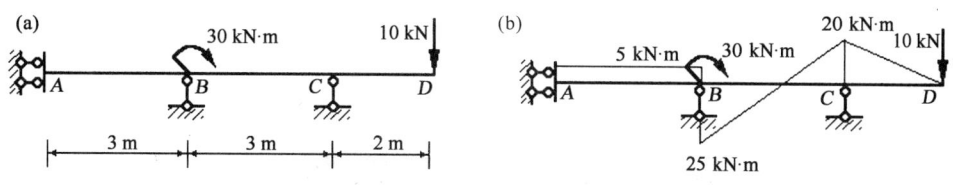

图 7.26 单结点力矩分配示例 1

【解】 首先计算出悬臂端弯矩，单结点力矩分配系数 $\mu_{BA}=1/4$，$\mu_{BC}=3/4$，最后弯矩图如图 7.26（b）所示。从（b）图取 AB 为隔离体，由一端固定一端滑动的转动刚度可知，$M_{AB}=EI/l\times\varphi_B$，即 $5\,\text{kN}\cdot\text{m}=EI/l\times\varphi_B$，$\varphi_B=0.001\,\text{rad}$。

【例 7.21】 用力矩分配法作图 7.27（a）所示连续梁的弯矩图。

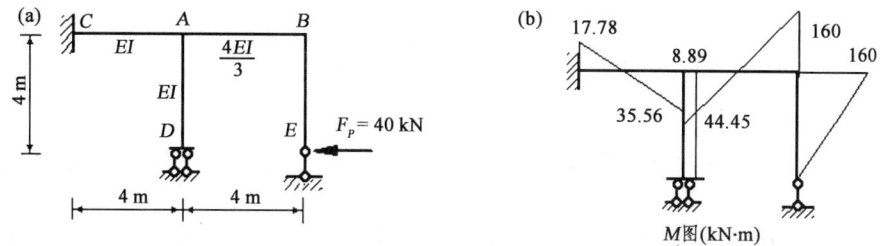

图 7.27 单结点力矩分配示例 2

【解】 先处理右立柱，由单结点分配，系数 $\mu_{AB}=4/9$，$\mu_{AC}=4/9$，$\mu_{AD}=1/9$。最后弯矩图如图 7.27（b）所示。

第8章 矩阵位移法

矩阵位移法是以位移法作为理论基础的结构矩阵分析方法，也就是说，它是以矩阵形式来表达位移法的计算表达式和平衡方程，并采用矩阵运算完成结构分析。

8.1 矩阵位移法的概念分析算例

矩阵位移法是适合于计算机的格式，作为手算我们仍然是利用力学概念来完成，为此作以下几点说明：

（1）矩阵位移法的原理仍然是经典位移法，所以二者是同一个方法。只是处理问题的方式不同而已。例如：用矩阵表示位移法的平衡方程；一般要考虑轴向变形影响；不用绘出单位位移的内力图，而由单元刚度矩阵直接形成结构刚度矩阵。

（2）在矩阵位移法中利用坐标变换只是一种计算方式，并没有改变问题本身的力学性质。因此在手算中，不经过坐标变换而直接确定整体坐标系数中的单元刚度矩阵及荷载列阵并完成全部计算是完全可以的。

（3）在形成结构刚度矩阵、荷载列阵并用先处理法时，各单元刚度矩阵可采用不同的阶数计算，只需将单元刚度矩阵、荷载列阵元素按定位向量送入到结构刚度矩阵和荷载列阵正确位置即可。

（4）在矩阵位移法中，对单元、整体刚度矩阵列向量的力学概念的理解是十分重要的。例如，矩阵中第2列的向量，表示的是第2个位移编号等于1（其余均为零）时，引起各位移号方向的力或力矩。

【例8.1】 按先处理法计算图8.1所示结构的刚度矩阵。已知各杆长度为 l，E、I、A 为常数。

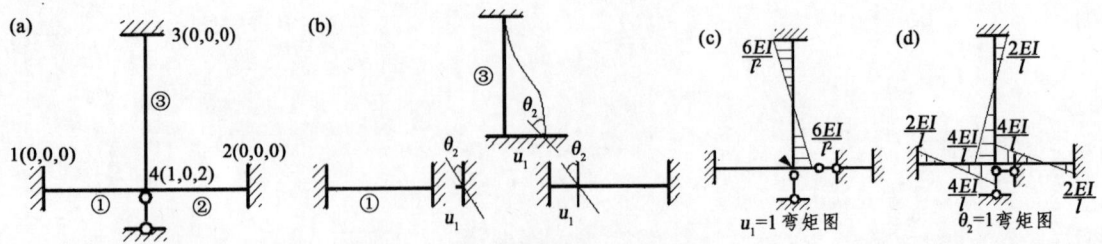

图 8.1 先处理法结构的位移编号

【解】 独立结点位移为结点4的水平线位移和转角[图8.1(a)]，故结构刚度矩阵为 2×2

阶。按图 8.1（b）直接写出整体坐标系下的单元刚度矩阵并按"对号入座"形成结构刚度矩阵。即：

$$[k]^{(1)} = [k]^{(2)} \begin{bmatrix} \dfrac{EA}{l} & 0 \\ 0 & \dfrac{4EI}{l} \end{bmatrix} \begin{matrix} 1(u_1) \\ 2(\theta_2) \end{matrix}, \quad [k]^{(3)} = \begin{bmatrix} \dfrac{12EI}{l^3} & -\dfrac{6EI}{l^2} \\ -\dfrac{6EI}{l^2} & \dfrac{4EI}{l} \end{bmatrix} \begin{matrix} 1(u_1) \\ 2(\theta_2) \end{matrix}$$

$$[k] = \begin{bmatrix} \dfrac{EA}{l} + \dfrac{EA}{l} + \dfrac{12EI}{l^3} & -\dfrac{6EI}{l^2} \\ -\dfrac{6EI}{l^2} & 3 \times \dfrac{4EI}{l} \end{bmatrix} \begin{matrix} 1(u_1) \\ 2(\theta_2) \end{matrix}$$

单元刚度矩阵与位移法中的单位内力图在概念上是相同的，而不同之处在于，单元刚度矩阵是直接写出各杆件的刚度系数，而位移法中是通过画出整体结构的内力图后，再求刚度系数。例如图 8.1（c）所示结构，当产生单位水平位移时，结点 4 的水平刚度系数由两水平杆件的轴向刚度和竖直杆的侧移刚度组成，即 $K_{11} = EA/l + EA/l + 12EI/l^3$，而 $K_{21} = K_{12} = -6EI/l^2$。在图 8.1（d）中，结点 4 转动单位转角时，其结点刚度系数由三根杆的转动刚度构成，即为 $K_{22} = 3 \times 4EI/l$。

按单元构成结构刚度矩阵的规则：主子块 $[K]_{ii}$ 是由结点 i 的各相关单元的主子块叠加求得，即 $[K]_{ii} = \sum [k]_{ii}^e$。由此得 $K_{11} = EA/l + EA/l + 12EI/l^3$，$K_{22} = 3 \times 4EI/l$。而副子块 $[K]_{ij}$，当 i、j 为相关结点时即为联结它们的单元的相应副子块，也即 $[K]_{ij} = [k]_{ij}^e$。由此得 $K_{21} = [k]_{21}^{(3)} = -6EI/l^2$。

【例 8.2】 按先处理法计算图 8.2 所示结构的刚度矩阵。已知各杆长度为 l，E、A、I 为常数。

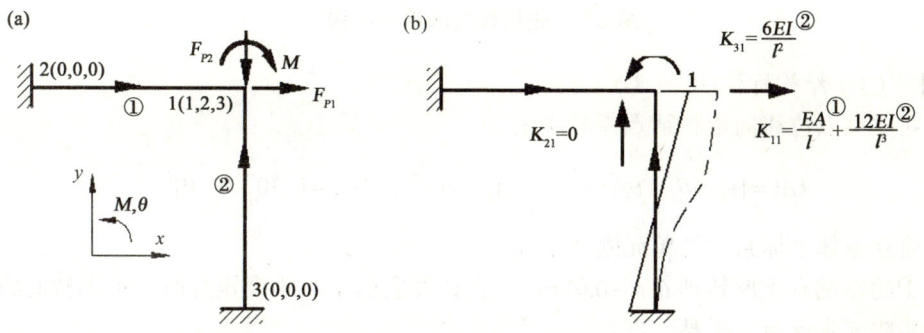

图 8.2 先处理法解刚架

【解】（1）结构标注[图 8.2（a）]。
（2）建立结点位移向量和结点荷载向量。

$$\{\Delta\} = [u_1 \quad v_1 \quad \theta_1]^T = [\Delta_1 \quad \Delta_2 \quad \Delta_3]^T, \quad \{F\} = [F_{P1} \quad -F_{P2} \quad M]^T$$

（3）计算整体坐标系中的单元刚度矩阵。

$$[k]^{①} = \begin{bmatrix} \dfrac{EA}{l} & 0 & 0 \\ 0 & \dfrac{12EI}{l^3} & -\dfrac{6EI}{l^2} \\ 0 & -\dfrac{6EI}{l^2} & \dfrac{4EI}{l} \end{bmatrix} \begin{matrix} 1(u_1) \\ 2(v_2) \\ 3(\theta_1) \end{matrix}, \quad [k]^{②} = \begin{bmatrix} \dfrac{12EI}{l^3} & 0 & \dfrac{6EI}{l^2} \\ 0 & \dfrac{EA}{l} & 0 \\ \dfrac{6EI}{l^2} & 0 & \dfrac{4EI}{l} \end{bmatrix} \begin{matrix} 1(u_1) \\ 2(v_2) \\ 3(\theta_1) \end{matrix}$$

（4）建立结构刚度方程。

$$\begin{bmatrix} \dfrac{EA}{l}+\dfrac{12EI}{l^3} & 0 & \dfrac{6EI}{l^2} \\ 0 & \dfrac{EA}{l}+\dfrac{12EI}{l^3} & -\dfrac{6EI}{l^2} \\ \dfrac{6EI}{l^2} & -\dfrac{6EI}{l^2} & \dfrac{8EI}{l} \end{bmatrix} \begin{Bmatrix} \Delta_1 \\ \Delta_2 \\ \Delta_3 \end{Bmatrix} = \begin{Bmatrix} F_{P1} \\ -F_{P2} \\ -M \end{Bmatrix}$$

【例 8.3】 用先处理法计算图 8.3 所示组合结构。已知弹性模量 $E=2.0\times10^{11}$ Pa，横梁长度各长为 $l=1$ m，横截面惯性矩 $I=1.5\times10^{-6}$ m^4，拉杆横截面面积 $A=6.25\times10^{-5}$ m^2；支座 A 有顺时针方向转角 0.01 rad，支座 B 为转动弹簧支座，其转动刚度 $k_\theta=2\times10^2$ kN·m/rad。计算时忽略横梁的轴向变形。

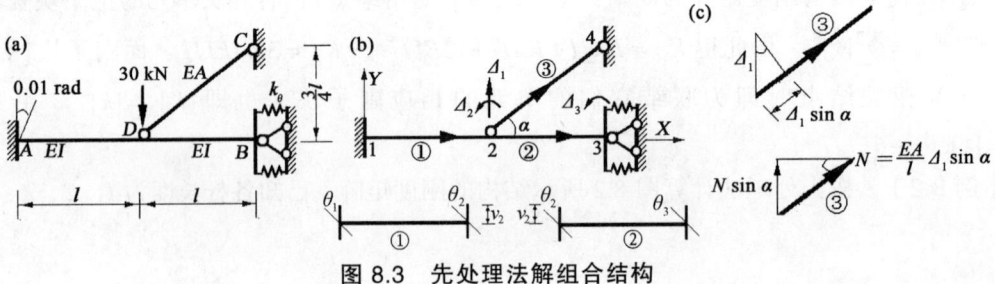

图 8.3 先处理法解组合结构

【解】 （1）结构标注[见图 8.3（b）]。
（2）建立结点位移向量和结点荷载向量。

$$\{\Delta\} = [v_2 \quad \theta_2 \quad \theta_3]^T = [\Delta_1 \quad \Delta_2 \quad \Delta_3]^T, \quad \{F\} = [-30 \quad 0 \quad 0]^T$$

（3）建立整体坐标系中的单元刚度矩阵。

单元①的左端有支座转动 $\theta_1 = -0.01$ rad，在计算它的单元刚度矩阵时，可先暂时将 θ_1 对应的刚度矩阵元素保留。于是，有：

$$[k]^{①} = EI \begin{bmatrix} \dfrac{4}{l} & -\dfrac{6}{l^2} & \dfrac{2}{l} \\ -\dfrac{6}{l^2} & \dfrac{12}{l^3} & -\dfrac{6}{l^2} \\ \dfrac{2}{l} & -\dfrac{6}{l^2} & \dfrac{4}{l} \end{bmatrix} = 10^2 \times \begin{bmatrix} 12\text{ kN·m} & -18\text{ kN} & 6\text{ kN·m} \\ -18\text{ kN} & 36\text{ kN/m} & -18\text{ kN} \\ 6\text{ kN·m} & 18\text{ kN} & 12\text{ kN·m} \end{bmatrix} \begin{matrix} \theta_1 \\ 1(v_2) \\ 2(\theta_2) \end{matrix}$$

第 8 章 矩阵位移法

$$[k]^{②} = EI \begin{bmatrix} \dfrac{12}{l^3} & \dfrac{6}{l^2} & \dfrac{6}{l^2} \\ \dfrac{6}{l^2} & \dfrac{4}{l} & \dfrac{2}{l} \\ \dfrac{6}{l^2} & \dfrac{2}{l} & \dfrac{4}{l} \end{bmatrix} = 10^2 \times \begin{bmatrix} 1(v_2) & 2(\theta_2) & 3(\theta_3) \\ 36 \text{ kN/m} & 18 \text{ kN} & 18 \text{ kN} \\ 18 \text{ kN} & 12 \text{ kN·m} & 6 \text{ kN·m} \\ 18 \text{ kN} & 6 \text{ kN·m} & 12 \text{ kN·m} \end{bmatrix} \begin{matrix} 1(v_2) \\ 2(\theta_2) \\ 3(\theta_3) \end{matrix}$$

由图 8.3（c）可得：

$$k_{11}^{③} = \dfrac{EA}{1.25l}(\sin^2 \alpha) = 10^2 \times (36 \text{ kN/m}) \quad 1(v_2)$$

对于支座 B 处的转动弹簧的影响，根据结点刚度的概念，只需在结构刚度矩阵对应的主元素处叠加它，即 $K_{33} + k_\theta$。

（4）建立结构刚度矩阵。

先按照对号入座的原则写出保留已知位移转角 θ_1 在内的刚度矩阵：

$$10^2 \times \begin{bmatrix} 12 \text{ kN·m} & -18 \text{ kN} & 6 \text{ kN·m} & 0 \\ -18 \text{ kN} & 108 \text{ kN/m} & 0 & 18 \text{ kN} \\ 6 \text{ kN·m} & 0 & 24 \text{ kN·m} & 6 \text{ kN·m} \\ 0 & 18 \text{ kN} & 6 \text{ kN·m} & 12 \text{ kN·m} + k_\theta \end{bmatrix} \begin{Bmatrix} \theta_1 \\ \Delta_1 \\ \Delta_2 \\ \Delta_3 \end{Bmatrix} = \begin{Bmatrix} M_1 \\ -30 \text{ kN} \\ 0 \\ 0 \end{Bmatrix}$$

根据已知条件，$\theta_1 = -0.01$ rad。将上面刚度矩阵对应的第 1 个方程删除，并将 θ_1 与刚度矩阵第 1 列元素的乘积移至方程右端与荷载量合并，得结构刚度矩阵为：

$$10^2 \times \begin{bmatrix} 108 \text{ kN/m} & 0 & 18 \text{ kN} \\ 0 & 24 \text{ kN·m} & 6 \text{ kN·m} \\ 18 \text{ kN} & 6 \text{ kN·m} & 14 \text{ kN·m} \end{bmatrix} \begin{Bmatrix} \Delta_1 \\ \Delta_2 \\ \Delta_3 \end{Bmatrix} = \begin{Bmatrix} -48 \text{ kN} \\ 6 \text{ kN} \\ 0 \end{Bmatrix}$$

（5）计算结点位移。

$$\begin{Bmatrix} \Delta_1 \\ \Delta_2 \\ \Delta_3 \end{Bmatrix} = [K]^{-1} \begin{Bmatrix} -48 \text{ kN} \\ 6 \text{ kN·m} \\ 0 \end{Bmatrix} = 10^{-2} \times \begin{Bmatrix} -0.559 \text{ m} \\ 0.079 \text{ rad} \\ 0.684 \text{ rad} \end{Bmatrix}$$

（6）计算单元杆端力。

$$\begin{Bmatrix} \overline{M}_1 \\ \overline{F}_{y2} \\ \overline{M}_2 \end{Bmatrix}^{(1)} = \begin{Bmatrix} M_1 \\ F_{y2} \\ M_2 \end{Bmatrix}^{(1)} = 10^2 \times \begin{bmatrix} 12 \text{ kN·m} & -18 \text{ kN} & 6 \text{ kN·m} \\ -18 \text{ kN} & 36 \text{ kN/m} & -18 \text{ kN} \\ 6 \text{ kN·m} & -18 \text{ kN} & 12 \text{ kN·m} \end{bmatrix} \times 10^{-2} \times \begin{Bmatrix} -1.0 \text{ rad} \\ -0.559 \text{ m} \\ 0.079 \text{ rad} \end{Bmatrix} = \begin{Bmatrix} -1.47 \text{ kN·m} \\ -3.53 \text{ kN} \\ 5.00 \text{ kN·m} \end{Bmatrix}$$

$$\begin{Bmatrix} \overline{F}_{y2} \\ \overline{M}_2 \\ \overline{M}_3 \end{Bmatrix}^{(2)} = \begin{Bmatrix} F_{y2} \\ M_2 \\ M_3 \end{Bmatrix}^{(2)} = 10^2 \times \begin{bmatrix} 36 \text{ kN/m} & 18 \text{ kN} & 18 \text{ kN} \\ 18 \text{ kN} & 12 \text{ kN·m} & 6 \text{ kN·m} \\ 18 \text{ kN} & 6 \text{ kN·m} & 12 \text{ kN·m} \end{bmatrix} \times 10^{-2} \times \begin{Bmatrix} -0.559 \text{ m} \\ 0.079 \text{ rad} \\ 0.684 \text{ rad} \end{Bmatrix} = \begin{Bmatrix} -6.39 \text{ kN} \\ -5.00 \text{ kN·m} \\ 1.37 \text{ kN·m} \end{Bmatrix}$$

由上述杆端力可得梁的内力图，如图 8.4 所示。

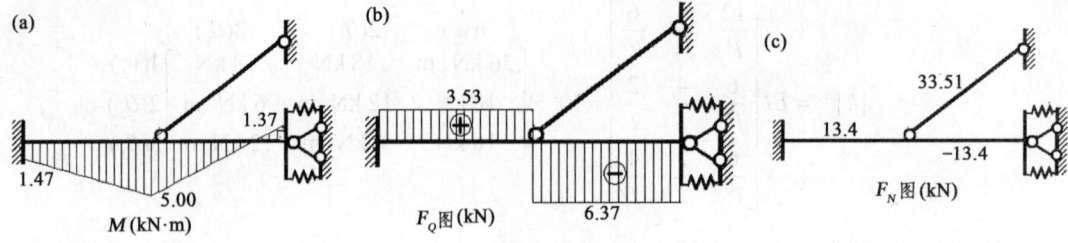

图 8.4 组合结构的内力图

【例 8.4】 用矩阵位移法计算图 8.5（a）所示刚架。已知弹性模量 $E = 2.0 \times 10^{11}$ Pa，截面形状为矩形，高 $h = 0.4$ m，宽 $b = 0.2$ m。忽略轴向变形影响。

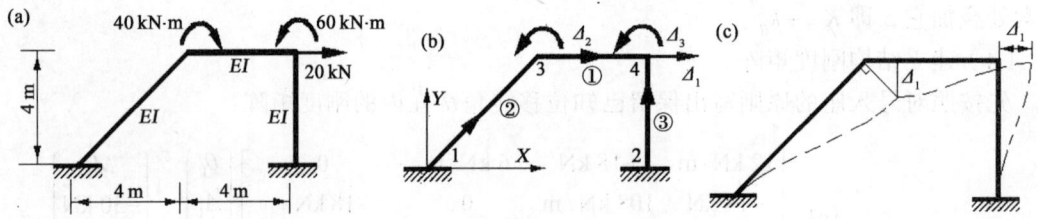

图 8.5 矩阵位移法解斜杆刚架

【解】（1）结构标注[图 8.5（b）]。

（2）建立结点位移向量和结点荷载向量。

$$\{\Delta\} = [u_3 \quad \theta_3 \quad \theta_4]^T = [\Delta_1 \quad \Delta_2 \quad \Delta_3]^T, \quad \{F\} = [20 \text{ kN} \quad -40 \text{ kN·m} \quad 60 \text{ kN·m}]^T$$

（3）建立整体坐标系中的单元刚度矩阵。

$$[k]^{①} = EI \begin{bmatrix} \dfrac{12}{l^3} & -\dfrac{6}{l^2} & -\dfrac{6}{l^2} \\ -\dfrac{6}{l^2} & \dfrac{4}{l} & \dfrac{2}{l} \\ -\dfrac{6}{l^2} & \dfrac{2}{l} & \dfrac{4}{l} \end{bmatrix} = EI \begin{matrix} & 1(u_3) & 2(\theta_3) & 3(\theta_4) \\ \begin{bmatrix} 0.187\,5 & -0.375 & -0.375 \\ -0.375 & 1.000 & 0.500 \\ -0.375 & 0.500 & 1.000 \end{bmatrix} & \begin{matrix} 1(u_3) \\ 2(\theta_3) \\ 3(\theta_4) \end{matrix} \end{matrix}$$

$$[k]^{②} = EI \begin{bmatrix} \dfrac{12}{(\sqrt{2}l)^3} \cos^2 \alpha & \dfrac{6}{(\sqrt{2}l)^2} \cos \alpha \\ (\sqrt{2}l)^2 \cos \alpha & \dfrac{4}{\sqrt{2}l} \end{bmatrix} = EI \begin{matrix} & 1(u_3) & 2(\theta_3) \\ \begin{bmatrix} 0.132\,6 & 0.265\,2 \\ 0.265\,2 & 0.707\,1 \end{bmatrix} & \begin{matrix} 1(u_3) \\ 2(\theta_3) \end{matrix} \end{matrix}$$

$$[k]^{③} = EI \begin{bmatrix} \dfrac{12}{l^3} & \dfrac{6}{l^2} \\ \dfrac{6}{l^2} & \dfrac{4}{l} \end{bmatrix} = EI \begin{matrix} & 1(u_3) & 3(\theta_4) \\ \begin{bmatrix} 0.187\,5 & 0.375 \\ 0.375 & 1.000 \end{bmatrix} & \begin{matrix} 1(u_3) \\ 3(\theta_4) \end{matrix} \end{matrix}$$

（4）建立结构刚度方程。

$$EI\begin{bmatrix} 0.5076 & -0.1098 & 0 \\ -0.1098 & 1.7071 & 0.500 \\ 0 & 0.500 & 2.000 \end{bmatrix}\begin{Bmatrix} \Delta_1 \\ \Delta_2 \\ \Delta_3 \end{Bmatrix} = \begin{Bmatrix} 20\ \text{kN} \\ -40\ \text{kN}\cdot\text{m} \\ 60\ \text{kN}\cdot\text{m} \end{Bmatrix}$$

（5）计算结点位移。

$$\begin{Bmatrix} \Delta_1 \\ \Delta_2 \\ \Delta_3 \end{Bmatrix} = \begin{Bmatrix} 1.52\times 10^4\ \text{m} \\ -1.52\times 10^{-4}\ \text{rad} \\ 1.79\times 10^{-4}\ \text{rad} \end{Bmatrix}$$

（6）计算各杆端力（图 8.6）。

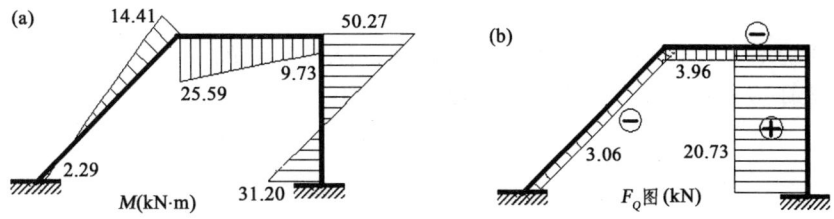

图 8.6　斜腿刚架的内力图

8.2　试　题　分　析

【例 8.5】　图 8.7（a）所示刚架各种杆件 EI 为常数，设只考虑弯曲变形，图中圆括号内数码表示结构坐标系下各结点位移的整体码（u_u, u_v, θ）。试组集与可动结点位移对应的结构刚度矩阵 $[K]$（1996 年试题）。

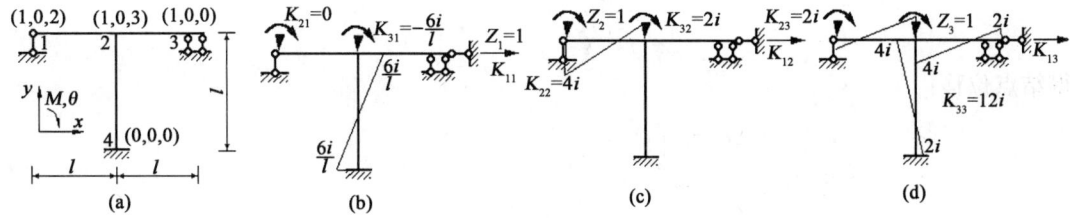

图 8.7　3 个结点位移的刚架分析

【解】　手算时，直接按位移法概念做，如图 8.7（b）、（c）、（d）所示，可得结构刚度矩阵，即位移法方程的系数矩阵为：

$$[K] = \begin{bmatrix} 12i/l^2 & 0 & -6i/l \\ & 4i & 2i \\ \text{对称} & & 12i \end{bmatrix}$$

【例 8.6】　用矩阵位移法作图 8.8（a）所示连续梁 M 图（1997 年试题）。

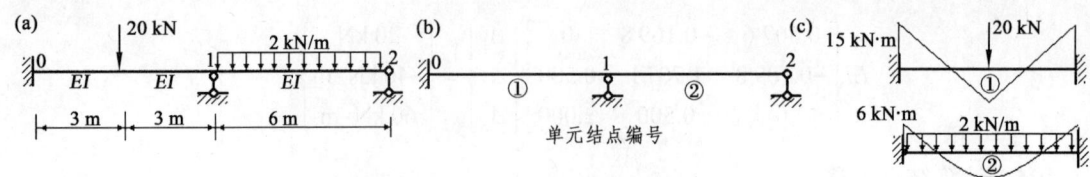

图 8.8 2 个结点转角位移的梁分析

【解】 有两个结点转角位移 θ_B、θ_C，则总刚度矩阵为 2×2 阶。因为只有转角位移，所以单元刚度矩阵为：

$$[k] = \begin{bmatrix} 4i & 2i \\ 2i & 4i \end{bmatrix}$$

结构刚度方程，即位移法方程的矩阵形式为：$[K]\{\Delta\} = \{F\}$。

按对号入座或直接按位移概念得结构刚度系数矩阵为：

$$[K] = \begin{bmatrix} 8i & 2i \\ 2i & 4i \end{bmatrix}$$

由图 8.8（c）计算等效结点荷载列阵为：

$$\{F\} = \left\{ \begin{array}{c} -\dfrac{Pl}{8} + \dfrac{ql^2}{12} \\ -\dfrac{ql^2}{12} \end{array} \right\} = \left\{ \begin{array}{c} -9 \\ -6 \end{array} \right\}$$

解方程：

$$\begin{bmatrix} 8i & 2i \\ 2i & 4i \end{bmatrix} \left\{ \begin{array}{c} \theta_B \\ \theta_C \end{array} \right\} = \left\{ \begin{array}{c} -\dfrac{Pl}{8} + \dfrac{ql^2}{12} \\ -\dfrac{ql^2}{12} \end{array} \right\} = \left\{ \begin{array}{c} -9 \\ -6 \end{array} \right\}$$

得结点位移：

$$\left\{ \begin{array}{c} \theta_B \\ \theta_C \end{array} \right\} = \left\{ \begin{array}{c} -6/7i \\ -15/14i \end{array} \right\}$$

将它们代入对应的单元刚度方程，得单元杆端力列阵为：

$$\left\{ \begin{array}{c} M_{AB} \\ M_{BC} \end{array} \right\}^{(1)} = \begin{bmatrix} 4i & 2i \\ 2i & 4i \end{bmatrix} \left\{ \begin{array}{c} 0 \\ -6/7i \end{array} \right\} + \left\{ \begin{array}{c} -15 \\ 15 \end{array} \right\} = \left\{ \begin{array}{c} -16.71 \\ 11.57 \end{array} \right\} \text{kN·m}$$

$$\left\{ \begin{array}{c} M_{BC} \\ M_{CB} \end{array} \right\}^{(2)} = \begin{bmatrix} 4i & 2i \\ 2i & 4i \end{bmatrix} \left\{ \begin{array}{c} -6/7i \\ -15/14i \end{array} \right\} + \left\{ \begin{array}{c} 6 \\ -6 \end{array} \right\} = \left\{ \begin{array}{c} -11.57 \\ 0 \end{array} \right\} \text{kN·m}$$

以杆端弯矩为竖标再叠加单元上荷载的相应简支梁弯矩，即得各单元弯矩，然后将其组合在一起，得最后弯矩图。

【例 8.7】 求图 8.9 所示桁架单元①、②的杆件内力 F_{N1} 和 F_{N2}。已知自由结点位移为 $\{\varDelta\} = [v_2 \quad u_3 \quad v_3 \quad v_4]^T = [-1.065 \quad -0.090 \quad -0.621 \quad -1.186]^T (F_P l / EA)$。图中各杆轴线上的箭头表示该杆局部坐标系的正方向（1998 年试题）。

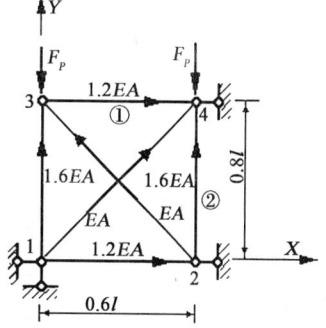

图 8.9 4 个结点位移的桁架分

【解】 直接根据概念计算杆件轴力，不用矩阵运算的方法。

单元①的轴力为：

$$F_{N1} = \frac{EA}{l} u_3 = \frac{1.2EA}{0.6l} \times \left(-0.09 \frac{F_P l}{EA}\right) = -0.18 F_P$$

单元②的轴力为：

$$F_{N2} = \frac{EA}{l}(v_4 - v_2) = \frac{1.6EA}{0.8l} \times (-1.186 + 1.065) \times \frac{F_P l}{EA} = -0.242 F_P$$

【例 8.8】 试用矩阵位移法求图 8.10 所示结构的可动结点（括号内数值为可动结点位移编码）荷载列阵 $\{F\}$（1999 年试题）。

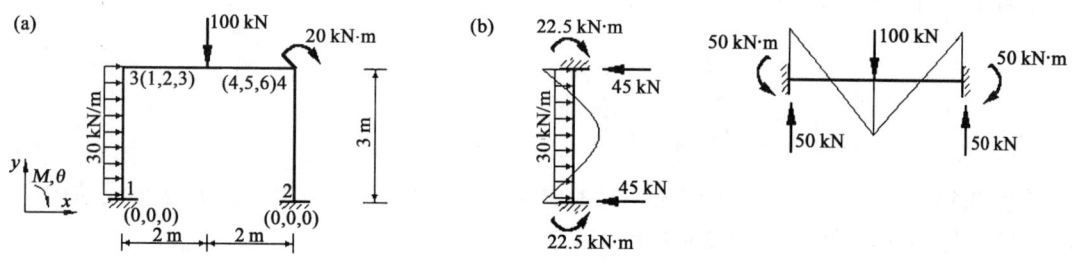

图 8.10 6 个结点位移的刚架分析

【解】 在刚结点处施加附加刚臂和附加链杆，得 3 个两端固定梁，按位移法中的基本杆件绘出弯矩图并求出支座反力，按整体坐标的编号将各附加联系反力反号送入到相应的荷载列阵，得 $\{F\} = [45 \quad 50 \quad 27.5 \quad 0 \quad 50 \quad -30]^T$。

【例 8.9】 求图 8.11 所示结构原始刚度矩阵的元素 K_{44}、K_{45}（2001 年试题）。

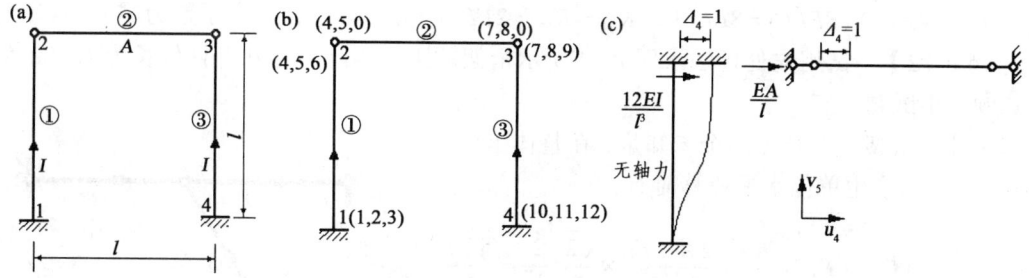

图 8.11 组合结构的分析

【解】 直接按位移法求解，其刚度系数的概念如图 8.11（c）所示。则：

$$K_{44} = k_{44}^{(1)} + k_{11}^{(2)} = \frac{12EI}{l^3} + \frac{EA}{l}$$

而 $K_{45} = K_{54}$，是 $\Delta_4 = 1$（其他位移为零）时引起 5 方向的力，显然为零。

【例 8.10】 试求图 8.12（a）所示结构在所示位移编码情况下的结点荷载列阵元素 F_4、F_5、F_6（2002 年试题）。

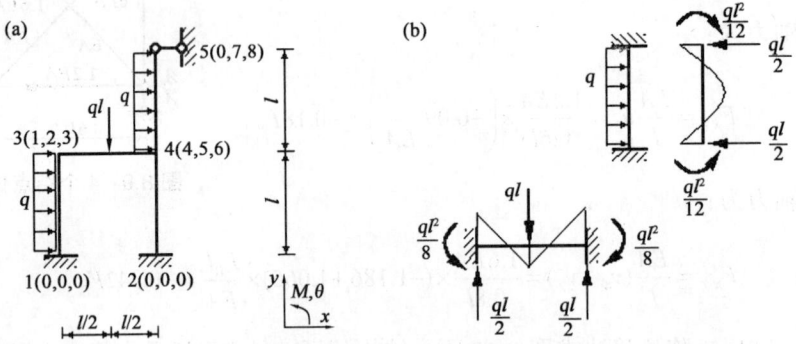

图 8.12　8 个结点位移的结构分析

【解】 将各杆件视为两端固定，计算反力，按对号入座形成荷载列阵为：

$$\begin{Bmatrix} F_4 \\ F_5 \\ F_6 \end{Bmatrix} = \begin{Bmatrix} ql/2 \\ -ql/2 \\ ql^2/8 - ql^2/12 \end{Bmatrix}$$

【例 8.11】 图 8.13 所示连续梁，只考虑杆件的弯曲变形，试用先处理法形成结构刚度矩阵 $[K]$，设 $EI = 1$（相对值）（2004 年试题）。

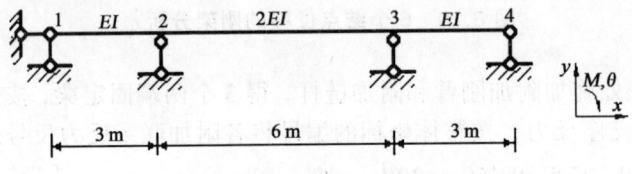

图 8.13　4 个角位移的结构分析

【解】 各结点施加附加刚臂，则有 $K_{11} = K_{44} = 4EI/3 = 1$，而 2、3 结点的主系数为 $K_{22} = K_{33} = 4EI/3 + 8EI/6 = 8EI/3$，$K_{21} = K_{12} = 2EI/3 = K_{43} = K_{34}$，其余系数为零。

【例 8.12】 试用先处理法求图 8.14 所示桁架的刚度矩阵。已知各杆件长为 l，EA 为常数（2005 年试题）。

【解】 桁架一个结点两个未知量，在整体坐标系下直接求解。当产生单位水平位移时有：

$$K_{11} = \frac{EA}{l} + \frac{EA}{l} + \frac{EA}{l} \times \frac{\sqrt{2}}{2} \frac{2}{\sqrt{2}} = \frac{5EA}{2l}$$

$$K_{12} = K_{21} = \frac{EA}{2l} = K_{22}$$

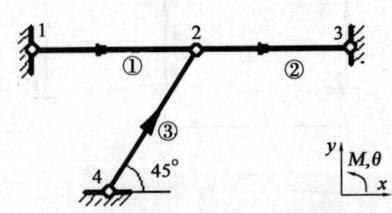

图 8.14　2 个线位移的结构分析

【例 8.13】 已求得图 8.15 所示结构结点 2、3 的结点位移为式（a）、(b)，并已知单元③的单元刚度矩阵为式（c）。试求单元③的 3 端的杆端力（长度单位为 m，力单位为 kN，角度单位为 rad。)（2006 年试题）。

$$\begin{Bmatrix} u_2 \\ v_2 \\ \varphi_2 \end{Bmatrix} = \begin{Bmatrix} 0.1 \\ -170 \\ 20 \end{Bmatrix} \times 10^{-6} \quad (a)$$

$$\begin{Bmatrix} u_3 \\ v_3 \\ \varphi_3 \end{Bmatrix} = \begin{Bmatrix} 0.1 \\ -150 \\ 10 \end{Bmatrix} \times 10^{-6} \quad (b)$$

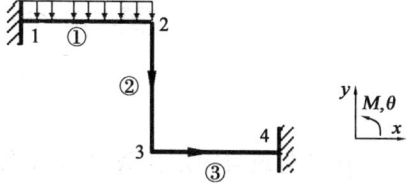

图 8.15　6 个结点位移的结构分析

$$[k]^{③} = \begin{bmatrix} 10 & 0 & 0 & -10 & 0 & 0 \\ 0 & 2 & 0.5 & 0 & -2 & 0.5 \\ 0 & 0.5 & 0.2 & 0 & -0.5 & 0.1 \\ -10 & 0 & 0 & 10 & 0 & 0 \\ 0 & -2 & -0.5 & 0 & 2 & -0.5 \\ 0 & 0.5 & 0.1 & 0 & -0.5 & 0.2 \end{bmatrix} \times 10^6 \quad (c)$$

【解】 只需取左上角 3×3 子块计算。即：

$$\{F_3\}^{③} = \begin{bmatrix} 10 & 0 & 0 \\ 0 & 2 & 0.5 \\ 0 & 0.5 & 0.2 \end{bmatrix} \begin{Bmatrix} 0.1 \\ -150 \\ 10 \end{Bmatrix} = \begin{Bmatrix} 1 \\ -295 \\ -73 \end{Bmatrix} \begin{matrix} kN \\ kN \\ kN·m \end{matrix}$$

【例 8.14】 已知图 8.16 所示桁架的结点位移列为：

$\{\Delta\} = [0\ 0\ 2.567\ 7\ 0.041\ 5\ 1.041\ 5\ 1.367\ 3\ 1.609\ 2\ -1.726\ 5\ 1.640\ 8\ 0\ 1.208\ 4\ -0.400\ 7]^T$，

$EA = 1$ kN。试求杆 46、14 的轴力（2008 年试题）。

【解】 根据概念，杆 46 的轴力为：

$$F_{46} = \frac{EA}{l}\Delta = \frac{EA}{l}(u_4 - u_6)$$

$$= \frac{1\ \text{kN}}{1}(1.609\ 2 - 1.208\ 4)$$

$$= 0.400\ 8\ \text{kN}$$

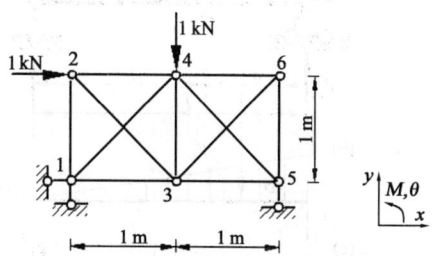

图 8.16　9 个结点位移的结构分析

杆 14 的轴力按下式计算：

$$F_{14} = [\bar{k}][T]\{\Delta\} = \frac{EA}{\sqrt{2}l}\begin{bmatrix} 1 & 0 & -1 & 0 \\ 0 & 0 & 0 & 0 \\ -1 & 0 & 1 & 0 \\ 0 & 0 & 0 & 0 \end{bmatrix} \frac{\sqrt{2}}{2}\begin{bmatrix} 1 & 1 & 0 & 0 \\ -1 & 1 & 0 & 0 \\ 0 & 0 & 1 & 1 \\ 0 & 0 & -1 & 0 \end{bmatrix} \begin{Bmatrix} 0 \\ 0 \\ 1.609\ 2 \\ -1.726\ 5 \end{Bmatrix} = \begin{Bmatrix} 0.058\ 65 \\ 0 \\ -0.058\ 65 \\ 0 \end{Bmatrix} \text{kN}$$

第 9 章 影响线及其应用

移动荷载与固定荷载对结构的作用影响是同一性质的,即它们都属静力荷载,不计惯性力影响。因此,它们在计算方法上是完全相同的,唯一的区别是移动荷载的位置是变化的。由于它的这一特点,本章首先讨论计算移动荷载的工具——影响线,而后介绍它的具体应用,即最不利荷载位置的确定。

9.1 静力法作静定梁的影响线

【例 9.1】 绘制图 9.1(a)所示简支梁的反力、M_C、F_{QC} 影响线。

【解】 (1)绘制反力影响线。

作法:取全梁为隔离体[图 9.1(f)],由 $\sum M = 0$,建立反力与荷载位置 x 之间的函数关系式,据方程作出影响线图形[图 9.1(b)、(c)]。

规律:因为影响线方程是 x 的一次函数,故知 F_{yA} 影响线是一条直线。

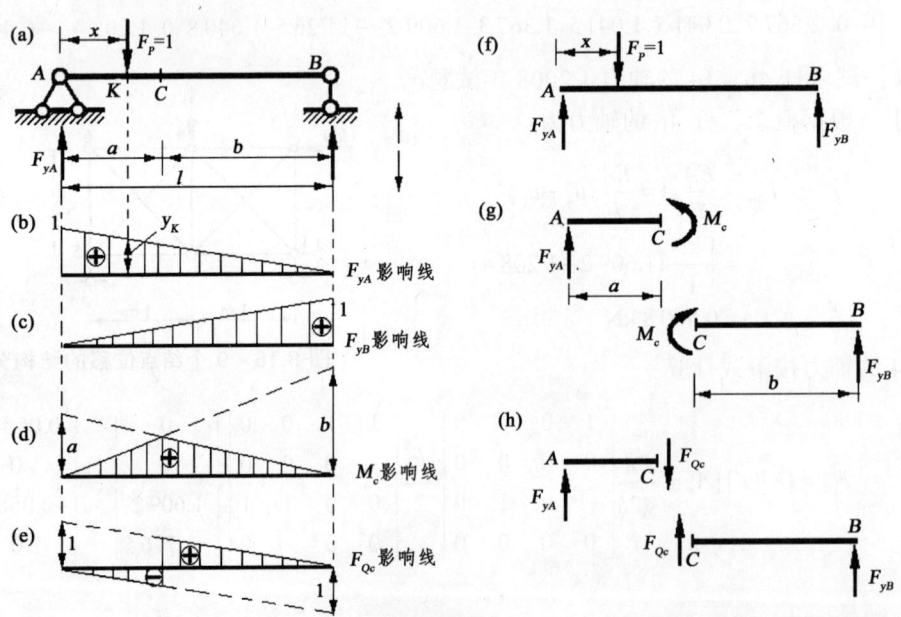

图 9.1 简支梁的反力与内力影响线

（2）绘制弯矩影响线。

作法：分段考虑，由隔离体平衡条件[图 9.1（g）]，建立弯矩 M_C 与荷载位置 x 之间的函数关系式，据方程作出影响线图形[图 9.1（d）]。

规律：弯矩 M_C 的影响线由两段直线组成，呈一三角形，二直线的交点即三角形的顶点恰位于截面 C 处，其竖标为 ab/l。通常称截面 C 以左的直线为左直线，截面 C 以右的直线为右直线。

（3）绘制剪力影响线。

作法：分段考虑，由隔离体平衡条件[图 9.1（h）]，建立剪力 F_{QC} 与荷载位置 x 之间的函数关系式，据方程作出影响线图形[图 9.1（e）]。

由式可知，作 F_{yB} 的影响线并反号取其 AC 段，即得 F_{QC} 影响线的左直线[图 9.1（e）]。

规律：剪力 F_{QC} 的影响线由两段相互平行的直线组成，其竖标在 C 点处有一突变，也就是当 $F_P=1$ 由 C 点的左侧移到其右侧时，截面 C 的剪力值将发生突变，突变值即等于 1。当 $F_P=1$ 恰作用于 C 点时，F_{QC} 值是不确定的。

【例 9.2】 作图 9.2（a）所示伸臂梁的反力、弯矩、剪力的影响线。

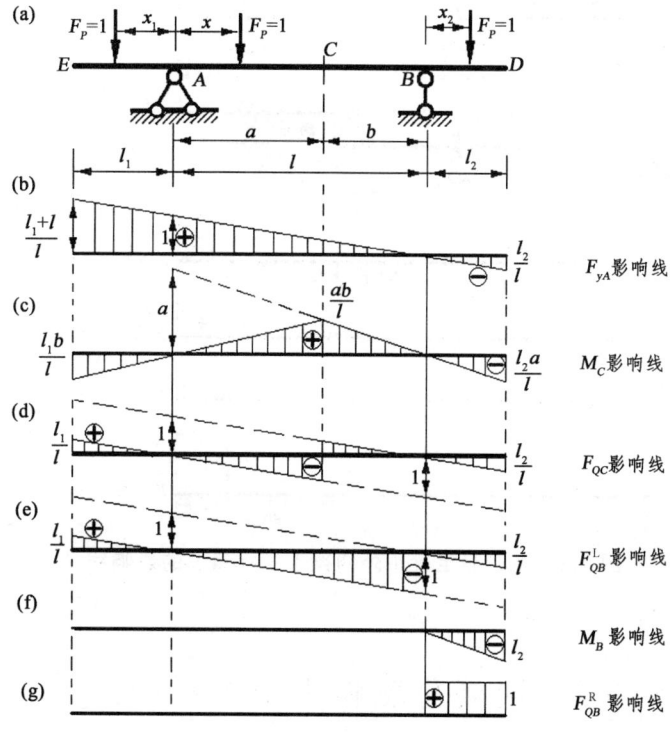

图 9.2 伸臂梁的反力与内力影响线

【解】 （1）反力 F_{yA} 的影响线。

与简支梁比较，反力 F_{yA} 影响线如图 9.2（b）所示。

要点：其影响线在简支跨间内同简支梁，外伸段根据方程的性质向外直线延长。

（2）弯矩 M_C 影响线。

影响线方程为直线，在简支跨间内同简支梁，外伸段根据方程的性质向外直线延长，弯矩 M_C 影响线如图 9.2（c）所示。

（3）剪力 F_{QC}、F_{QB}^L 影响线。

影响线方程为直线，在简支跨间内同简支梁，外伸段根据方程的性质向外直线延长，剪力 F_{QC}、F_{QB}^L 的影响线如图 9.2（d）、（e）所示。

（4）伸臂段上截面内力影响线。

按悬臂梁绘制，如图 9.2（f）、（g）所示。

【例 9.3】 作图 9.3 所示多跨静定梁的影响线。

【解】 绘制多跨静定梁的影响线时，依据以下基本概念：

（1）多跨静定梁的定义，即由若干"单跨梁"组成[图 9.3（b）]。因此，可应用绘制单跨梁影响线的方法，例如弯矩 M_K 的影响线 AC 段按外伸梁绘制，而 F_{yC} 的影响线也是按外伸梁绘出的。

（2）多跨静定梁力的传递关系：当荷载作用在基本部分上时，附属部分不受力。因此，附属部分上指定量值的影响线仅限于该附属部分[图 9.3（d）、（f）]，基本部分上指定量值的影响线不仅分布在基本部分，也遍及它的附属部分[图 9.3（c）、（e）]。

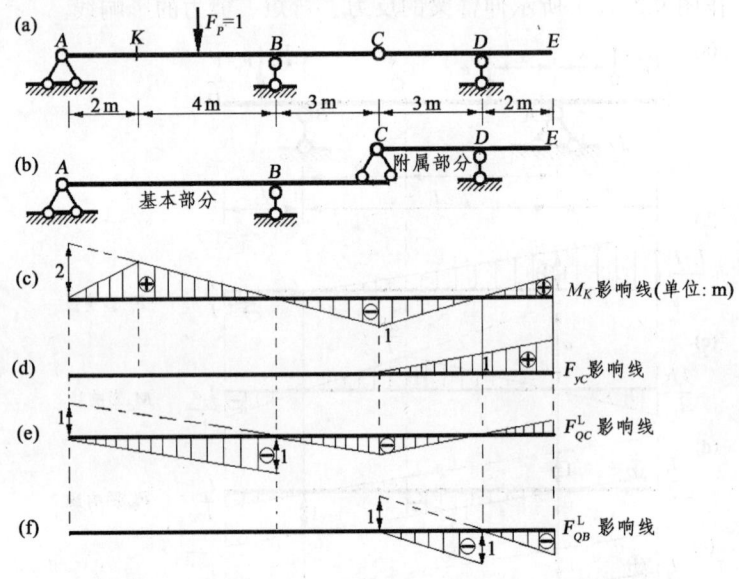

图 9.3 多跨静定梁（外伸梁）指定量值的影响线

9.2 间接荷载作用下的影响线

间接荷载作用的特点，如图 9.4 所示。

绘制间接荷载作用下的影响线的一般方法可归纳为：

（1）首先作出直接荷载作用下所求量值的影响线（用虚线表示）。

（2）然后取各结点处的竖标，并将其顶点在每一纵梁范围内连以直线。

【例 9.4】 作图 9.5（a）所示多跨静定梁在间接荷载作用下的反力和弯矩影响线。

【解】 按上述步骤绘出反力 F_{yB}、弯矩 M_K 影响线，如图 9.5（b）、（c）所示。

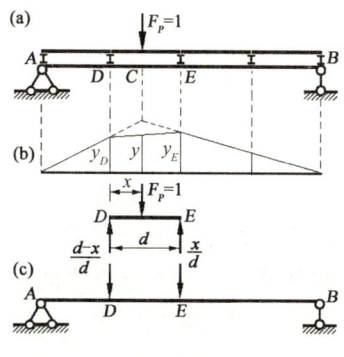

图 9.4 间接荷载作用的特点

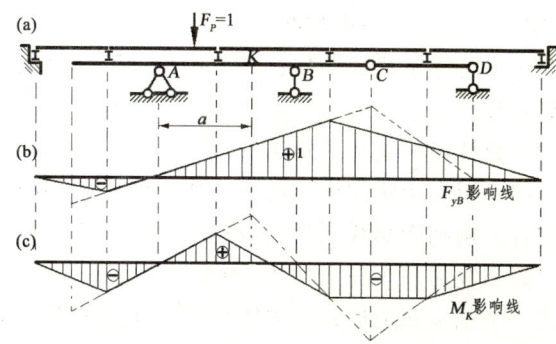

图 9.5 间接荷载作用下的影响线

9.3 桁架的影响线

用静力法作桁架内力的影响线，根据以下基本概念：

（1）桁架只受结点荷载，杆件内力影响线按间接荷载的方法绘制。且不论是静定或超静定结构，其内力影响线都是由直线构成。

（2）移动荷载是逐点作用在桁架结点上的静力荷载，所以求指定杆件内力影响线与求该杆在固定荷载作用下的情况的计算方法一样，采用截面法或结点法。由于荷载 $F_P=1$ 是移动的，当用截面法时，要分段考虑影响；当用结点法时，要分 $F_P=1$ 在这个结点上和不在这个结点上两种情况考虑。

（3）为计算方便，可先绘出分力影响线，然后按比例关系求得其合力影响线。

【例 9.5】 作图 9.6（a）所示单跨静定桁架指定杆件的轴力影响线。

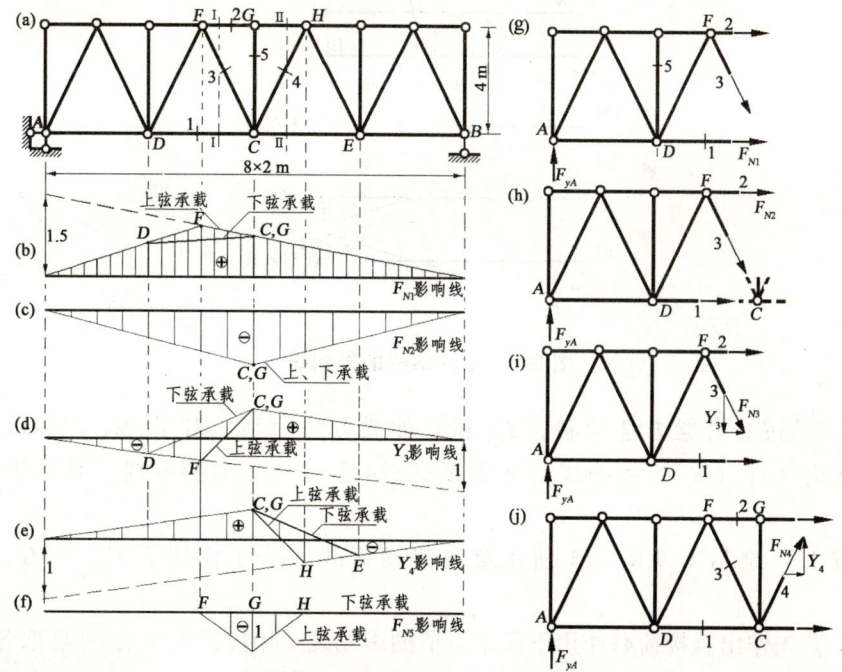

图 9.6 桁架杆件的内力影响线

【解】 （1）反力影响线。

对于单跨静定梁式桁架，其支座反力的计算与相应的简支梁相同，故二者的反力影响线也完全一样。

（2）弦杆影响线（力矩法）。

规律：用力矩法作桁架内力的影响线，影响线的左右两直线交于力矩中心之下。力矩中心的位置影响到影响线的形状及符号。对于简支桁架：当力矩中心位于截开节间的左右结点上时，影响线为一个三角形[图 9.6（c）]；当力矩中心位于截开节间的左右结点之间时，影响线为一个截头四边形；当力矩中心位于截开节间的左右结点之外时，影响线为一个突角四边形[图 9.6（b）]。

（3）斜杆影响线（投影法）。

斜杆影响线的共同特点是：被修改节间的影响线线段与该杆的倾斜方向相反[图 9.6（d）、（e）]。

（4）竖杆 5 的影响线（结点法）。

取结点 G 为隔离体，分别讨论 $F_P=1$ 作用在结点 G 和未作用在结点 G 两种情况[图 9.6（f）]。

说明：在比较复杂的情况下，绘制桁架某些杆件的内力影响线时，需将结点法和截面法联合应用，且需将其他杆件的内力影响线先行求出，然后根据它们之间的静力学关系，用叠加法来作出所求杆件的内力影响线。本题相关受力分析见图 9.6(g)~(j)。

【例 9.6】 绘制图 9.7（a）所示组合结构 F_{QC}^L、F_{QC}^R 和弯矩 M_K 的影响线，已知移动荷载 $F_P=1$ 作用于上部。

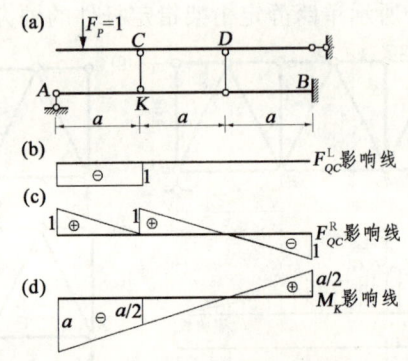

图 9.7 组合结构的影响线

【解】 F_{QC}^L 按悬臂梁方法绘制，F_{QC}^R 按外伸梁方法绘制。对于 M_K 影响线，首先按外伸梁绘制出链杆 CK 的影响线，而后按 $F_N l/4$ 绘出 M_K 的影响线。具体影响线见图 9.7(b)~(d)。

【例 9.7】 绘制图 9.8（a）所示梁在移动荷载 $F_P=1$ 作用下 F_{RA}、M_E、F_{QC}^R 的影响线。

【解】 首先作出直接荷载作用下所求量值的影响线（用虚线表示），然后取各结点处的竖标，并将其顶点在每一纵梁范围内连以直线。具体影响线见图 9.8(b)~(d)。

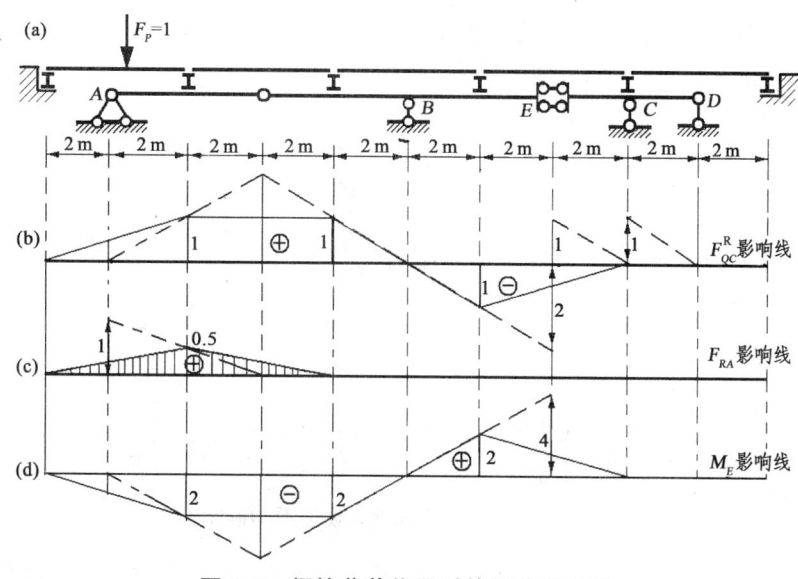

图 9.8 间接荷载作用时的影响线绘制

9.4 影响线的应用

影响线的主要目的是解决结构在移动荷载作用下设计所需的最大值的计算。

【**例 9.8**】 作出图 9.9（a）所示结构反力 F_{RA}、剪力 F_{QA}^L 和弯矩 M_A 的影响线，并求出在可任意分布的均布荷载 q 作用下的 F_{RA}、F_{QA}^L、M_A 的最大值。

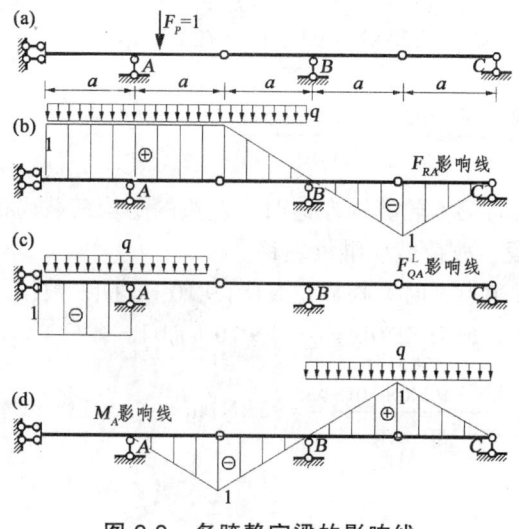

图 9.9 多跨静定梁的影响线

【**解**】 首先作出指定梁值的影响线，如图 9.9（b）、（c）、（d）所示。然后再利用影响线计算量值，即 $S = q\int_a^b y\mathrm{d}x = qA$。式中 A 表示影响线在均布荷载范围内的面积，若在该范围内影响线有正有负，则 A 应为正负面积的代数和。各量值最大值的计算略。

【例 9.9】 试求图 9.10（a）所示简支梁截面 C 在中-活载作用下的最大弯矩。

【解】 作出 M_C 影响线如图 9.10（b）所示。

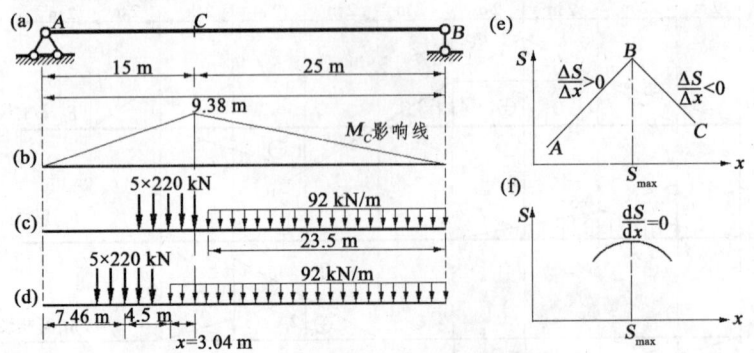

图 9.10 中-活载不利荷载位置的确定

欲使截面 C 的弯矩值为最大值，必须使列车尽可能多的车辆在梁上，同时又须使荷载值大的置于影响线竖标最大的部分。根据中-活载的特点即前面重后面轻，则最不利位置必然发生在列车向左开行的情况，因为这种情况才可使较重的荷载位于顶点附近时梁上的荷载较多。为此，将第 5 轮先置于顶点[图 9.10（c）]，根据不利荷载位置的判别不等式

$$\begin{cases} \dfrac{F_{Ra} + F_{cr}}{a} > \dfrac{F_{Rb}}{b} \\ \dfrac{F_{Ra}}{a} < \dfrac{F_{cr} + F_{Rb}}{b} \end{cases}$$

则有：

$$\begin{cases} \dfrac{4 \times 220 \text{ kN}}{15 \text{ m}} < \dfrac{220 \text{ kN} + 92 \text{ kN/m} \times 23.5 \text{ m}}{25 \text{ m}} \\ \dfrac{5 \times 220 \text{ kN}}{15 \text{ m}} < \dfrac{92 \text{ kN/m} \times 23.5 \text{ m}}{25 \text{ m}} \end{cases}$$

可见这不是临界位置，且将第 5 轮算入左边时，左边的平均荷载尚比右边的小，也就是还处于图 9.10（c）中的 BC 段，故荷载应继续左移。

设均布荷载左端跨过顶点 x 时为临界位置[图 9.10（d）]，根据均布荷载通过顶点时荷载位置的判别 $F_{Ra}/a = F_{Rb}/b$，应有 $dS/dx = 0$[图 9.10（f）]，即：

$$\dfrac{5 \times 220 \text{ kN} + 92 \text{ kN/m} \times x}{15 \text{ m}} = 92 \text{ kN/m} \Rightarrow x = 3.04 \text{ m}$$

相应的截面 C 弯矩为：

$$M_{C\max} = 5 \times 220 \times \dfrac{7.46}{15} \times 9.38 + 92 \times \left[\dfrac{3.04}{2} \times \left(9.38 + \dfrac{11.96}{15} \times 9.38 \right) + \dfrac{9.38 \times 25}{2} \right]$$

$$= 18\,280 \text{ kN} \cdot \text{m}$$

经分析，此位置为最不利荷载位置，相应位置的量值也是该截面的最大值。

【例 9.10】 作图 9.11（a）所示多跨静定梁在间接荷载作用下主梁 M_K、F_{QK} 的影响线，并利用影响线求图示 DE 段在均布荷载作用时的截面 K 的弯矩和剪力。

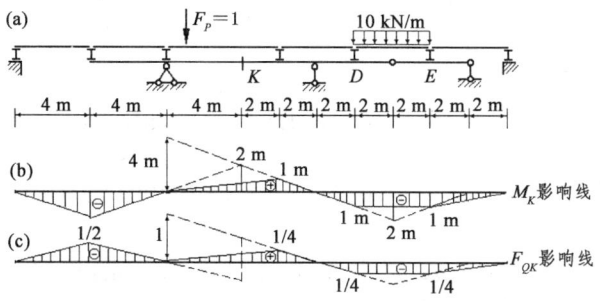

图 9.11 间接荷载量值计算

【解】 主梁 M_K、F_{QK} 的影响线如图 9.11（b）、（c）所示。这里要求主梁 K 截面的弯矩及剪力值，故将纵梁视为简支在横梁上的简支梁，因此主梁在 D、E 处分别受有向下 20 kN 的集中力。根据影响线纵距的力学意义和叠加法，有：

$$M_K = 20\text{ kN} \times (-1\text{ m}) + 20\text{ kN} \times (-1\text{ m}) = -40\text{ kN}\cdot\text{m}（上侧受拉）$$

$$F_{QK} = 20\text{ kN} \times (-1/4) + 20\text{ kN} \times (-1/4) = -10\text{ kN}$$

【例 9.11】 试求图 9.12（a）所示伸臂梁在汽车-20 级活载作用下截面 K 的最大与最小剪力值。

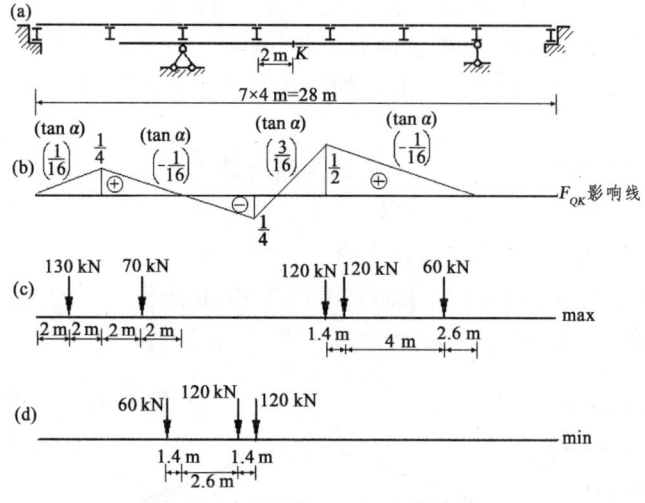

图 9.12 不利荷载位置的确定

【解】 首先绘出截面 K 的剪力影响线，如图 9.12（b）所示。图中括号里的数值为 $\tan\alpha_i$ 值。这是一间接荷载的影响线，每个节间为一直线。

图 9.12（c）：

$$\text{左移} \quad \sum F_{Ri} \cdot \tan\alpha_i = \frac{1}{16}(130\text{ kN} - 70\text{ kN} + 3 \times 120\text{ kN} - 120\text{ kN} - 60\text{ kN}) > 0 \left.\begin{array}{c}\\\\\end{array}\right\}变号$$

$$\text{右移} \quad \sum F_{Ri} \cdot \tan\alpha_i = \frac{1}{16}(130\text{ kN} - 70\text{ kN} - 120\text{ kN} - 120\text{ kN} - 60\text{ kN}) < 0$$

则　　　　　$F_{QK(\max)} = 130 \text{ kN} \times \dfrac{1}{8} + 70 \text{ kN} \times \dfrac{1}{8} + 120 \text{ kN} \times \dfrac{1}{2} + 120 \text{ kN} \times \dfrac{1}{2} \times \dfrac{6.6}{8} + 60 \text{ kN} \times \dfrac{1}{2} \times \dfrac{2.6}{8}$
$= 144.25 \text{ kN}$

图 9.12（d）：

$$\left. \begin{array}{ll} \text{左移} & \sum F_{Ri} \cdot \tan \alpha_i = \dfrac{1}{16}(-60 \text{ kN} - 120 \text{ kN} - 120 \text{ kN}) < 0 \\ \text{右移} & \sum F_{Ri} \cdot \tan \alpha_i = \dfrac{1}{16}(-60 \text{ kN} - 120 \text{ kN} + 3 \times 120 \text{ kN}) > 0 \end{array} \right\} \text{变号}$$

则　　　　　$F_{QK(\min)} = 60 \text{ kN} \times \dfrac{1}{4} \times \dfrac{1.4}{4} - 120 \text{ kN} \times \dfrac{1}{4} \times \dfrac{2.6}{4} - 120 \text{ kN} \times \dfrac{1}{4} = -44.25 \text{ kN}$

9.5　简支梁的绝对最大弯矩

在给定移动荷载作用下，可求出简支梁上任一指定截面的最大弯矩。但是在梁的所有截面的最大弯矩中，又有最大的弯矩，称为绝对最大弯矩。

计算绝对最大弯矩可按下述步骤进行：

（1）首先确定使梁中点截面 C 发生最大弯矩的临界荷载 F_{PK}。

（2）假设梁上荷载的个数，并求其合力 F_R（大小及位置）。

（3）移动荷载组使 F_{PK} 与 F_R 对称于梁的中点，此时应注意查对梁上荷载是否与所求的合力相符，如不符（即有荷载离开梁上或有新的荷载作用到梁上），则应重新计算合力，再行安排直至相符。

（4）计算 F_{PK} 作用点截面的弯矩，通常即为绝对最大弯矩 $M_{\max}$。

最后需要注意，当假设不同的梁上荷载个数均能实现上述荷载布置时，则应将不同情况 F_{PK} 下截面的弯矩分别求出，然后选大者为绝对最大弯矩。

【例 9.12】　试求图 9.13（a）所示简支梁在汽车-10 级作用下的绝对最大弯矩，并与跨中截面最大弯矩比较。

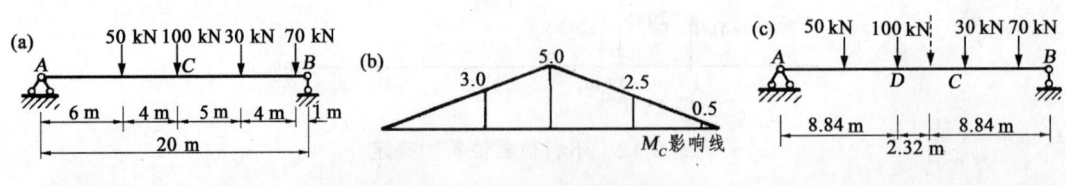

图 9.13　绝对最大弯矩算例 1

【解】　（1）求跨中截面 C 的最大弯矩。

绘出 M_C 影响线[图 9.13（b）]，显然重车后轮位于 C 点时为最不利荷载位置[图 9.13（a）]，即临界荷载为 100 kN，则 M_C 最大值为：

$M_{C\max} = 50 \text{ kN} \times 3.0 \text{ m} + 100 \text{ kN} \times 5.0 \text{ m} + 30 \text{ kN} \times 2.5 \text{ m} + 70 \text{ kN} \times 0.5 \text{ m}$
$= 760 \text{ kN} \cdot \text{m}$

（2）设发生绝对最大弯矩时有 4 个荷载在梁上，其合力为：

$$F_R = 50 \text{ kN} + 100 \text{ kN} + 30 \text{ kN} + 70 \text{ kN} = 250 \text{ kN}$$

F_R 至临界荷载（100 kN）的距离 a 由合力矩定理（以 100 kN 作用点为矩心）求得，即：

$$a = \frac{30 \text{ kN} \times 5 \text{ m} + 70 \text{ kN} \times 9 \text{ m} - 50 \text{ kN} \times 4 \text{ m}}{250 \text{ kN}} = 2.32 \text{ m}$$

（3）移动荷载组使 100 kN 与 F_R 对称于梁的中点，荷载安排如图 9.13（c）所示，此时梁上荷载与求合力时相符。由式

$$M_{\max} = \frac{F_R}{l}\left(\frac{l}{2} - \frac{a}{2}\right)^2 - M_K$$

算得绝对最大弯矩（即截面 D 的弯矩）为：

$$M_{\max} = \frac{250 \text{ kN}}{20 \text{ m}} \times \left(\frac{20 \text{ m}}{2} - \frac{2.32 \text{ m}}{2}\right)^2 - 50 \text{ kN} \times 4 \text{ m} = 777 \text{ kN} \cdot \text{m}$$

该弯矩比跨中最大弯矩大 2.2%。在实际工作中，有时也用跨中最大弯矩来近似代替绝对最大弯矩。

【例 9.13】 求图 9.14（a）所示简支梁的绝对最大弯矩。

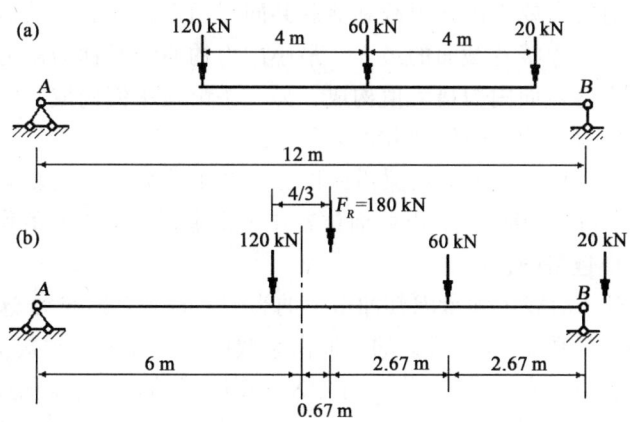

图 9.14 绝对最大弯矩算例 2

【解】 二力在梁上[图 9.14（b）]，则：

$$M_{\max} = \frac{F_R}{l}\left(\frac{l}{2} - \frac{a}{2}\right)^2 - M_K = \frac{180 \text{ kN}}{12 \text{ m}}\left(6 \text{ m} - \frac{2}{3} \text{ m}\right)^2 - 0 = 426.7 \text{ kN} \cdot \text{m}$$

【例 9.14】 求图 9.15（a）所示简支梁的绝对最大弯矩。
【解】 一力在梁上[图 9.15（b）]，则：

$$M_{(1)} = \frac{Fl}{4} = \frac{60 \text{ kN} \times 6 \text{ m}}{4} = 90 \text{ kN} \cdot \text{m}$$

二力在梁上[图 9.15（c）]，则：

$$M_{(2)} = \frac{120 \text{ kN}}{6 \text{ m}} \left(\frac{6 \text{ m}}{2} - \frac{1.8 \text{ m}}{2} \right)^2 = 88.2 \text{ kN} \cdot \text{m}$$

绝对最大弯矩发生在一个力在梁上时，即图 9.15（b）所示。

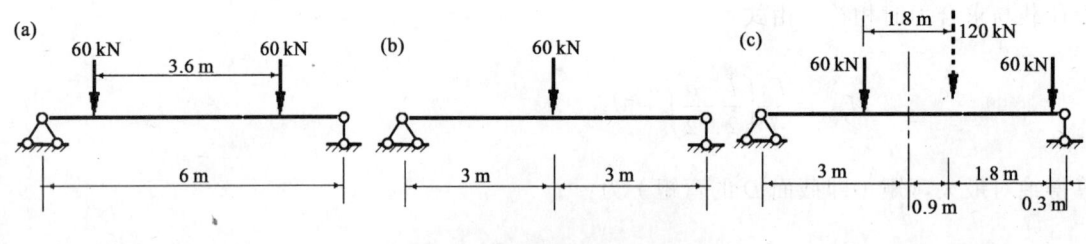

图 9.15　绝对最大弯矩算例 3

9.6　简支梁的内力包络图

在结构计算中，通常需要求出在恒载和活载共同作用下，各截面的最大、最小内力，以作为设计或检算的依据。连接各截面的最大、最小内力的曲线，称为内力包络图。包络图由两条曲线构成，一条由各截面内力最大值构成，另一条由最小值构成，它是钢筋混凝土梁设计计算的依据。包络图分为弯矩包络图和剪力包络图。

作梁的弯矩（剪力）包络图时，将梁沿跨度分为若干等分，利用影响线求出各等分的最大弯矩（剪力）和最小弯矩（剪力），以截面位置作为横坐标，求得的值作为纵坐标，用光滑曲线连接各点即可获得包络图。

在实际工作中，对于活载还须考虑其冲击力的影响（即动力影响），这通常是将静活载所产生的内力值乘以冲击系数 $1+\mu$ 来考虑的。冲击系数的确定详见有关规范。

设梁所承受的恒载为均布荷载 q，某一内力 S 的影响线的正、负面积及总面积分别为 A_+、A_- 及 $\sum A$，活载换算为均布荷载 K（查表计算），则在恒载和活载共同作用下该内力的最大、最小值计算式可写为：

$$\begin{cases} S_{\max} = S_q + S_{K\max} = q\sum A + (1+\mu)KA_+ \\ S_{\min} = S_q + S_{K\min} = q\sum A + (1+\mu)KA_- \end{cases}$$

【例 9.15】图 9.16 为跨度 18 m 的单线铁路钢筋混凝土简支梁桥的弯矩和剪力包络图。该桥有两片梁，恒载为 $q = 2 \times 54.1$ kN/m，承受中-活载，根据铁路桥涵设计规范，其冲击系数为 $1 + \mu = 1.261$。

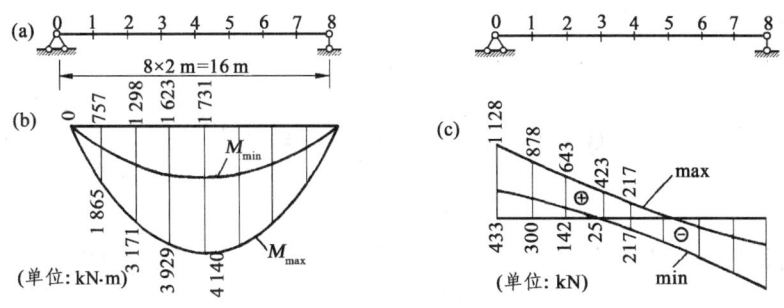

图 9.16 弯矩及剪力包络图

9.7 机动法作影响线

机动法是绘制影响线的另一种方法，它的理论依据是虚功原理。根据刚体系虚功原理：刚体系在力系作用下处于平衡时，在任何可能的无限小位移中，力系所做功的总和为零。这种任何可能的无限小位移称为虚位移，而力系在虚位移上所做的功称为虚功。应用机动法可以将绘制静定结构的内力和反力影响线问题转化为求作位移图的几何学问题，绘制过程快捷直观。

用机动法作静定结构某量值 S 的影响线的步骤为：

（1）首先撤去与 S 相应的约束，代以正方向的力 S。

（2）沿 S 的正方向发生单位虚位移，所得机构的竖向虚位移图 δ_P，将机构虚位移图改变符号，得量值 S 的影响线。

需要注意的是，虚位移图 δ_P 是指 $F_P=1$ 作用点的位移图，因此用机动法作间接荷载作用下的影响线时，δ_P 应是纵梁的位移图，而不是主梁的位移图，因为荷载是在纵梁上移动的。

【例 9.16】 用机动法作图 9.17 所示多跨静定梁指定量值的影响线。

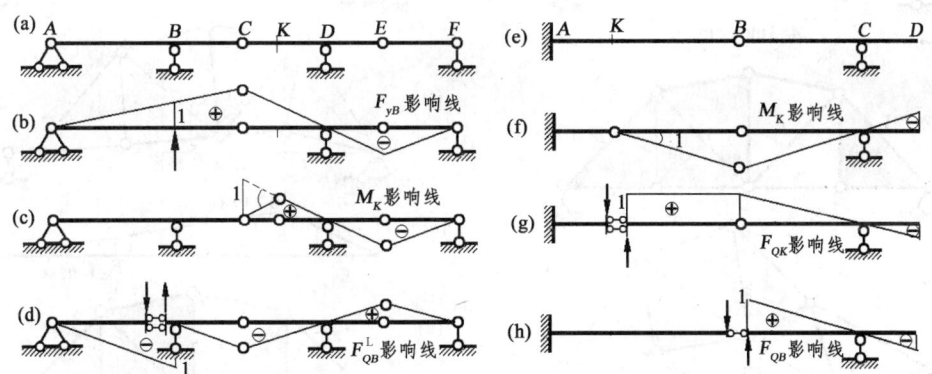

图 9.17 机动法作多跨静定梁的影响线

【解】 多跨静定梁包含基本部分和附属部分，用机动法绘制其各项影响线将是很方便的。只需注意这些特点：在撤去与所求内力相应的约束后，若在基本部分形成机构，则除基本部分发生虚位移外，还将影响它的附属部分；若在附属部分形成机构，则虚位移图仅涉及附属部分。具体量值的影响线见图 9.17(b) ~ (h)。

9.8 联合法作影响线

联合法是指将机动法与静力法联合应用的一种方法。对某指定量值的影响线，可采用定性分析（机动法）绘出其形状，再将移动荷载 $F_P = 1$ 置于某些控制点进行定量分析（静力法）。

【例 9.17】 试用联合法作图 9.18 所示桁架指定杆件的轴力影响线。

【解】（1）定性分析。

先按机动法将所求轴力的杆件切断，并代以原轴力。此时，原静定桁架的某一节间形成机构，但其余部分仍保持内部几何不变，可视为刚片，如图 9.18（b）、（e）、（h）所示阴影部分。在发生机构虚位移时，刚片部分的位移应保持直线，支座处无竖向位移，由此便可按机动法迅速获得相应的影响线形状（载重弦），如图 9.18（c）、（f）所示。

因此可得以下规律：

一段刚片，一段直线。被切节间，直线过渡。竖向支座，竖标为零。

（2）定量分析。

如果要确定某量值影响线的具体数值，可将 $F_P = 1$ 作用于载重弦的一些控制结点位置，求出该杆件的轴力。例如，将 $F_P = 1$ 作用在下弦结点 D 上，按固定荷载求出杆 1、2 和 3 的轴力分别为 -0.4712、0.7498 和 1.0603，最后可得影响线图形，如图 9.18（d）、（g）、（i）所示。

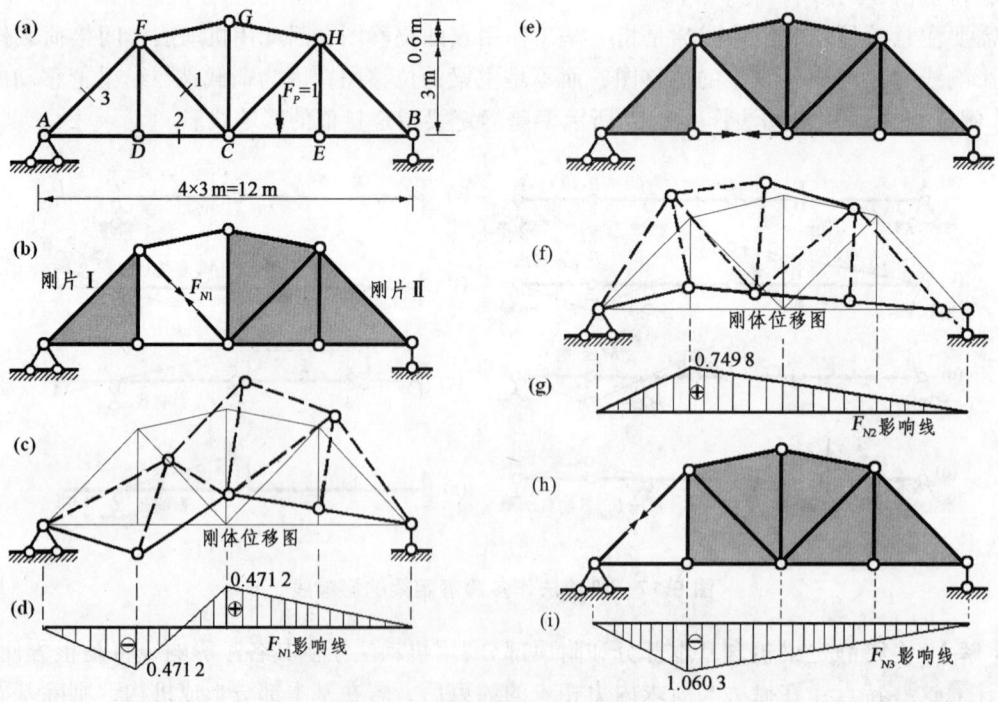

图 9.18 联合法作桁架的影响线

9.9 定性绘制超静定结构的影响线

所谓超静定结构的影响线，仍是指在单位移动荷载 $F_P=1$ 作用下的某一量值呈某一变化规律的图形，与前述不同的只是其图形通常呈曲线形式，而且要借助求解超静定结构的方法才能求得。

【例 9.18】 绘制图 9.19（a）所示 n 次超静定结构连续梁的指定量值影响线。

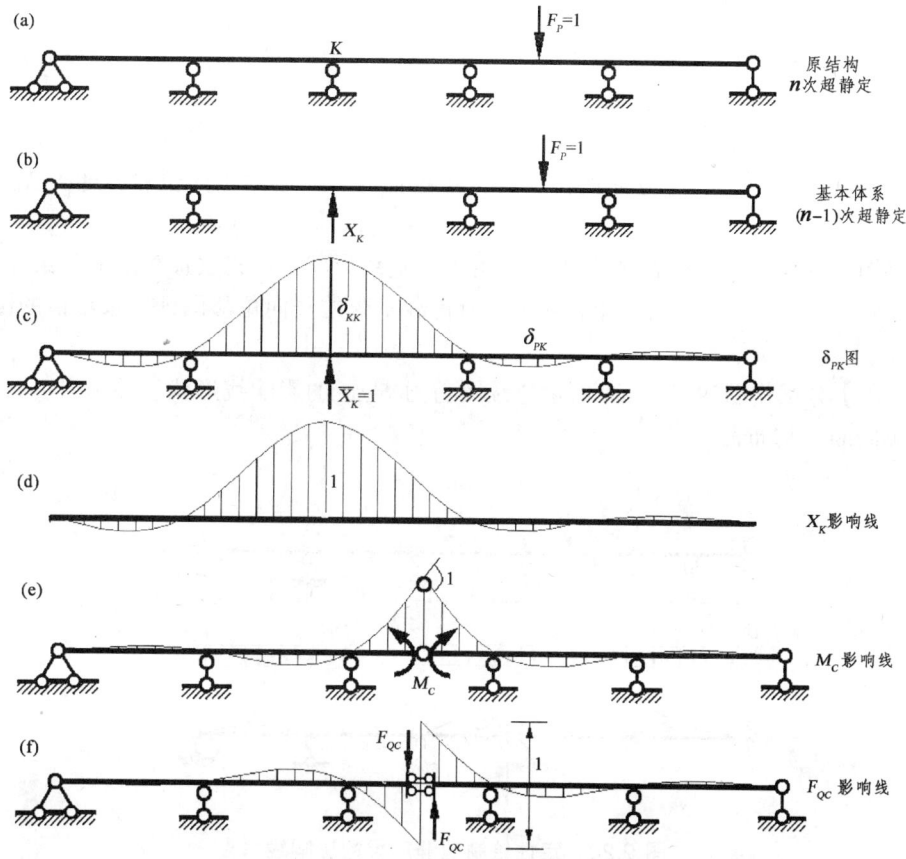

图 9.19 定性绘制超静定结构的反力影响线

【解】 现欲求反力 X_K 影响线，先去掉相应约束，再代以向上的反力，这样得到一个 $n-1$ 次超静定结构[图 9.19（b）]，其力法位移条件方程为：

$$\delta_{KK}X_K + \delta_{KP} = 0$$

式中：δ_{KK} 为基本结构上由于 $\overline{X}_K=1$ 作用引起的沿 X_K 方向的位移，它恒为正且是常数；δ_{KP} 是 $F_P=1$ 单独作用时所引起的 X_K 方向的位移。则有：

$$X_K = -\frac{\delta_{KP}}{\delta_{KK}}$$

（1）定量分析。上式表明：如果要确定某量值影响线的具体数值，可先求出单位力单独作用时若干点的位移，再求出基本体系在单位力所在位置处的位移，由此得比例系数，用此比例系数乘以前面求出的若干点位移，所得的结果就是影响线的坐标值。

（2）定性分析。

根据互等定理 $\delta_{KP} = \delta_{PK}$，于是有：

$$X_K = -\frac{\delta_{KP}}{\delta_{KK}} = -\frac{\delta_{PK}}{\delta_{KK}}$$

式中，δ_{PK} 为基本结构在 $\overline{X}_K = 1$ 作用下的竖向位移图[图9.19（c）]。假设 $\delta_{KK} = 1$，则有：

$$X_K = -\delta_{PK}$$

即体系在 X_K 作用下沿 X_K 方向的位移若为单位值时，所得的竖向位移图即为 X_K 影响线[图9.19（d）]。

欲绘制图第3跨梁跨中截面 C 的弯矩、剪力影响线形状，可先去掉相应的约束并代以相应的力矩、力，再沿其正方向给予单位位移，所得载重弦的竖向位移图即所求量值的影响线，如图9.19（e）、（f）所示。

【例9.19】 试作图9.20（a）所示连续梁剪力 F_{QBC} 的影响线形状，并画出引起此剪力最大值的可间断的均布荷载。

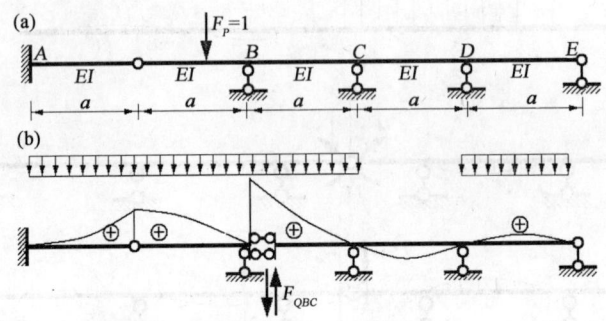

图9.20 定性绘制超静定梁的影响线

【解】 先去掉截面 B 右边相应的剪力约束，并代以正方向的剪力。而后在其正方向给以单位虚位移，根据约束条件绘出其弹性变形曲线，定性得其影响线（平行链杆，两边平动）。在影响线正面积上分段布满均布荷载，得问题的解，如图9.20（b）所示。

【例9.20】 定性绘制图9.21（a）所示超静定刚架支座 A 的水平推力及截面 K 的影响线形状。横梁 $EFGH$ 为载重弦。

【解】 去掉相应的约束，沿正方向发生单位虚位移，所得载重弦的变形图即为该量值的影响线，如图9.21（b）、（c）所示。

【例9.21】 定性绘制图9.22（a）所示超静定拱架指定量值的影响线形状。吊杆（竖杆）均为链杆。

【解】 首先去掉相应的约束并代以相应的力矩、力，再沿其正方向给予单位位移，所得载重弦的竖向位移图即所求量值的影响线，如图 9.22（b）、（c）、（d）所示。

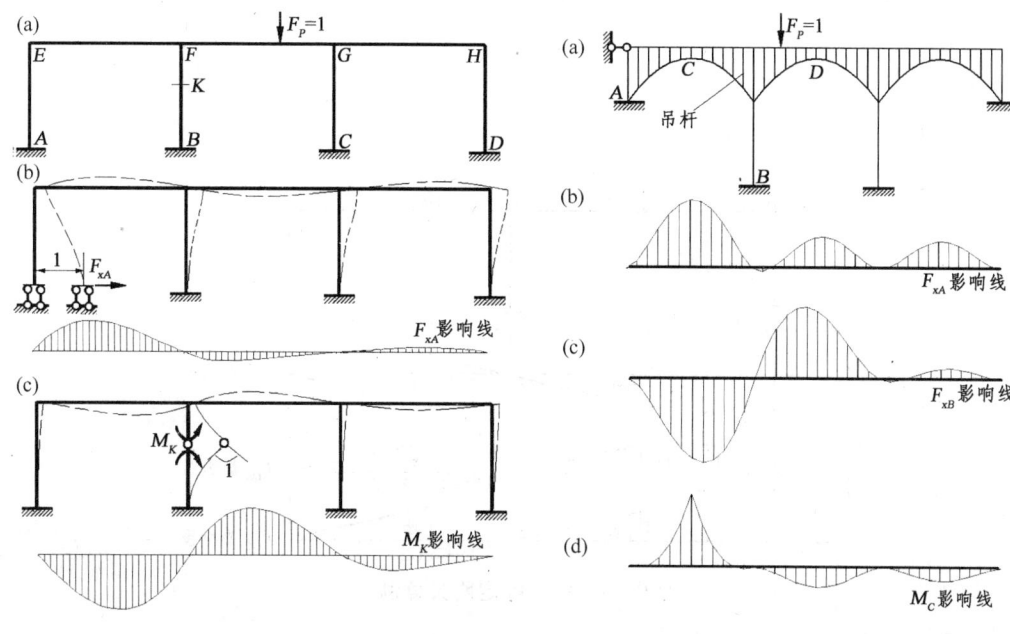

图 9.21　定性绘制超静定刚架的影响线　　　图 9.22　定性绘制超静定拱架的影响线

9.10　试　题　分　析

【例 9.22】　图 9.23 所示多跨静定梁受图示移动荷载作用，求梁的绝对最大弯矩（1996 年试题）。

【解】　考虑单个最大力的影响：若将 300 kN 置于跨中，跨中弯矩为 $F_P l/4 = 450$ kN·m。若将 300 kN 置于悬臂端 C 点，则 $M_B = 300$ kN×3 m = 900 kN·m。由此可知绝对最大弯矩应发生在该位置，即 $M_{max} = M_B = -1100$ kN·m（上侧受拉）。

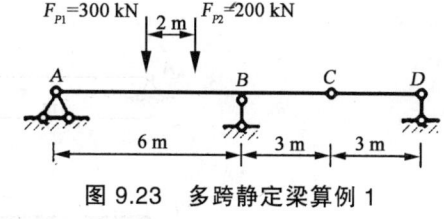

图 9.23　多跨静定梁算例 1

【例 9.23】　作图 9.24（a）所示结构的 M_K 影响线（1997 年试题）。

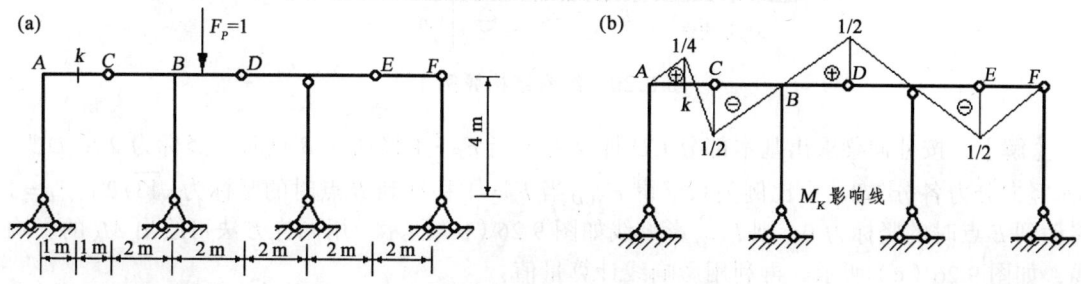

图 9.24　多跨静定刚架算例 1

【解】 应用三铰拱计算公式,即 $M_K = M_K^0 - F_H y_K$。式中 $F_H = M_C^0/f = M_C^0/4$,$y_K = 4\,\text{m}$,代入上式,得 $M_K = M_K^0 - F_H y_K = M_K^0 - M_C^0$。其中 M_K^0、M_C^0 为相应简支梁的弯矩影响值。M_K 影响线如图 9.24(b)所示。

【例 9.24】 试作图 9.25 所示结构 M_K、F_{QK} 及 F_{QC} 的影响线。已知 $F_P = 1$ 在 AF 间移动(1998 年试题)。

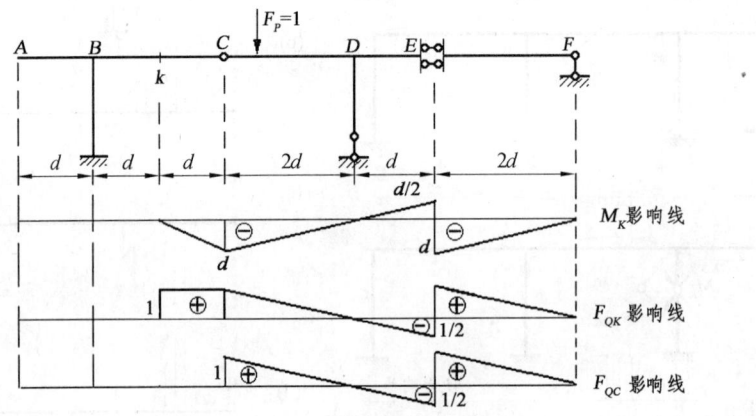

图 9.25 多跨静定刚架算例 2

【解】 要分清基本部分与附属部分。各量值影响线如图 9.25 所示。

【例 9.25】 试求图 9.26(a)所示结构当均布活载可任意布置在 AE 间时的链杆内力 F_{NCD} 和截面 K 处弯矩 M_K 的最大值(绝对值)(1999 年试题)。

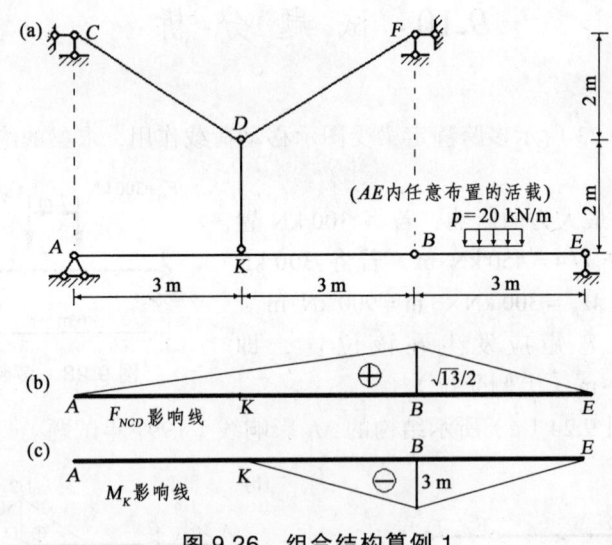

图 9.26 组合结构算例 1

【解】 按外伸梁求出基本部分 CD 杆反力(当 $F_P = 1$ 移动到 B 点时,竖标为 2),DC、DF 竖向分力各分 1/2,由比例关系求得 F_{NCD} 当 $F_P = 1$ 移动到 B 点时的竖标为 $\sqrt{13}/2$,$F_P = 1$ 移动到 E 点时的竖标为 0,则 F_{NCD} 影响线如图 9.26(b)所示。用同样方法可绘出 M_K 的影响线,如图 9.26(c)所示。再利用影响线计算量值:

$$F_{NCD\max} = qA = 162 \text{ kN}, \quad M_{K\max} = qA = -180 \text{ kN} \cdot \text{m}$$

【例 9.26】 作图 9.27（a）所示结构截面 K 的剪力影响线和弯矩影响线（2000 年试题）。

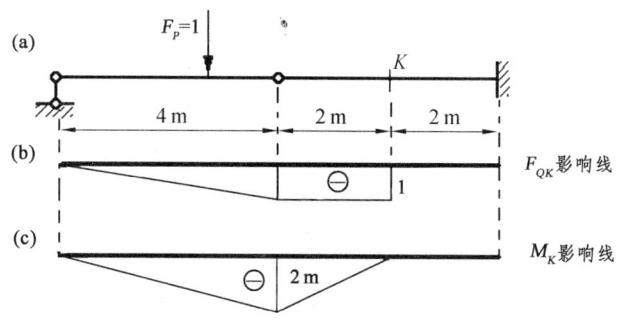

图 9.27　多跨静定梁算例 2

【解】 多跨静定梁，先考虑 $F_P = 1$ 在基本部分移动，再考虑附属部分影响。F_{QK}、M_K 影响线如图 9.27（b）、（c）所示。

【例 9.27】 作图 9.28 所示结构的 M_E、M_F 影响线（2001 年试题）。

【解】 首先按多跨静定梁作出 ACB 部分的影响线及链杆 CF 反力的影响线，而后以 CF 反力为作用在简支梁 DG 段的变荷载，按 $Fl/4$ 得 M_F 影响线[图 9.28（b）、（c）]。

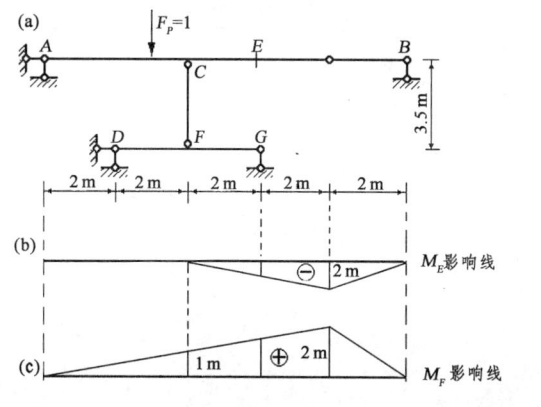

图 9.28　组合结构算例 2

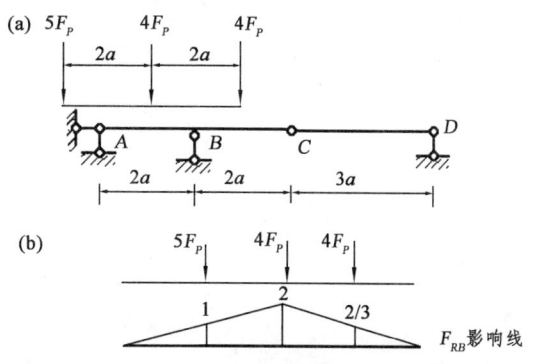

图 9.29　多跨静定梁算例 3

【例 9.28】 利用影响线求在图 9.29（a）所示移动荷载（不考虑调头）作用下支座 B 的最大反力（2004 年试题）。

【解】 绘出反力影响线，判定最不利荷载位置[图 9.29（b）]，计算得 $F_{RB\max} = 15.667 F_P$。

【例 9.29】 作图 9.30（a）所示梁中点 C 的弯矩影响线，并求在移动系列荷载作用下梁中点的弯矩最大值（2005 年试题）。

【解】 首先绘出 C 截面的弯矩影响线[图 9.30（b）]，判断临界位置，即 $F_K = F_3 = 150 \text{ kN}$，利用影响线求量值，得 $M_{C\max} = 828 \text{ kN} \cdot \text{m}$。

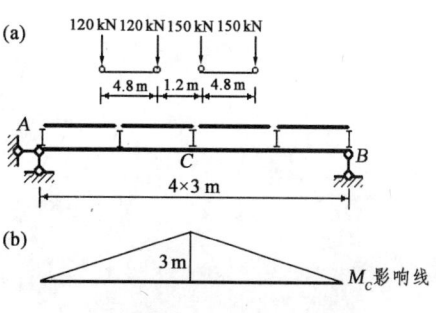

图 9.30　间接荷载作用算例 1

【例 9.30】 图 9.31（a）所示竖向荷载在梁 EF 上移动，利用影响线求绝对值为最大的 M_C（2007 年试题）。

【解】 先绘 $Y_D = x/3a$ 的影响线，再绘 $F_{Ay} = 3Y_D/2 = x/2a$ 的影响线[图 9.31（b）]，最后绘 $M_C = -x/6a$ 的影响线[图 9.31（c）]，其中 $a = 3$ m。最后求得 $M_{C\max} = -486.67$ kN·m。

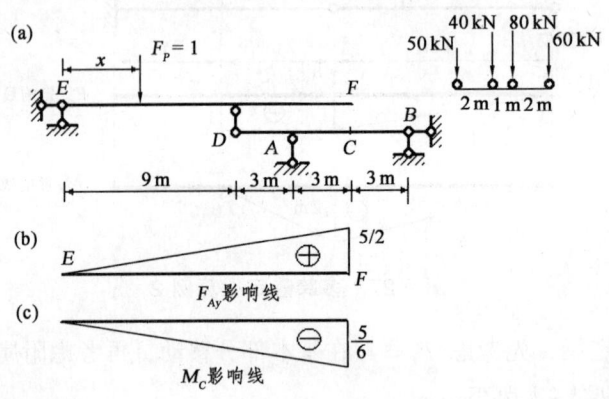

图 9.31 间接荷载作用算例 2

第 10 章 结构动力学

结构动力学是研究结构在动力荷载作用下的振动问题。在动力荷载作用下，其一要考虑惯性力影响，其二考虑位移、内力、速度、加速度均随时间变化而变化。

10.1 结构动力分析中体系的自由度

在动力分析中，惯性力是使结构产生动力响应的本质因素，而惯性力的产生又是由结构的质量所引起的。也就是说，在振动过程中，结构上凡有质量处均产生惯性力。因此，对结构中质量位置及其运动的描述是结构振动分析中的关键。在结构动力学中，要得到一个实际结构体系在数学上的合理解，需要一个理想化或简化的数学模型，体系的自由度便是模型建立过程中要研究的一个关键问题。

1. 动力分析基本未知量——振动自由度

在结构振动过程中的任一时刻，确定体系全部质量位置或变形状态所需的独立几何参数的个数，称为体系的动力自由度，简称自由度。

这些独立的参数是动力分析的基本未知量，它们是线位移或角位移。按照体系的动力自由度的数目，将结构体系分为单自由度体系（即 1 个自由度）、多自由度体系（即自由度 $n \geq 2$）及无限自由度体系。

2. 集中质量法

将无限自由度体系简化为有限自由度体系的常用方法称为集中质量法。它是将结构的分布质量按一定规则集中到结构的某个或某些位置上，成为一系列离散的质点或块，其余位置上不再存在质量。

3. 体系自由度的确定

集中质量法确定结构的动力自由度数目时应注意以下几点：

（1）平面问题，一个质点有 2 个独立自由度（水平和竖向运动），而质量块有 3 个独立自由度（水平和竖向运动及转动）。

（2）结构动力自由度的数目与质量数目无关。

（3）结构动力自由度的数目与静定、超静定次数无关。

（4）一般受弯结构的轴向变形忽略不计。

（5）结构动力自由度的数目与计算假定有关。一般来说，自由度数目越多，就越能反映结构实际动力特性，但计算工作量也越大。

根据上述几点说明，图 10.1 给出了平面结构体系自由度的确定示例。

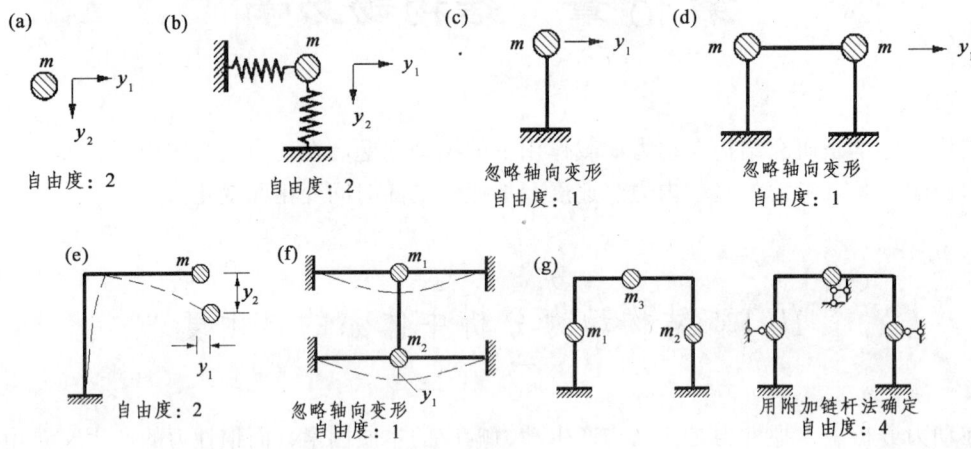

图 10.1 体系自由度的确定

对于较复杂的体系，可采用在集中质量处附加刚性链杆以限制质量运动的方法来确定振动自由度数目。此时，体系振动的自由度数就等于约束所有质量的运动所需增加的最少链杆数目。例如图 10.1（g）所示体系有 4 个振动自由度。

10.2 结构的动力特性

结构的动力特性是指结构的自振频率、结构的振型和结构的阻尼三个方面。

10.2.1 结构的自振频率

当结构受到某种外界干扰后产生位移或速度而偏离平衡状态，在外界干扰消失后结构将在其平衡位置附近继续振动，这种振动就称为自由振动，即振动过程中无干扰力作用的振动。

1. 自振频率

结构在自由振动时的频率（单位时间内的振动次数）称为结构的自振频率或固有频率，用 ω 表示。自振频率的个数与结构的自由度相等。

2. 频率谱

结构的自振频率按由小到大的顺序排列称为结构的频率谱。频率谱中最小的频率称为结构的基本频率，简称基频（一阶频率），记为 ω_1，其余依次记为 ω_2，ω_3，$\cdots$，ω_n，相应地称为第二阶频率、第三阶频率……第 n 阶频率。

10.2.2 结构的振型

当结构按频率谱中某一自振频率作自由振动时,其变形形状保持不变(即振动过程中各个质量的位移之比保持一个确定的关系),这种变形形状称为结构的主振型(或固有振型),简称振型。结构按一阶频率作自由振动时的振型称为结构的第一阶振型,其余依次称为第二阶振型、第三阶振型……第 n 阶振型,如图 10.2 所示。

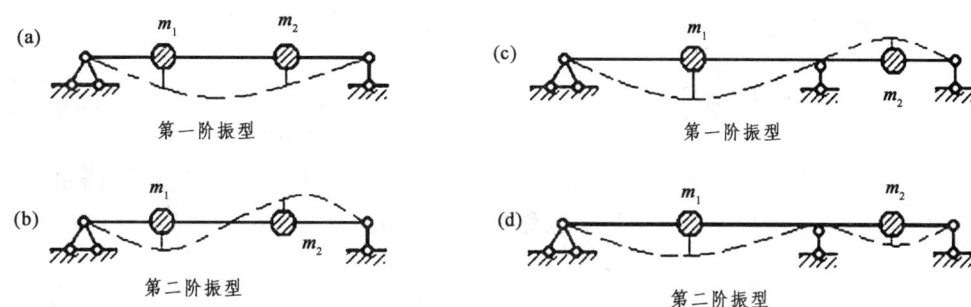

图 10.2 两个自由度体系的振型

10.2.3 结构的阻尼

结构自由振动的振幅都会随时间而衰减,经过一定时间后停止振动,这是因为系统的能量因某些原因而消耗了。这种能量的耗散作用称为阻尼,由于阻尼使振动衰减的系统称为有阻尼系统。

10.3 单自由度体系的振动

10.3.1 自由振动

结构在没有动力作用即 $F_P(t)=0$ 时所发生的振动,称为自由振动。

引起自由振动的原因:通过对质量施加初始位移 y_0 和初始速度 $\dot{y}_0$ 而激发产生。

研究自由振动的目的:确定结构的自振频率和振型。而自振频率和振型是研究强迫振动的前提。

1. 无阻尼自由振动

无阻尼自由振动的质量运动规律为:

$$\begin{cases} y(t) = a\sin(\omega t + \varphi) \\ a = \sqrt{y_0^2 + \dfrac{\dot{y}_0^2}{\omega^2}} \\ \varphi = \arctan\dfrac{y_0\omega}{\dot{y}_0} \end{cases} \quad (10.1)$$

1）周期与频率

结构重复出现同一运动状态（包括位移、速度等）的最短时间间隔称为周期，用符号 T 表示，通常选取的时间单位为秒（s）。

单位时间内的振动次数，称为频率，用字母 f 表示，其单位为赫兹（Hz）。它与周期 T 的关系为：

$$f = \frac{1}{T} \text{（Hz）} \quad (10.2)$$

如果时间单位取 $2\pi(s)$，此时的振动次数常称为圆频率，其单位是弧度/秒（rad/s）。因为圆频率的单位与角速度单位相同，因而也称角频率。圆频率 ω 与频率 f 及周期 T 的关系为：

$$f = \frac{\omega}{2\pi}, \quad T = \frac{2\pi}{\omega} \quad (10.3)$$

工程上还常用 1 分钟（min）内振动的次数表示频率，称为工程频率，用字母 n 表示。工程频率 n 与频率 f 的关系为：

$$n = 60f \quad (10.4)$$

圆频率 ω 常用的计算公式为：

$$\omega = \sqrt{\frac{k_{11}}{m}} = \sqrt{\frac{1}{m\delta_{11}}} = \sqrt{\frac{g}{W\delta_{11}}} = \sqrt{\frac{g}{\Delta_{st}}} \quad (10.5)$$

式中：g 为重力加速度；$\Delta_{st} = W\delta_{11}$ 表示在质量上沿振动方向施加数值为 W 的荷载时质量沿振动方向所产生的静位移。

分析式（10.5）可得以下结论：

（1）结构的刚度 k 越大或柔度 δ 越小，频率 f（或 ω）就越高，亦即振动越快；反之，质量 m 越大，亦即运动的惯性越大，振动频率 f（或 ω）就越低。这是一个十分重要的特性，它表明一个结构体系的自由振动频率值的大小与该结构体系的外部条件无关，只与结构的内部固有属性质量、刚度有关，故通常称为自振频率或固有频率。该特性在结构设计中对如何控制结构自振频率有重要意义。

（2）式（10.5）表明，ω 随 Δ_{st} 的增大而减小，也就是说，若把集中质点放在结构上产生最大位移处，则可得到最低的自振频率和最大的振动周期。

（3）由 $T = 2\pi/\omega$ 可知：当体系为线弹性时，无论初始条件如何，体系完成一个振动循环所用的时间总是相等的，即等于 T。

2）振　幅

振动质量离开平衡位置的最大位移，称为振幅，用字母 a 表示。计算表达式如式（10.1）

所示。振幅值与结构运动开始时外界向该结构提供的促使它发生运动的初始条件有关，即振幅值与初始位移 y_0 及初始速度 $\dot{y}_0$ 有关，它反映了外界赋予结构的能量的大小。在无阻尼自由振动中，振幅 a 不随时间变化。

3）相　位

相位是决定振动结构运动状态的重要参数。角度 $(\omega t+\varphi)$ 称为振动质量 m 的相位，它表示结构任一时刻的振动运动状态。而 φ 是 $t=0$ 时的相位，称为初相位，它表示结构在开始振动时的运动状态。一个确定的相位，总是对应着振动结构的一个确定的运动状态。

【例 10.1】　用刚度法求图 10.3（a）所示超静定刚架的自振频率和周期。

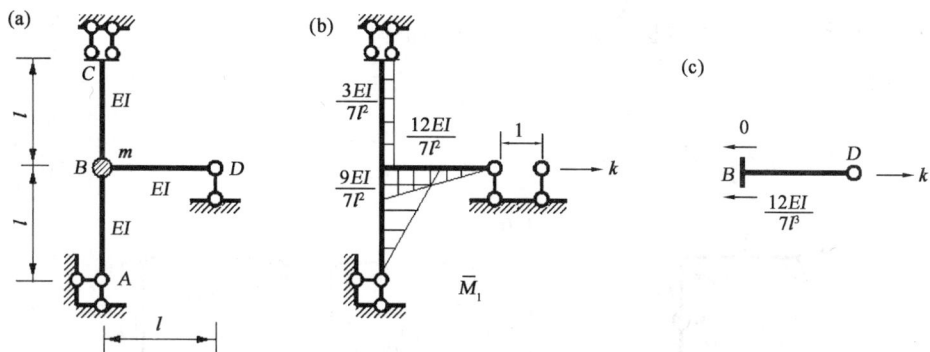

图 10.3　刚度法解超静定刚架

【解】　结构有一个水平自由度。在横梁处施加水平力 k，使质量 m 发生水平方向的单位位移[图 10.3（b）]，由此产生的杆件弯矩可用力矩分配法求得。根据弯矩图算得 B 结点上下两侧的杆端剪力，自振频率及周期便可按图 10.3（c）所示横梁隔离体的平衡求得，即：

$$k=\frac{12EI}{7l^3}\Rightarrow \omega=\sqrt{\frac{k}{m}}=\sqrt{\frac{12EI}{7ml^3}}\Rightarrow T=\frac{2\pi}{\omega}=2\pi\sqrt{\frac{7ml^3}{12EI}}$$

【例 10.2】　求图 10.4（a）所示框架的自振频率。质量分别为 m，忽略柱子的质量。

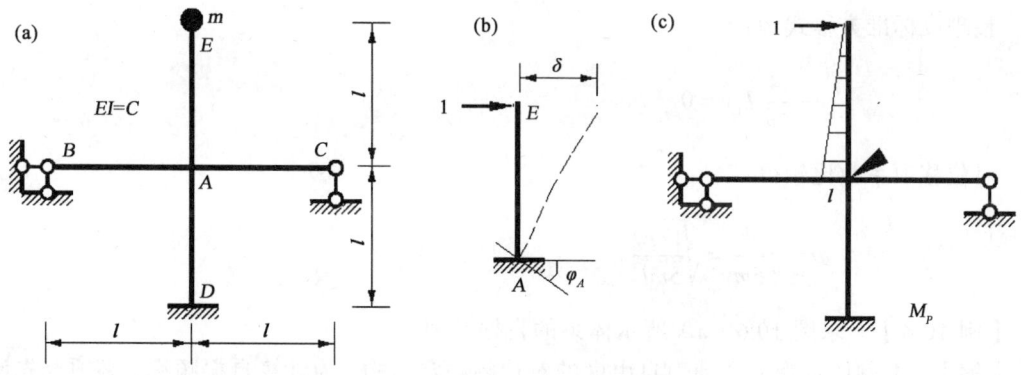

图 10.4　刚度法与柔度法联合解框架

【解】　质量处水平位移系数 δ 由两部分组成[图 10.4（b）]：一部分由水平单位力引起，其值为 $\delta'=l^3/3EI$。另一部分由支座转动转角 φ_A 引起，由图 10.4（c）可求得 $\varphi_A=l^2/10EI$，则由它产生的 E 点处的水平位移 $\delta''=l\times\varphi_A=l^3/10EI$。因此，柔度系数为：

$$\delta = \delta' + \delta'' = \frac{l^3}{3EI} + \frac{l^3}{10EI} = \frac{13l^3}{30EI}$$

则
$$\omega = \sqrt{\frac{1}{m\delta}} = \sqrt{\frac{30EI}{13ml^3}}$$

【例 10.3】 求图 10.5（a）所示体系的自振频率。

【解】 本题不能直接套用公式（10.5）。可用虚功法建立运动方程，将其整理成标准形式，通过对比的方法确定位移项的系数，即频率。

首先将图 10.5（a）转化为图 10.5（b）所示体系。设单自由度体系可能产生的位移形式如图 10.5（c）所示，铰 B 处位移 y 为基本量，而其他位移均可利用它来表示。由 $\sum M_A = 0$ 的虚功方程为：

$$F_{I1} \times \frac{l}{2} + F_{I2} \times l - k_1 y \times l = 0$$

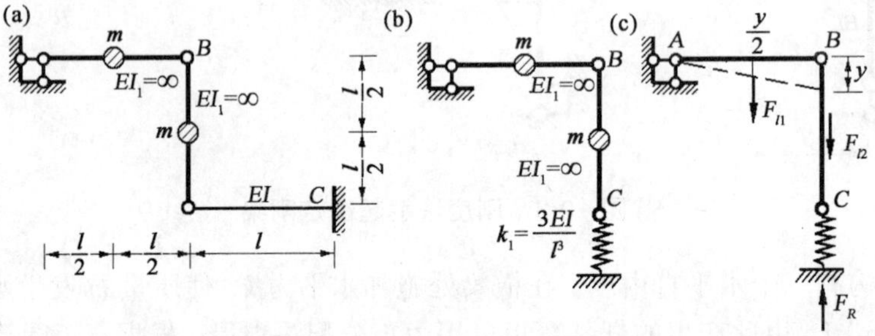

图 10.5 取等效计算模型示例 1

将惯性力 $-m\ddot{y}$ 代入上式，得：

$$-m\ddot{y}/2 \times \frac{l}{2} - m\ddot{y} \times l - k_1 y \times l = 0$$

整理成标准方程式为：

$$\ddot{y} + \frac{4}{5m} k_1 y = 0$$

对位移项系数比较得：

$$\omega = \sqrt{\frac{4k_1}{5m}} = \sqrt{\frac{12EI}{5ml^3}}$$

【例 10.4】 求图 10.6（a）所示体系的自振频率。

【解】 本题所示为一个动力自由度的对称超静定结构。为计算自振频率，必须首先计算柔度或刚度系数。应用 $k = 1/\delta$ 的关系，采用图 10.6（b）的分析模型，首先计算刚架下部的支撑作用，即在单位力的作用下，其柔度系数 δ 为：

$$\delta = \int \frac{\overline{M}_1^2 \mathrm{d}x}{EI} = \frac{2}{EI} \times \frac{1}{2} \times 2 \times 5 \times \frac{2}{3} \times 2 = \frac{40}{3EI}, \quad k = \frac{1}{\delta} = \frac{3EI}{40}$$

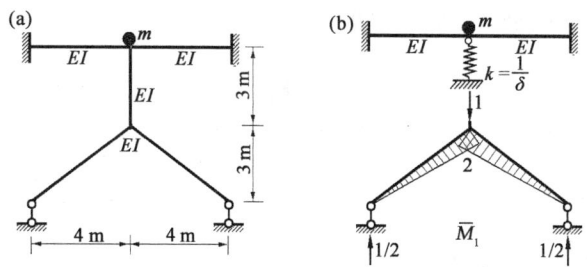

图 10.6 取等效计算模型示例 2

整体结构竖向刚度系数为:

$$k_e = \frac{192EI}{8^3} + \frac{3EI}{40} = \frac{192EI}{512} + \frac{3EI}{40} = \frac{9EI}{20}$$

$$\omega = \sqrt{\frac{k}{m}} = \sqrt{\frac{9EI}{20m}}$$

2. 有阻尼自由振动

有阻尼自由振动的质量运动规律为:

$$\begin{cases} y(t) = ae^{-\xi\omega t}\sin(\omega_d t + \varphi_d) \\ a = \sqrt{y_0^2 + \left(\dfrac{\dot{y}_0 + y_0\xi\omega}{\omega_d}\right)^2} \\ \varphi_d = \arctan\left(\dfrac{\omega_d y_0}{\dot{y}_0 + \xi\omega y_0}\right) \end{cases} \quad (10.6)$$

有阻尼时的振幅:

$$a(t) = ae^{-\xi\omega t} \quad (10.7)$$

有阻尼时的自振频率:

$$\omega_d = \omega\sqrt{1-\xi^2} \quad (10.8)$$

有阻尼时的自振周期:

$$T_d = \frac{2\pi}{\omega_d} = \frac{T}{\sqrt{1-\xi^2}} \quad (10.9)$$

结构体系的真实阻尼特性只能通过实验来确定, 即:

$$\xi \approx \frac{1}{2\pi}\ln\frac{y_k}{y_{k+1}} \quad (10.10\text{a})$$

为了提高阻尼比 ξ 的计算精度, 通常利用量测相隔 n 个周期的振幅 y_k 和 y_{k+n}, 则有:

$$\xi \approx \frac{1}{2n\pi}\ln\frac{y_k}{y_{k+n}} \quad (10.10\text{b})$$

10.3.2 无阻尼体系的强迫振动

结构在振动过程中不断受到外部干扰力作用,称这种振动为强迫振动或受迫振动。

【例 10.5】 图 10.7(a)所示简支钢梁,跨度为 l,质量为 m,由于偏心,电动机在转动时产生了离心力,离心力的竖直分力为 $F_P(t)=F_0\sin\theta t$,$\theta=\sqrt{88EI/ml^3}$。已知:

位移系数 $\delta = l^3/48EI$

自振频率 $\omega = \sqrt{48EI/ml^3}$

动力系数 $\mu = \dfrac{1}{1-\theta^2/\omega^2} = -\dfrac{6}{5} = -1.2$

最大动力位移 $A = y_{D\max} = \mu y_{st} = \mu F_0 \delta_{11} = 1.2 \times \dfrac{F_0 l^3}{48EI}$

最大惯性力 $F_{I\max} = \theta^2 mA = 2.2F_0$

最大动力弯矩 $M_{D\max} = \mu M_{st} = \mu \dfrac{F_0 l}{4} = 1.2 \times \dfrac{F_0 l}{4} = 0.3F_0 l$

求:当其他参数不变,① 支座 A 为固定支座[图 10.7(b)],② 支座 A、B 均为固定支座[图 10.7(c)]两种情况的频率、最大动力、最大动力弯矩及惯性力。

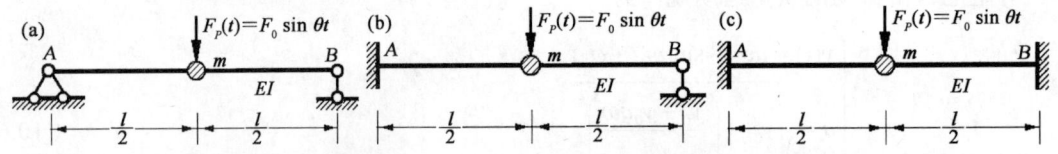

图 10.7 单自由度体系的强迫振动

【解】 (1)支座 A 为固定支座[图 10.7(b)]时:

位移系数 $\delta_{11} = \dfrac{7l^3}{768EI}$

自振频率 $\omega = \sqrt{\dfrac{768EI}{7ml^3}}$

动力系数 $\mu = \dfrac{1}{1-\theta^2/\omega^2} = 5.05$

最大动力位移 $A = y_{D\max} = \mu y_{st} = \mu F_0 \delta_{11} = 5.05 \times \dfrac{7F_0 l^3}{768EI}$

最大惯性力 $F_{I\max} = \theta^2 mA = 4.05F_0$

最大动力弯矩 $M_{D\max} = \mu M_{st} = \mu \dfrac{3F_0 l}{16} = 5.05 \times \dfrac{3F_0 l}{16} = 0.947F_0 l$

将惯性力、动荷载幅值加在梁上,计算最大弯矩为:

$$M_{D\max} = \dfrac{3 \times 4.05 F_0 l}{16} + \dfrac{3F_0 l}{16} = 0.947F_0 l$$

(2)支座 A、B 均为固定支座[图 10.7(c)]时:

位移系数	$\delta_{11} = \dfrac{l^3}{192EI}$	
自振频率	$\omega = \sqrt{\dfrac{192EI}{ml^3}}$	
动力系数	$\mu = \dfrac{1}{1-\theta^2/\omega^2} = 1.85$	
最大动力位移	$A = y_{D\max} = \mu y_{st} = \mu F_0 \delta_{11} = 1.85 \times \dfrac{F_0 l^3}{192EI}$	
最大动力弯矩	$M_{D\max} = \mu M_{st} = \mu \dfrac{F_0 l}{8} = 1.85 \times \dfrac{F_0 l}{8}$	
最大惯性力	$F_{I\max} = \theta^2 m A = 0.848 F_0$	

将惯性力、动荷载幅值加在梁上，计算最大弯矩为：

$$M_{D\max} = \dfrac{0.848 F_0 l}{8} + \dfrac{F_0 l}{8} = 0.231 F_0 l$$

由以上计算可知，由于各支座约束的不同结构的刚度发生了改变，在相同的简谐荷载作用下，其动力系数分别为 -1.2、5.05 和 1.85。图 10.7（a）的 $\omega < \theta$ 在共振后区，为使振幅减少可设法减小结构的自振频率，这种方法称为柔性方案。而图 10.7（b）的 $\omega > \theta$ 在共振前区，为使振幅减少可设法增加结构的自振频率，如图 10.7（c）所示，这种方法称为刚性方案。由此可知，动力设计与静力设计的不同之处在于总是拉大结构的自振频率与动荷载的频率距离。

动力与静力计算的根本区别是，是否考虑惯性力的影响。动力反应计算，当求得结构的惯性力后，可将它与动荷载幅值同时施加在结构上，像计算静力问题那样来进行结构分析。

10.3.3 列幅值方程求位移与内力幅值

当干扰力为简谐荷载 $F_0 \sin\theta t$ 时，仅考虑体系稳态振动，则位移、加速度和惯性力的变化规律为：

$$\begin{cases} y(t) = A\sin\theta t, \ A = y_{\max} = \mu y_{st} & \text{位移} \\ \ddot{y}(t) = -A\theta^2 \sin\theta t & \text{加速度} \\ F_I(t) = -m\ddot{y}(t) = mA\theta^2 \sin\theta t = m\theta^2 y(t) & \text{惯性力} \\ F_P(t) = F_0 \sin\theta t & \text{动荷载} \end{cases} \quad (10.11)$$

由上可知，惯性力与位移同向，惯性力幅值为 $m\theta^2 A$。因此，干扰力、惯性力以及位移都按 $\sin\theta t$ 变化，它们将同时达到最大值（幅值）。利用这一性质，以幅值列出的方程，称为幅值方程。从幅值方程中求得位移幅值 A，再由式（10.11）求得惯性力幅值。将惯性力幅值、动荷载幅值同时作用在结构上，此时应用静力分析的方法，可求得动内力的幅值。

结论：只要体系作简谐运动，则位移、惯性力同时达到幅值。此结论对单自由度、多自由度体系的自由振动和简谐荷载引起的强迫稳态振动均适用。

用幅值法求解问题的步骤为：
（1）画出幅值图，即质点振动方向最大位移为 A 和表明方向的变形图。
（2）求动荷载幅值所引起的静力位移 y_{st}。
（3）求出动力系数 μ，由 $A = \mu y_{st}$ 计算 A。
（4）计算惯性力幅值 $m\theta^2 A$。
（5）将动荷载幅值和惯性力同时加在结构上，即得动内力幅值图。

【例 10.6】 图 10.8(a)所示简支梁跨中有一集中质量 m，在截面 2 处受有动力矩 $M\sin\theta t$。不计梁的质量，求跨中的最大竖向动力线位移和截面 3 处的角位移的幅值。

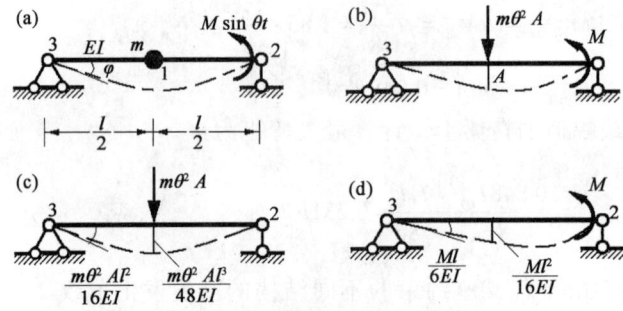

图 10.8 幅值法求位移

【解】 本题的动荷载未作用在质点处，宜先用幅值方程求出质点处的振幅 A，然后求出惯性力幅值 $m\theta^2 A$，最后把惯性力幅值和动荷载幅值加在梁的各自作用点处，求出任一截面的内力或位移。

（1）求振幅 A。

荷载幅值 M 与惯性力幅值 $m\theta^2 A$ 共同作用下产生的振幅 A[图 10.8（b）]，可分别计算，然后叠加，故由图 10.8（c）、（d）得：

$$A = \frac{m\theta^2 A l^3}{48EI} + \frac{Ml^2}{16EI}$$

或

$$A\left(1 - \frac{\lambda^4}{48}\right) = \frac{Ml^2}{16EI}, \quad \lambda^4 = \frac{m\theta^2 A l^3}{EI}$$

由此得振幅 A（即梁中点的最大动力位移）为：

$$A = \frac{Ml^2}{16EI} \cdot \frac{1}{1 - \lambda^4/48} = y_{st}\mu$$

可见，式中的 $Ml^2/16EI$ 即干扰力幅值 M 作用下的跨中的静力位移 y_{st}，而中点位移的动力系数为 $\mu = \dfrac{1}{1 - \lambda^4/48}$。

（2）求惯性力幅值。

$$F_{1max} = m\theta^2 A = \frac{Ml^2}{16EI} \cdot \frac{m\theta^2}{1 - \lambda^4/48}$$

（3）求梁截面 3 的转角 φ。由图 10.8（c）、（d）可得：

$$\varphi = \frac{Ml}{6EI} + \frac{m\theta^2 l^2}{16EI} \cdot \frac{Ml^2}{16EI}\left(\frac{1}{1-\lambda^4/48}\right) = \frac{Ml}{6EI}\left(\frac{1+\lambda^4/384}{1-\lambda^4/48}\right)$$

显然，上式括号内的数值就是 φ 的动力系数，它与跨中线位移的动力系数不同。

10.3.4 在任意动力荷载下的强迫振动

在任意动力荷载作用下，不考虑阻尼，初始位移 y_0 和初始速度 v_0 为零时杜哈梅积分位移算式为：

$$y(t) = \frac{1}{m\omega}\int_0^t F_P(\tau)\sin\omega(t-\tau)\mathrm{d}\tau \tag{10.12a}$$

当初始位移 y_0 和初始速度 v_0 不为零时，位移响应为：

$$y(t) = y_0\cos\omega t + \frac{v_0}{\omega}\sin\omega t + \frac{1}{m\omega}\int_0^t F_P(\tau)\sin\omega(t-\tau)\mathrm{d}\tau \tag{10.12b}$$

当考虑阻尼影响时，杜哈梅积分位移计算式分别为：

$$y(t) = \frac{1}{m\omega_\mathrm{d}}\int_0^t F_P(\tau)\mathrm{e}^{-\xi\omega(t-\tau)}\sin\omega_\mathrm{d}(t-\tau)\mathrm{d}\tau \tag{10.12c}$$

$$y(t) = a\mathrm{e}^{-\xi\omega t}\sin(\omega_\mathrm{d}t+\varphi)\frac{1}{m\omega_\mathrm{d}}\int_0^t F_P(\tau)\mathrm{e}^{-\xi\omega(t-\tau)}\sin\omega_\mathrm{d}(t-\tau)\mathrm{d}\tau \tag{10.12d}$$

10.4 多自由度体系的振动

10.4.1 两个自由度体系的运动方程的建立（柔度法）

1. 运动方程

$$\begin{Bmatrix}y_1(t)\\y_2(t)\end{Bmatrix} + \begin{bmatrix}\delta_{11}&\delta_{12}\\\delta_{21}&\delta_{22}\end{bmatrix}\begin{bmatrix}m_1&0\\0&m_2\end{bmatrix}\begin{Bmatrix}\ddot{y}_1(t)\\\ddot{y}_2(t)\end{Bmatrix} = \begin{Bmatrix}0\\0\end{Bmatrix} \tag{10.13a}$$

或

$$\{Y\} + [\delta][M]\{\ddot{Y}\} = \{0\} \tag{10.13b}$$

式中

$[M] = \begin{bmatrix}m_1&0\\0&m_2\end{bmatrix}$——质量；$[\delta] = \begin{bmatrix}\delta_{11}&\delta_{12}\\\delta_{21}&\delta_{22}\end{bmatrix}$——柔度矩阵

$\{Y\} = \begin{Bmatrix}y_1\\y_2\end{Bmatrix}$——位移列阵；$\{\ddot{Y}\} = \begin{Bmatrix}\ddot{y}_1\\\ddot{y}_2\end{Bmatrix}$——加速度列阵

2. 频率分析

由单自由度体系的自由振动分析结果可知，体系自由振动时为简谐振动。故可设方程（10.13）的特解为：

$$\begin{cases} y_1(t) = A_1 \sin(\omega t + \varphi) \\ y_2(t) = A_2 \sin(\omega t + \varphi) \end{cases} \tag{10.14a}$$

或
$$\{Y\} = \{A\} \sin(\omega t + \varphi) \tag{10.14b}$$

式中：$\{A\}$ 称为振幅（位移幅值），它是体系按某一频率 ω 作自由振动时，两质点的振幅依次排列的一个常值矩阵，它描述了体系振动的形状；φ 为相位角。上式表明，所有质量都按同一频率同一相位作同步简谐振动，但各质点的振幅值各不相同。

振幅方程为：

$$\begin{cases} \left(\delta_{11}m_1 - \dfrac{1}{\omega^2}\right)A_1 + \delta_{12}m_2 A_2 = 0 \\ \delta_{21}m_1 A_1 + \left(\delta_{22}m_2 - \dfrac{1}{\omega^2}\right)A_2 = 0 \end{cases} \tag{10.15a}$$

写成矩阵形式为：

$$\begin{bmatrix} \delta_{11}m_1 - \dfrac{1}{\omega^2} & \delta_{12}m_2 \\ \delta_{21}m_1 & \delta_{22}m_2 - \dfrac{1}{\omega^2} \end{bmatrix} \begin{Bmatrix} A_1 \\ A_2 \end{Bmatrix} = \begin{Bmatrix} 0 \\ 0 \end{Bmatrix} \tag{10.15b}$$

式（10.15）是关于振幅 $\{A\}$ 的齐次方程，若体系发生振动，$\{A\} \neq 0$，则必有系数行列式等于零，即：

$$D = \begin{vmatrix} m_1\delta_{11} - \dfrac{1}{\omega^2} & m_2\delta_{12} \\ m_1\delta_{21} & m_2\delta_{22} - \dfrac{1}{\omega^2} \end{vmatrix} = 0 \tag{10.16}$$

上式用来确定频率 ω，称为频率方程或特征方程。

令 $\dfrac{1}{\omega^2} = \lambda$，并展开可得：

$$\lambda^2 - (m_1\delta_{11} + m_2\delta_{22})\lambda + m_1 m_2(\delta_{11}\delta_{22} - \delta_{12}^2) = 0$$

解得：

$$\lambda_{1,2} = \dfrac{\delta_{11}m_1 + \delta_{22}m_2 \pm \sqrt{(\delta_{11}m_1 + \delta_{22}m_2)^2 - 4m_1 m_2(\delta_{11}\delta_{22} - \delta_{12}^2)}}{2} \tag{10.17}$$

从而可求得频率的两个值为：

$$\omega_1 = \dfrac{1}{\sqrt{\lambda_1}}, \quad \omega_2 = \dfrac{1}{\sqrt{\lambda_2}} \tag{10.18}$$

其中最小的频率 ω_1 称为第一频率或基本频率,而 ω_2 则称为第二频率。频率的数目与振动自由度数目相同。

3. 振型分析

将 ω_1、ω_2 分别代回式(10.15b),则其系数行列式等于零自然满足,所以可求得相应两组 A_1 和 A_2 的比值。

(1)$\omega = \omega_1$ 的情况。此时 A_1 用 $A_1^{(1)}$ 表示,A_2 用 $A_2^{(1)}$ 表示,那么由式(10.15a)第一式可得:

$$\frac{A_2^{(1)}}{A_1^{(1)}} = \frac{\dfrac{1}{\omega_1^2} - \delta_{11} m_1}{\delta_{12} m_2} = \frac{\lambda_1 - m_1 \delta_{11}}{\delta_{12} m_2} = \rho_1 > 0 \qquad (10.19)$$

相应地,质量 m_1、m_2 的振动方程分别为:

$$\begin{cases} y_1(t) = A_1^{(1)} \sin(\omega_1 t + \varphi_1) \\ y_2(t) = A_2^{(1)} \sin(\omega_1 t + \varphi_1) \end{cases} \qquad (10.20)$$

由此可知:

$$\frac{y_2(t)}{y_1(t)} = \frac{A_2^{(1)}}{A_1^{(1)}} = \rho_1$$

它表明:在振动时,两质点的位移比值恒为常数 ρ_1(即与时间无关),也就是说,体系的变形形式不变。我们称此种情况下的振动形式为主振型,简称振型。对应 ω_1 的振型,称为第一主振型或基本振型,如图10.9(a)所示。

(2)$\omega = \omega_2$ 情况。此时 A_1 用 $A_1^{(2)}$ 表示,A_2 用 $A_2^{(2)}$ 表示,有:

$$\begin{cases} y_1(t) = A_1^{(2)} \sin(\omega_2 t + \varphi_2) \\ y_2(t) = A_2^{(2)} \sin(\omega_2 t + \varphi_2) \end{cases} \qquad (10.21)$$

和

$$\frac{A_2^{(2)}}{A_1^{(2)}} = \frac{\dfrac{1}{\omega_2^2} - \delta_{11} m_1}{\delta_{12} m_2} = \rho_2 < 0 \qquad (10.22)$$

体系相应的振动形式如图10.9(b)所示,称为第二主振型。

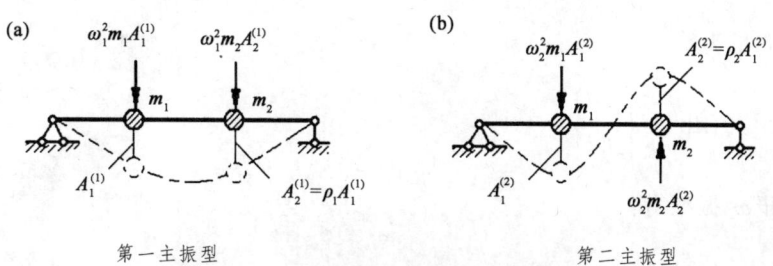

图 10.9　两个自由度体系的振动形式

10.4.2 两个自由度体系的自由振动（刚度法）

1. 运动方程

$$[M]\{\ddot{Y}\} + [K]\{Y\} = \{0\} \tag{10.23}$$

2. 频率分析

振幅方程为：

$$([K] - \omega^2[M])\{A\} = \{0\} \tag{10.24a}$$

或用展开式表示为：

$$\begin{bmatrix} k_{11} - \omega^2 m_1 & k_{12} \\ k_{21} & k_{22} - \omega^2 m_2 \end{bmatrix} \begin{Bmatrix} A_1 \\ A_2 \end{Bmatrix} = \begin{Bmatrix} 0 \\ 0 \end{Bmatrix} \tag{10.24b}$$

上式是关于振幅$\{A\}$向量的齐次方程，若体系发生振动，$\{A\} \neq \{0\}$，则必有其系数行列式等于零，即：

$$|[K] - \omega^2[M]| = \begin{vmatrix} k_{11} - \omega^2 m_1 & k_{12} \\ k_{12} & k_{22} - \omega^2 m_2 \end{vmatrix} = 0 \tag{10.25}$$

式（10.25）就是用来确定频率ω的方程，将它展开并整理得：

$$m_1 m_2 \omega^4 - (k_{11} m_2 + k_{22} m_1)\omega^2 + (k_{11} k_{22} + k_{12}^2) = 0$$

它是ω^2的二次方程，解之可得ω的两个正实根为：

$$(\omega^2)_{1,2} = \frac{1}{2}\left(\frac{k_{11}}{m_1} + \frac{k_{22}}{m_2}\right) \mp \frac{1}{2}\sqrt{\left(\frac{k_{11}}{m_1} + \frac{k_{22}}{m_2}\right)^2 - \frac{4(k_{11} k_{22} - k_{12}^2)}{m_1 m_2}} \tag{10.26}$$

其中：较小的一个以ω_1表示，称为第一频率或基频；另一个以ω_2表示，称为第二频率。

3. 振型分析

（1）对应于ω_1振型有：

$$\rho_1 = \frac{A_2^{(1)}}{A_1^{(1)}} = \frac{\omega_1^2 m_1 - k_{11}}{k_{12}} \tag{10.27}$$

此时第一振幅向量为：

$$\{A\}^{(1)} = \begin{Bmatrix} A_1^{(1)} \\ A_2^{(1)} \end{Bmatrix} \tag{10.28}$$

（2）对应于ω_2振型有：

$$\rho_2 = \frac{A_2^{(2)}}{A_1^{(2)}} = \frac{\omega_2^2 m_1 - k_{11}}{k_{12}} \tag{10.29}$$

此时第二振幅向量为：

$$\{A\}^{(2)} = \begin{Bmatrix} A_1^{(2)} \\ A_2^{(2)} \end{Bmatrix} \tag{10.30}$$

【例 10.7】 图 10.10（a）所示两层刚架，其横梁刚度为无限刚性。设质量集中在各层横梁上，第一、二层的质量为 m_1、m_2。层间侧移刚度均为 k。试确定刚架水平振动时的自振频率和主振型。

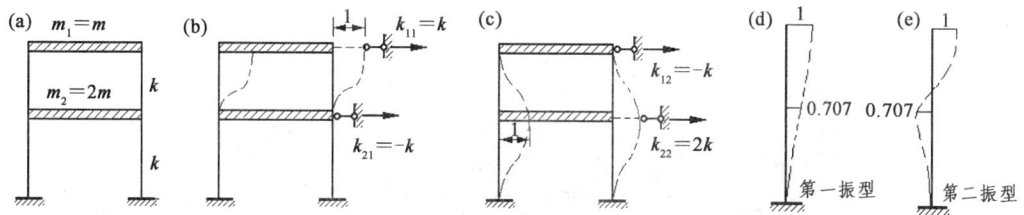

图 10.10 两个自由度体系的刚度法算例

【解】 （1）求刚度矩阵 $[K]$ 和质量矩阵 $[M]$。

此刚架振动时只能作水平移动，故只有两个自由度。我们按刚度法来求其自振频率。在各楼层处附加水平链杆，并分别使各层产生单位位移。由各层的剪力平衡条件，可求得各刚度系数，其数值分别如图 10.10（b）、（c）所示。因此，得刚度矩阵为：

$$[K] = k\begin{bmatrix} 1 & -1 \\ -1 & 2 \end{bmatrix}$$

质量矩阵为：

$$[M] = m\begin{bmatrix} 1 & 0 \\ 0 & 2 \end{bmatrix}$$

（2）频率分析。

令

$$\eta = \frac{m}{k}\omega^2$$

由式（10.25）知：

$$|[K] - \omega^2[M]| = \begin{vmatrix} 1-\eta & -1 \\ -1 & 2-2\eta \end{vmatrix} = 0$$

展开上面的频率方程，得：

$$2\eta^2 - 4\eta + 1 = 0$$

解得两个根为：

$$\eta_1 = 1 - \frac{\sqrt{2}}{2} = 0.293, \quad \eta_2 = 1 + \frac{\sqrt{2}}{2} = 1.707$$

则两自振频率为：

$$\omega_1 = \sqrt{\frac{k}{m}\eta_1} = 0.541\sqrt{\frac{k}{m}}, \quad \omega_2 = \sqrt{\frac{k}{m}\eta_2} = 1.306\sqrt{\frac{k}{m}}$$

(3) 振型分析。

由振幅方程(10.24)得：

$$\begin{bmatrix} 1-\eta & -1 \\ -1 & 2-2\eta \end{bmatrix} \begin{Bmatrix} A_1 \\ A_2 \end{Bmatrix} = \begin{Bmatrix} 0 \\ 0 \end{Bmatrix}$$

则有：

$$\rho_1 = \frac{A_2^{(1)}}{A_1^{(1)}} = \frac{\omega_1^2 m_1 - k_{11}}{k_{12}} = \frac{1}{2(1-\eta_1)} = 0.707 \Rightarrow A^{(1)} = \begin{Bmatrix} 1 \\ 0.707 \end{Bmatrix}$$

$$\rho_2 = \frac{A_2^{(2)}}{A_1^{(2)}} = \frac{\omega_2^2 m_1 - k_{11}}{k_{12}} = \frac{1}{2(1-\eta_2)} = -0.707 \Rightarrow A^{(1)} = \begin{Bmatrix} 1 \\ -0.707 \end{Bmatrix}$$

两个振型的大致形状如图 10.10 (d)、(e) 所示。

10.5 振型的正交性及其利用

多自由度体系的振型具有正交性。正交性是动力分析中的一个重要性质，利用它可检验所求得的振型是否正确以及可将多自由度体系以正则坐标转化为单自由度体系求解。

1. 振型的正交条件

(1) 振型关于质量矩阵的正交条件（也称为振型的第一正交性条件）为：

$$\{\Phi^{(i)}\}^T [M] \{\Phi^{(j)}\} = 0 \tag{10.31}$$

(2) 振型关于刚度矩阵的正交条件（也称为振型的第二正交性条件）为：

$$\{\Phi^{(i)}\}^T [K] \{\Phi^{(j)}\} = 0 \tag{10.32}$$

2. 振型正交性的物理意义

可以证明，相应于某一振型的惯性力不会在其他振型上做功，即第 i 阶振型的惯性力在第 j 阶振型的位移上所做的虚功为零。从能量的角度来说，某一振型作简谐振动的能量不会转移到其他振型上去。

3. 主振型正交性的应用

主振型的正交性应用主要包括：

(1) 利用正交关系来判断主振型的形状特点及正确性。以图 10.10 所示两个主振型为例。第一主振型的特点是各点水平位移都位于结构的同一侧[图 10.10 (d)]；第二主振型的特点是位移图分两区，各居结构的一侧[图 10.10（e）]，这样才能符合它与第一振型彼此正交的条件。

关于上述正交性，以本例中的第一、二振型为例验证如下：

$$[1 \quad 0.707]m\begin{bmatrix} 1 & 0 \\ 0 & 2 \end{bmatrix}\begin{Bmatrix} 1 \\ -0.707 \end{Bmatrix} = 0$$

（2）已知振型的情况下，可用以计算该振型对应的自振频率。
（3）位移的分解。
（4）将多自由度体系变为单自由度求解。
（5）自由振动初值问题的确定。

10.6 无阻尼强迫振动（简谐荷载）

两个自由度的强迫振动微分方程（柔度法）为：

$$\begin{cases} y_1(t) + \delta_{11}m_1\ddot{y}_1(t) + \delta_{12}m_2\ddot{y}_2(t) = \Delta_{1P}\sin\theta t \\ y_2(t) + \delta_{21}m_1\ddot{y}_1(t) + \delta_{22}m_2\ddot{y}_2(t) = \Delta_{2P}\sin\theta t \end{cases} \quad (10.33a)$$

$$[\delta][M]\{\ddot{Y}\} + \{Y\} = \{\Delta_P\}\sin\theta t \quad (10.33b)$$

式中
$$\Delta_{iP} = \sum_{j=1}^{k}\delta_{ij}F_{Pj}$$

以上线性微分方程组的一般解包括两部分：一部分反映体系的自由振动，由于阻尼作用将很快衰减掉；另一部分为纯强迫振动，这是我们要着重研究的。

在稳态振动阶段，各质点将按干扰力的频率 θ 作同步简谐振动，即：

$$\begin{cases} y_1(t) = y_1^0\sin\theta t \\ y_2(t) = y_2^0\sin\theta t \end{cases} \quad (10.34)$$

式中，y_1^0、y_2^0 分别为质量 m_1、m_2 的动位移振值。
将式（10.34）代入式（10.33）中，化简后得位移幅值方程为：

$$([\delta][M]\theta^2 - [I])\{Y^0\} + \{\Delta_P\} = \{0\} \quad (10.35)$$

解此代数方程即可求得各质点的动位移幅值，将其代入式（10.34）即可求得各质点的振动方程，并可进一步求出各质点的惯性力为：

$$\begin{cases} F_{I1}(t) = -m_1\ddot{y}_1(t) = \theta^2 m_1 y_1^0 \sin\theta t \\ F_{I2}(t) = -m_2\ddot{y}_2(t) = \theta^2 m_2 y_2^0 \sin\theta t \end{cases} \quad (10.36)$$

引入惯性力幅值：

$$\begin{cases} F_{I1}^0 = \theta^2 m_1 y_1^0 \\ F_{I2}^0 = \theta^2 m_2 y_2^0 \end{cases} \quad (10.37)$$

则式（10.36）可改写为：

$$\begin{cases} F_{11}(t) = F_{11}^0 \sin\theta t \\ F_{12}(t) = F_{12}^0 \sin\theta t \end{cases} \tag{10.38}$$

由式（10.34）和式（10.38）可知，位移、惯性力及简谐荷载按同一频率作同步的简谐变化，且同时达到幅值。因此，只需先求出惯性力幅值，然后再把它和简谐荷载的幅值同时作用于结构上，按静力分析方法即可求得最大动位移和最大动内力。

为了便于求惯性力的最大值，可将式（10.37）代入式（10.35）得惯性力幅值方程：

$$\begin{cases} \left(\delta_{11} - \dfrac{1}{m_1\theta^2}\right)F_{11}^0 + \delta_{12}F_{12}^0 + \Delta_{1P} = 0 \\ \delta_{21}F_{11}^0 + \left(\delta_{22} - \dfrac{1}{m_2\theta^2}\right)F_{12}^0 + \Delta_{2P} = 0 \end{cases} \tag{10.39}$$

解此方程即可直接求得惯性力幅值。此外，方程（10.39）的系数行列式为：

$$D = \begin{vmatrix} \left(\delta_{11} - \dfrac{1}{m_1\theta^2}\right) & \delta_{12} \\ \delta_{21} & \left(\delta_{22} - \dfrac{1}{m_2\theta^2}\right) \end{vmatrix} = \dfrac{1}{m_1 m_2} \begin{vmatrix} \left(m_1\delta_{11} - \dfrac{1}{\theta^2}\right) & m_2\delta_{12} \\ m_1\delta_{21} & \left(m_2\delta_{22} - \dfrac{1}{\theta^2}\right) \end{vmatrix}$$

当 $\theta = \omega$ 时，由两个自由度的频率方程（10.16）可知 $D = 0$，在一般情况下将有 $F_{11}^0 = D_1/D = \infty$，$F_{12}^0 = D_2/D = \infty$。这就是说，当简谐荷载的频率与体系的自振频率重合时，将发生共振现象，因两个自由度体系有两个自振频率，所以它有两个共振区。

【例 10.8】 图 10.11（a）所示悬臂梁上装有两个发电机，各重为 $G = 30$ kN，振动力最大值为 $F_0 = 5$ kN。试求当发电机 D 不开动而发电机 C 在每分钟转动 300 转时的动力弯矩。梁的 $E = 210$ GPa，$I = 2.4 \times 10^{-4}$ m^4，梁重不计。

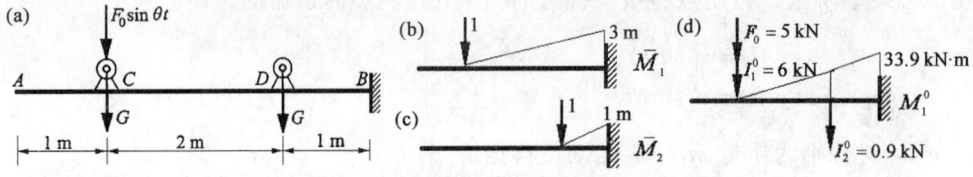

图 10.11 悬臂梁的强迫振动

【解】 由图 10.11（b）、（c）利用图乘法可求得：

$$\delta_{11} = \dfrac{9}{EI}, \quad \delta_{22} = \dfrac{1}{3EI}, \quad \delta_{12} = \dfrac{4}{3EI}, \quad \Delta_{1P} = \dfrac{9F_0}{EI}, \quad \Delta_{2P} = \dfrac{4F_0}{3EI}$$

又 $n = 300$ r/min，$\theta = 10\pi$。

将各值代入求最大惯性力的公式（10.39），并乘以 EI，得：

$$\left.\begin{aligned} \left(9 \text{ m}^3 - \dfrac{50\,400 \text{ kN}\cdot\text{m}^2}{(30 \text{ kN}/9.8 \text{ m/s}^2) \times (10\pi/\text{s})^2}\right) F_{11}^0 + \dfrac{4}{3} \text{ m}^3 F_{12}^0 + 9 \text{ m}^3 \times 5 \text{ kN} = 0 \\ \dfrac{4}{3} F_{11}^0 + \left(\dfrac{1}{3} \text{ m}^3 - \dfrac{50\,400 \text{ kN}\cdot\text{m}^3}{(30 \text{ kN}/9.8 \text{ m/s}^2) \times (10\pi/\text{s})^2}\right) F_{12}^0 + \dfrac{4}{3} \text{ m}^3 \times 5 \text{ kN} = 0 \end{aligned}\right\} \Rightarrow$$

$$\begin{cases} -7.6985F_{11}^0 + 1.3333F_{12}^0 + 45 = 0 \\ 1.3333F_{11}^0 - 16.3652F_{12}^0 + 6.6667 = 0 \end{cases} \Rightarrow \begin{cases} F_{11}^0 = 6.00 \text{ kN} \\ F_{12}^0 = 0.90 \text{ kN} \end{cases}$$

将惯性力 F_{11}^0、F_{12}^0 和 F_0 作用在结构上，然后按静力计算可得最大动力弯矩，如图 10.11 （d）所示。

两个自由度的强迫振动微分方程（刚度法）为：

$$\begin{cases} (k_{11} - m_1\theta^2)y_1^0 + k_{12}y_2^0 = F_{P1} \\ k_{21}y_1^0 + (k_{22} - m_2\theta^2)y_2^0 = F_{P2} \end{cases} \tag{10.40a}$$

$$([K] - \theta^2[M])\{Y^0\} = \{F_P\} \tag{10.40b}$$

由上式可解得各质点的位移振幅，然后将其代入式（10.34）即可得各质点的位移方程，并可由式（10.36）求得各质点惯性力，由式（10.37）求得最大惯性力。将最大惯性力、简谐荷载的幅值同时作用于结构上，按静力分析方法即可求得最大动位移和最大动内力。

10.7 概念分析示例

主振型形状的概念分析：在自由度 $n = 2$ 或对称结构 $n \leq 4$ 时，凭直观可以判定各阶振型的大致形状，主要是判定各质点位移的方向，从而勾绘出结构的变形曲线。依据的规律如下：

（1）一般而言，振型越低，形状越简单，变形曲线上的反弯点越少，而振型越高则形状越复杂，反弯点越多。

（2）主振型的正交性，采用对质量矩阵的正交关系较为直观。

（3）对称结构的振型必定是正对称的或反对称的。

（4）第一振型各质量运动的方向可以这样简单地判定：在任一质量处沿其自由度方向加一个力，此时各质量的位移方向就是第一振型的运动方向。这在一般情况下都是正确的。

【例 10.9】 应用概念分析绘出图 10.12 所示体系的振型形状并确定最底频率。

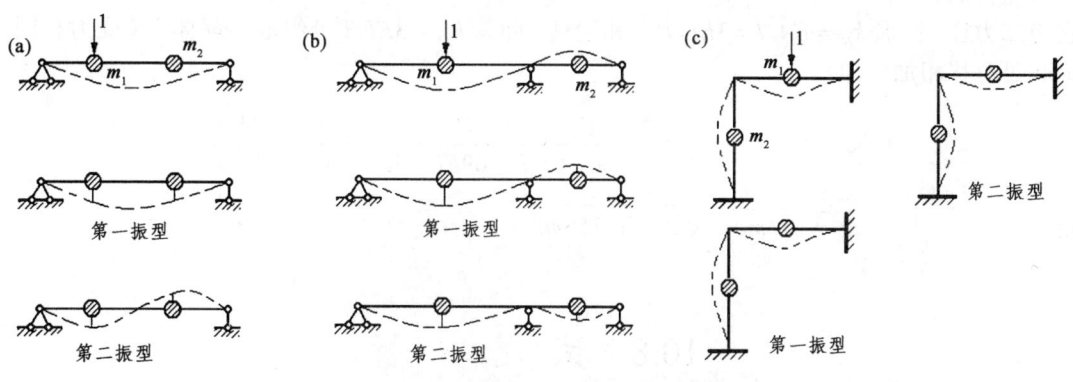

图 10.12 应用概念分析确定振型

【解】 对于图 10.12（a）：在任一质量处作用一个单位集中力时，两质量处位移方向是相同的，故知第一振型两质量同向振动，梁上无反弯点；第二振型两质量必定反向振动，梁上有一个反弯点。若结构、质量对称,则第一频率对应正对称的半结构。

对于图 10.12(b):在任一质量处作用一个单位集中力时,两质量处位移方向是相反的,故知第一振型两质量反向振动,梁上只有一个反弯点;第二振型两质量必定同向振动,梁上有两个反弯点。

同理,图 10.12(c)的第一振型为两质点反向运动,第二振型两质量必定同向振动,梁上有两个反弯点。若结构、质量对称,则第一频率对应反对称的半结构。

【例 10.10】 已知图 10.13(a)所示体系的自振频率 $\omega_a = 4\sqrt{3EI/7ml^3}$,试根据 ω_a 求出图 10.13(b)、(c)所示体系的自振频率 ω_b 和 ω_c。设其质量如图所示,杆件的质量忽略不计。对(c)图需计入二力杆轴向变形。

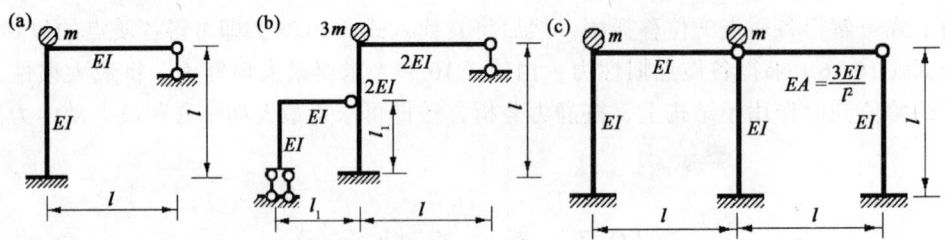

图 10.13 单自由度体系的频率计算

相关力学基本概念:刚度系数,并联与串联体系。

【解】 已知 $\omega_a = 4\sqrt{3EI/7ml^3}$,则图 10.13(a)的刚度系数 $k_a = 48EI/7l^3$。

图 10.13(b)水平振动左边部分不起约束作用,则:

$$\omega_b = 4\sqrt{\frac{3(2EI)}{7(3m)l^3}} = 4\sqrt{\frac{6EI}{21l^3}}$$

图 10.13(c)左边部分与中柱(弹簧 $k_M = 3EI/l^3$)为并联体系(位移相同),而并联是刚度相加,则:

$$k_1 = k_a + k_M = 48EI/7l^3 + 3EI/l^3 = 69EI/7l^3$$

它与二力杆(弹簧 $k_N = EA/l = 3EI/l^3$)和边柱(弹簧 $k_M = 3EI/l^3$)组成串联体系(受力相同)。串联是位移相加,即:

$$\delta = \delta_1 + \delta_N + \delta_M = \frac{1}{k_1} + \frac{1}{k_N} + \frac{1}{k_M} = \frac{7l^3}{69EI} + \frac{l^3}{3EI} + \frac{l^3}{3EI} = \frac{159l^3}{207EI}$$

则 $\omega_c = \sqrt{1/m\delta} = \sqrt{207EI/159ml^3}$

10.8 试题分析

【例 10.11】 试求图 10.14(a)所示结构的自振频率。梁的自重略去不计,已知弹性支座的刚度系数为 k_B(1996 年试题)。

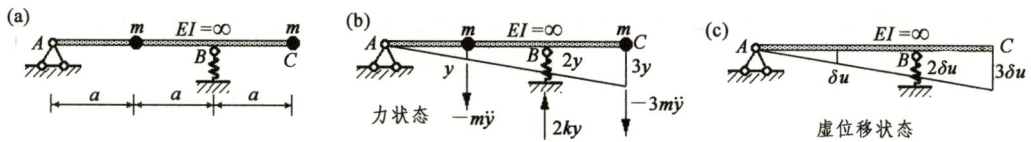

图 10.14　刚体单自由度体系算例 1

【解】　本题为刚体单自由度体系，不能用弹性体频率计算公式计算频率，只能用虚功原理来求频率。设跨中位移为 y，则可计算出 B、C 处的位移，同时可得各质点处的惯性力和弹簧处的反力，如图 10.14（b）所示。设约束允许的虚位移[图 10.14（c）]，则图 10.14（b）的力在图 10.14（c）的位移上所做的虚功为：

$$-m\ddot{y}\times\delta u - 2ky\times 2\delta u - 3m\ddot{y}\times 3\delta u = 0，即\left(m\ddot{y}+2ky\times 2+3m\ddot{y}\times 3\right)\delta u = 0$$

由于虚位移的任意性，可得：

$$m\ddot{y}+2ky\times 2+3m\ddot{y}\times 3 = 0 \Rightarrow 10m\ddot{y}+4ky = 0 \Rightarrow \ddot{y}+\frac{2k}{5m}y = 0$$

上式与标准无阻尼微分方程比较，得 $\omega = \sqrt{2k/5m}$。

【例 10.12】　试求图 10.15 所示体系的自振频率（1997 年试题）。

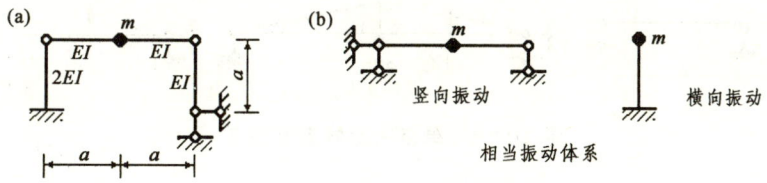

图 10.15　两个自由度体系算例 1

【解】　本题为两个自由度体系，但相当于两个单自由度体系[图 10.15（b）]。

竖向振动（简支梁）：$\delta_{11} = \frac{(2a)^3}{48EI} = \frac{a^3}{6EI} \Rightarrow \omega_1 = \sqrt{\frac{6EI}{ma^3}}$

水平振动（悬臂梁）：$k_{11} = \frac{3(2EI)}{a^3} = \frac{6EI}{a^3} \Rightarrow \omega_2 = \sqrt{\frac{6EI}{ma^3}}$

【例 10.13】　求图 10.16 所示刚架侧移振动时的自振频率和周期。横梁刚度可视为无穷大，其单位长度质量为 $\bar{m}$（1998 年试题）。

【解】　本题为单自由度体系且为水平振动，其水平刚度系数为 $k = 3EI/h^3$，质量为 $\bar{m}l$，则：

$$\omega = \sqrt{\frac{k}{m}} = \sqrt{\frac{3EI}{\bar{m}lh^3}}，\quad T = 2\pi\sqrt{\frac{\bar{m}lh^3}{3EI}}$$

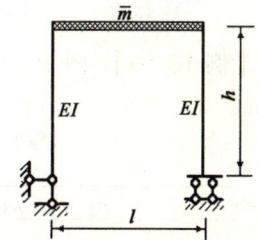

图 10.16　单自由度体系算例 2

【例 10.14】　求图 10.17（a）所示刚架的自振频率和主振型（1999 年试题）。

【解】 本题为两个水平自由度，按刚度法解，即附加水平链杆[图 10.17（b）]，分别产生单位水平位移时求出附加链杆反力，按公式计算频率和振型为：

$$\omega_1 = 2.14\sqrt{\frac{EI}{mh^3}}, \quad \omega_2 = 5.60\sqrt{\frac{EI}{mh^3}}$$

$$\{Y_1\} = \begin{Bmatrix} 1 \\ 0.618 \end{Bmatrix}, \quad \{Y_2\} = \begin{Bmatrix} -0.620 \\ 1 \end{Bmatrix}$$

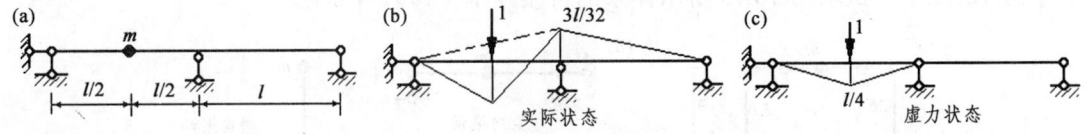

图 10.17 两个自由度体系算例 2

【例 10.15】 求图 10.18（a）所示体系的自振频率，设 EI 为常数（2000 年试题）。

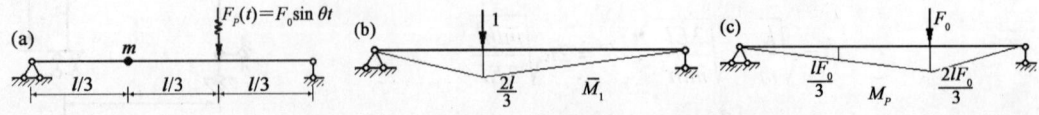

图 10.18 单自由度体系算例 3

【解】 本题为单自由度体系，用柔度法解，即计算超静定结构位移。首先计算实际状态的弯矩图，沿质量振动方向加单位集中力[图 10.18（b）]，根据位移法的基本杆件得固端弯矩为 $3l/16$，由力矩分配法概念得两杆杆端弯矩为 $3l/32$。再取多跨简支梁为虚拟状态[图 10.18（c）]，由图乘法得：

$$\delta_{11} = \frac{l^3}{48EI} - \frac{1}{2} \times \frac{l}{4} \times l \times \frac{3l}{64EI} = \frac{23l^3}{1536EI}$$

代入频率公式得：

$$\omega = \sqrt{\frac{1}{m\delta_{11}}} = 8.172\sqrt{\frac{EI}{ml^3}}$$

【例 10.16】 图 10.19 所示简支梁的 EI 为常数，试列出无阻尼受迫振动的位移方程（2001 年试题）。

图 10.19 单自由度体系强迫振动算例 1

【解】 用柔度法解，建立位移方程。质点处的位移 y 是由惯性力[图 10.19（b）]和动力荷载[图 10.19（c）]共同产生的，即：

$$y = \delta_{11}(-m\ddot{y}) + \Delta_P = \delta_{11}(-m\ddot{y}) + F_P(t)\delta_{1P}, \quad \delta_{11} = \frac{4l^3}{243EI}, \quad \Delta_{1P} = \frac{7F_0 l^3}{486EI}$$

【例 10.17】 试求图 10.20（a）所示体系的自振频率。已知 EI 为常数，杆长均为 l（2002 年试题）。

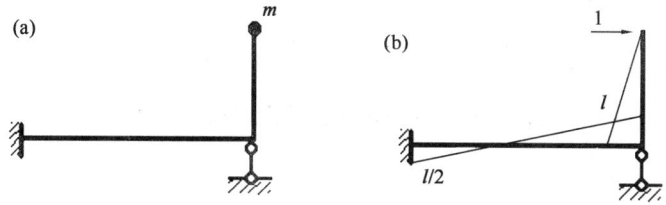

图 10.20　单自由度体系算例 4

【解】 用柔度法解，柔度系数由图 10.20（b）得，即 $\delta_{11} = 7l^3/12EI$，则 $\omega^2 = 12EI/7ml^3$。

【例 10.18】 求图 10.21 所示体系的自振频率。已知各杆 EI 为常数（2003 年试题）。

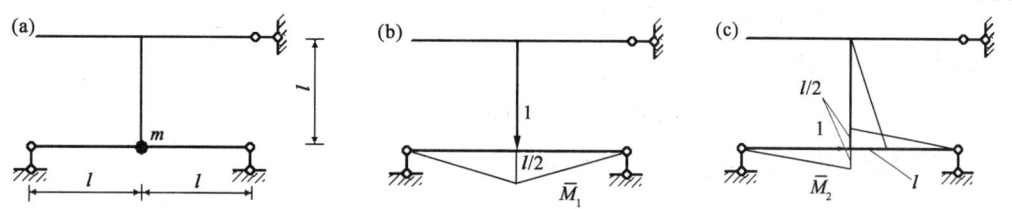

图 10.21　两个自由度体系算例 3

【解】 用柔度法解，由图 10.21（b）、（c）得柔度系数 $\delta_{11} = l^3/6EI$，$\delta_{12} = 0$，$\delta_{22} = l^3/2EI$，则 $\omega_1 = 1.414\sqrt{EI/ml^3}$，$\omega_2 = 2.45\sqrt{EI/ml^3}$。

【例 10.19】 试求图 10.22 所示结构的自振频率（2005 年试题）。

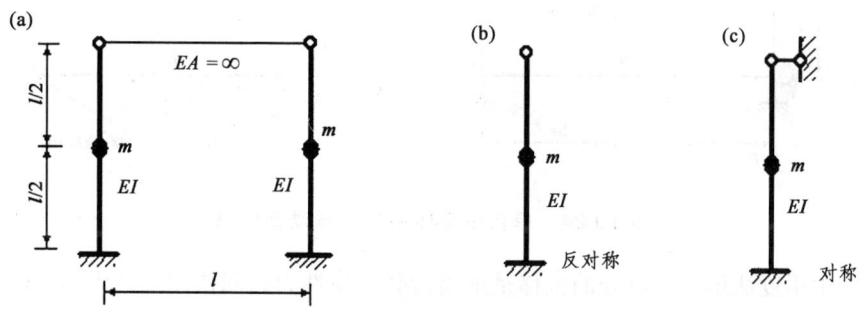

图 10.22　两个自由度体系算例 4

【解】 本题两个自由度，利用对称性：反对称振动的半结构为悬臂梁[图 10.22（b）]，用柔度法解，得 $\omega_1 = \sqrt{24EI/ml^3}$；正对称振动的半结构为一端固定、一端链杆支座[图 10.22（c）]，故 $\omega_2 = \sqrt{768EI/7ml^3}$。

【例 10.20】 图 10.23 所示体系，$W = 9\text{kN}$，梁中点竖向柔度 $\delta = 3 \times 10^{-5}$ m/kN，简谐荷

载 $F_P(t) = F_0 \sin\theta t$，$F_0 = 2$ kN，$\theta = 0.8\omega$。求跨中振幅及最大挠度，并画出动力弯矩 M_D 图（2006年试题）。

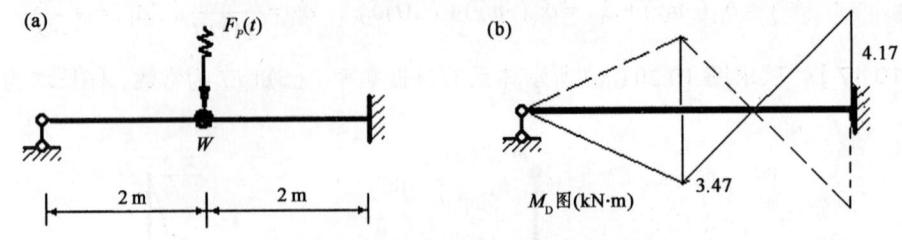

图 10.23 单自由度体系强迫振动算例 2

【解】 （1）计算动力系数：

$$\mu = \frac{1}{1 - \theta^2/\omega^2} = 2.78$$

（2）计算振幅：

$$A = \mu F_0 \delta_{11} = 0.167 \text{ mm}$$

（3）计算最大挠度：

$$\Delta_{\max} = (W + \mu F_0)\delta_{11} = 0.437 \text{ mm}$$

（4）计算固定端动力弯矩：

$$M_D = \mu M_{st} = \mu \frac{3F_0 l}{16} = 4.17 \text{ kN}\cdot\text{m}$$

【例 10.21】 图 10.24（a）所示体系，已知 $\theta = \omega/2$，各杆 EI 为常数，不计杆件自重。求振幅并作最大动力弯矩图（2007年试题）。

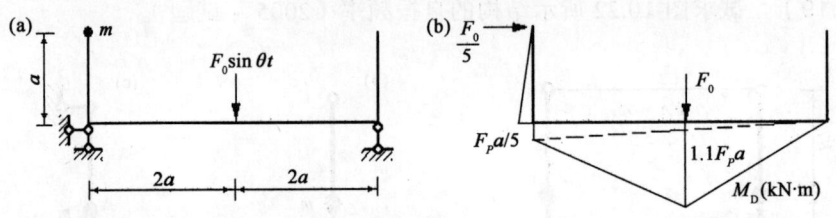

图 10.24 单自由度体系强迫振动算例 3

【解】 用柔度法解，质点处的位移是由动荷载和惯性力共同作用下产生的，按叠加法有：

$$y(t) = \delta_{11} F_I + \delta_{12} F_P(t) = \delta_{11}(-m\ddot{y}) + \delta_{12} F_P(t)$$

其中 $\delta_{11} = \dfrac{5a^3}{3EI}$，$\delta_{12} = \dfrac{a^3}{EI}$，$y_{st} = \dfrac{\delta_{12}}{\delta_{11}} F_0 \delta_{11} = \delta_{12} F_0 = \dfrac{a^3 F_0}{EI}$，$\mu = \dfrac{1}{1 - \theta^2/\omega^2} = \dfrac{4}{3}$。

质点处位移幅值为：$A = \mu y_{st} = \dfrac{4a^3}{3EI}$

则惯性力幅值为：$F_1^0 = A\theta^2 m = \frac{4}{3}\frac{a^3 F_0}{EI}\frac{\omega^2}{4}m = \frac{4}{3}\frac{a^3 F_0}{EI}\frac{1}{4\delta_{11}} = \frac{F_0}{5}$

将惯性力、动荷载幅值同时加在结构上，像静力计算一样绘出动力弯矩图[图 10.24（b）]。

【例 10.22】 求图 10.25（a）所示体系的自振频率和主振型，已知 EI 为常数（2008 年试题）。

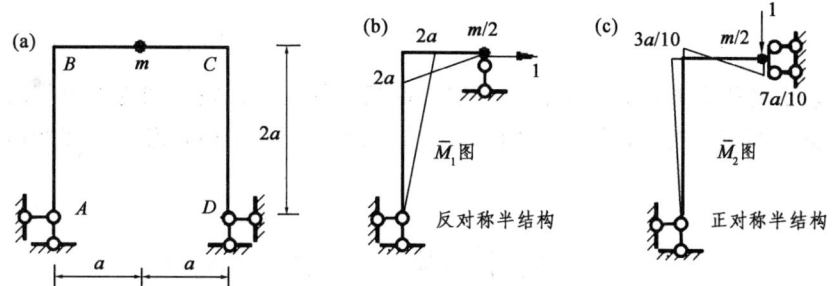

图 10.25 两个自由度体系算例 5

【解】 本题结构、质量对称，故其振型可分为正、反对称两种。取反对称半结构如图 10.25（b）所示，则：

$$\delta_{11} = \frac{4a^3}{EI}, \quad \omega_1 = 0.7071\sqrt{\frac{EI}{ma^3}}$$

振型一中，质量 m 只有水平运动。

取正对称半结构如图 10.25（c）所示，则：

$$\delta_{22} = 0.1833\frac{a^3}{EI}, \quad \omega_2 = 3.3032\sqrt{\frac{EI}{ma^3}}$$

振型二中，质量 m 只有竖向运动。

第 11 章 结构的弹性稳定

稳定问题主要研究如何防止结构不稳定平衡状态的发生，找出结构外力与内力之间不稳定的平衡状态，即在干扰力作用下结构变形开始急剧增长的平衡状态，也即变形问题。

11.1 概 述

1. 平衡状态的稳定与不稳定

处于平衡位置的结构或构件，在任意微小外界扰动下将偏离其平衡位置，如果当外界扰动除去后，仍能自动回复到初始平衡位置时，则初始平衡状态是稳定的；如果不能回复到初始平衡位置，则初始平衡状态是不稳定的。

2. 临界荷载 F_{Pcr}

稳定平衡与不稳定平衡的分界处称为临界状态。此时作用于结构的荷载称为临界荷载，它是使结构原有平衡形式保持稳定的最大荷载。

3. 结构稳定性分析的特点

（1）稳定问题与强度问题有本质区别。

强度问题是找出结构在稳定平衡状态下的最大应力，它的前提是结构为平衡稳定的，所研究的是应力问题。

稳定问题是要防止结构不稳定平衡状态的发生，找出结构外力与内力之间不稳定的平衡状态，所研究的是变形问题。

结构强度计算是防止最大应力超过材料的极限强度。

结构稳定计算是防止不稳定平衡状态的发生。

（2）稳定分析的平衡方程必须按变形后的位形确定。

在稳定分析中，必须按结构产生变形后的位形来建立平衡方程式或列出其总势能的表达式，这是稳定问题研究中的一个显著特点。此时，由于平衡方程依赖于受载以后的变形，荷载与变形之间是非线性关系，叠加原理在稳定计算中是不适用的。

（3）结构稳定性分析中无静定和超静定结构的区分。

静定和超静定结构的划分是适应内力分析的需要而做出的，超静定结构的内力分析，需加上变形协调关系。在稳定计算中，总是针对变形后的位置进行分析，既然总要涉及变形，静定和超静定结构的划分也就失去意义了。

（4）失稳破坏与极限破坏的区别。

结构失稳时破坏截面一般不会形成塑性铰，也就是说，部分塑化的截面，在结构达到失稳临界状态时，还没有达到它完全可以承受的最大塑性弯矩就已经被压溃。按极限破坏计算则会形成塑性铰。

11.2 两类失稳问题——分支点失稳与极值点失稳

1. 分支点失稳（第一类失稳）

分支点失稳的特征是：结构的平衡路径发生了分支，在稳定平衡的原始状态附近存在着另一个相邻的平衡状态。内力和变形状态发生质的突变，即从受压状态变为弯压状态。

2. 极值点失稳（第二类失稳）

极值点失稳的特征是：平衡形式并不发生质变，变形按原有形式迅速增长，以致使结构丧失承载能力。即极值点失稳没有明显的分支点，但在变形途径中存在一个最大荷载值 $F_{P\max}$，达到最大荷载值后，变形会迅速增大，而荷载反而下降。

极值点和分支点是屈曲分析中的一个重要概念。极值点和分支点相应的荷载值 $F_{P\max}$ 和 $F_{P\text{cr}}$ 称为结构失稳（或屈曲）的临界荷载，相应的状态称为临界状态。到达临界状态之前的平衡状态称为前屈曲平衡状态，超过临界状态后的平衡状态称为后屈曲平衡状态。

本章主要介绍第一类失稳的计算方法，它包括静力法和能量法。第一类稳定性问题的关键在于确定发生平衡分支的荷载条件，即结构既可在杆件挠度为零的原始变形状态下达到平衡，也可在杆件挠度不为零的新的变形状态下达到平衡条件。这种研究挠度可取得非零解的条件的问题在数学上属于特征值问题。从这一角度看，第一类稳定性问题中确定临界荷载的问题与结构动力学确定体系自振频率的问题具有相同的数学实质，两者的计算方法乃至计算程序也都十分相似。

11.3 用静力法求有限自由度体系的临界荷载

体系失稳自由度——在稳定计算中，将确定体系失稳时的位移形态所需的独立几何参数的数目称为体系失稳自由度（即稳定分析的基本未知数），简称为自由度。一般弹性压杆或结构的失稳都属于无限自由度的，因为受压失稳杆件的形状通常不能像一般受弯杆件那样用若干个独立的几何参数加以表达。若受压失稳杆件弯曲刚度视为无限大，则无限自由度的稳定问题便转换为有限自由度问题。例如：图 11.1（a）所示压杆为无限自由度体系；而图 11.1（b）所示受压杆的弯曲刚度 $EI \to \infty$，确定失稳的位移状态（虚线形状）仅需一个独立参数 α，故为一个自由度体系；同理，图 11.1（c）需要两个独立参数 y_1 和 y_2 才能确定其失稳的位移状态，所以它是两个自由度体系。

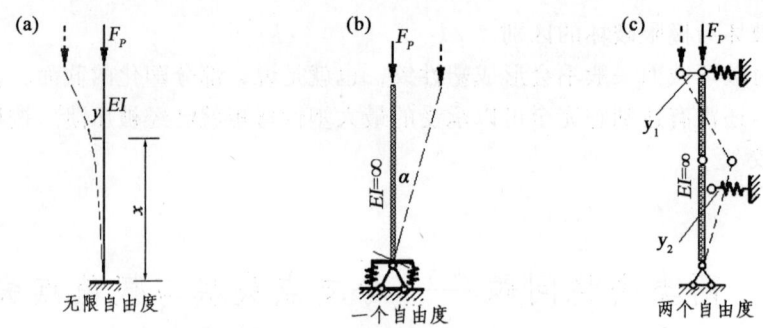

图 11.1 稳定分析自由度示例

静力法 ——在原始平衡状态附近的新的位移形态上建立静力法平衡方程,并以新位移形态取得非零解的条件确定失稳的临界荷载。

【**例 11.1**】 试求图 11.2(a)所示体系的临界荷载 $F_{P{\rm cr}}$。其中 AB 杆为一刚性压杆,承受中心压力 F_P,底端 A 为铰交座,CAD 为弹性杆。

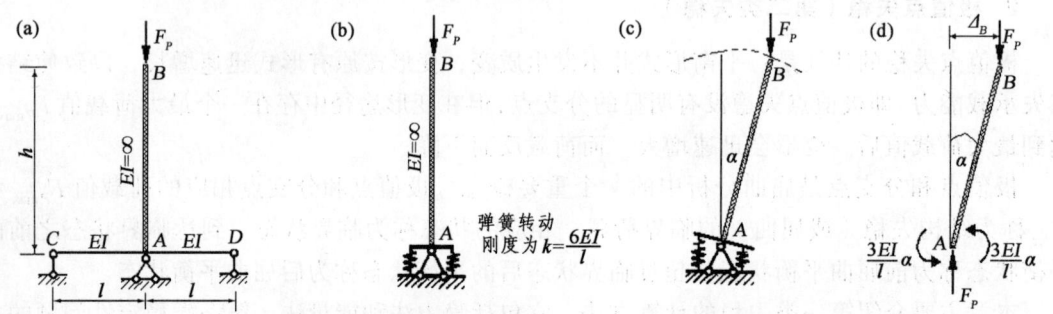

图 11.2 单自由度体系的稳定分析示例 1

【**解**】 研究对象是 AB 杆,将杆件 AC 与杆件 AD 转动约束简化为如图 11.2(b)所示的等效体系。当 F_P 达到临界荷载值时,可能出现如图 11.2(c)所示的新的位移状态,即平衡形态发生了分支。此时,仅需刚性竖杆的转角 α 一个独立参数就可以确定其失稳位移状态,因而体系有一个自由度。取图 11.2(d)所示隔离体,则新形态中刚性杆的力矩平衡方程可表示为:

$$\sum M_A = 0 \Rightarrow F_P \times \Delta_B - \frac{6EI}{l}\alpha = 0 \tag{11.1}$$

式中,$\Delta_B = h\sin\alpha$,并近似地取 $\sin\alpha = \alpha$,代入式(11.1)得:

$$\left(F_P h - \frac{6EI}{l}\right)\alpha = 0 \tag{11.2}$$

式(11.2)是关于参数 α 的齐次线性代数方程,其零解 $\alpha=0$ 对应失稳前的原始平衡状态。为得到 α 的非零解,要求齐次方程的系数为零,即:

$$F_P h - \frac{6EI}{l} = 0 \tag{11.3}$$

由此可求得临界荷载为:

$$F_{Pcr} = \frac{6EI}{lh}$$

【例 11.2】 试求图 11.3（a）所示体系的临界荷载 F_{Pcr}。其中 AB 杆为一刚性压杆，承受中心压力 F_P。杆件 BD 为刚性二力杆，CD 为弹性杆件。

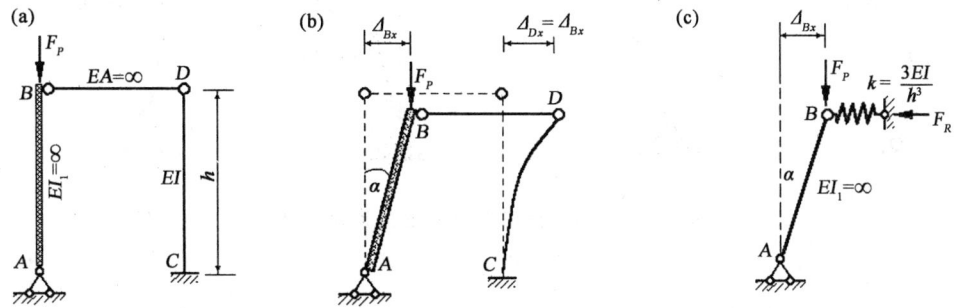

图 11.3　单自由度体系的稳定分析示例 2

【解】 设图 11.3（b）所示为新的位移形态，相应的等效计算简图如图 11.3（c）所示。据此可建立新的位移形态的平衡方程。弹性支座的反力 $F_R = k\Delta_{Bx} = kh\alpha$，由 $\sum M_A = 0$ 得：

$$F_P h\alpha - F_R h = 0$$

或

$$(F_P h - kh^2)\alpha = 0$$

为了得到非零解，令齐次方程的系数为零，则临界荷载为：

$$F_{Pcr} = \frac{3EI}{h^2}$$

对于具有 n 个自由度的体系，总可对新的位移形态建立 n 个独立的平衡方程，那是一组含 n 个独立几何参数的齐次代数方程。出现新位移形态（非零解）的条件是方程系数行列式 D 为零，即：

$$D = 0 \tag{11.4}$$

式（11.4）称为稳定方程或特征方程，它有 n 个实根，即 n 个特征值，其中最小的特征值即对应临界荷载。

【例 11.3】 图 11.4（a）所示体系 AB、BC 均为刚性杆，在铰结点 B 和 C 处有弹性支座，其刚度系数为 k。体系在 A 端有轴向力 F_P 作用。试计算临界荷载，并绘出相应的失稳图形。

【解】 本题体系失稳时的位移形态可用铰 A、B 点的水平位移分 y_1、y_2 两个几何参数完全确定，如图 11.4（b）所示，因而为两个自由度体系。此时支承反力分别为 ky_1 和 ky_2。

由失稳位移形态下的隔离体力矩平衡条件得：

$$\sum M_B = 0 \text{（取 B 以上）} \Rightarrow F_P(y_2 - y_1) + ky_1 l = 0$$
$$\sum M_C = 0 \Rightarrow -F_P y_1 + 2ky_1 l + ky_2 l = 0$$

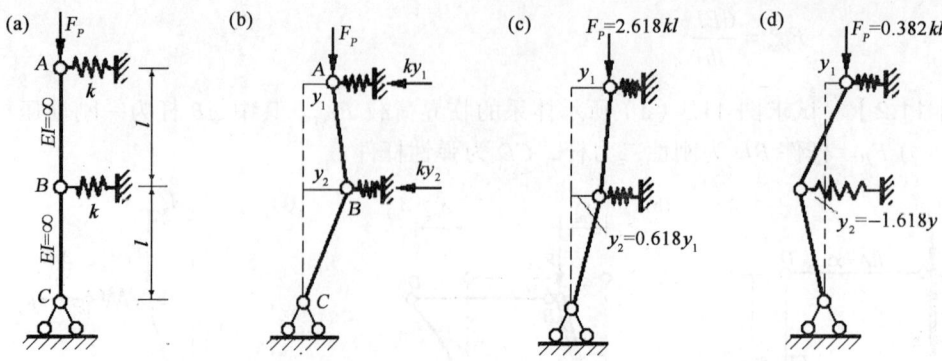

图 11.4 两个自由度体系的分支点失稳

即：

$$\begin{cases}(kl-F_P)y_1+F_Py_2=0\\(2kl-F_P)y_1+kly_2=0\end{cases}$$

这是一组关于几何参数 y_1、y_2 齐次线性代数方程，它有零解 $y_1=y_2=0$，对应于原始的直线平衡状态。失稳时应存在非零解，则要求方程组的系数行列式等于零。于是可得该问题的特征方程，即稳定方程为：

$$\begin{vmatrix}(kl-F_P)&F_P\\(2kl-F_P)&kl\end{vmatrix}=0$$

展开后得：

$$F_P^2-3klF_P+(kl)^2=0$$

由此解得两个特征根为：

$$F_P=\frac{3\pm\sqrt{5}}{2}kl=\begin{cases}2.618kl\\0.382kl\end{cases}$$

其中最小者特征值称为临界荷载，即：

$$F_{Pcr}=\frac{3-\sqrt{5}}{2}kl=0.382kl$$

将以上特征根分别代入原平衡方程，可求得两种情况下 A、B 铰的位移比值为：

$$\frac{y_2}{y_1}=\frac{1+\sqrt{5}}{3+\sqrt{5}}=0.618 \quad 或 \quad \frac{y_2}{y_1}=\frac{1-\sqrt{5}}{3-\sqrt{5}}=-1.618$$

相应的位移形式分别如图 11.4（c）、（d）所示。其中图 11.4（d）即为临界荷载相应的可能的失稳图形，而图 11.4（c）只是理论上存在的失稳图形。实际上在此之前结构必先以图 11.4（d）的形式失稳。

由以上分析可以看出，多自由度体系失稳有以下特点：

（1）具有 n 个自由度的体系失稳时共有 n 个特征值，其对应有 n 个特征向量，即有 n 个可能发生的失稳位移形态。

（2）对称结构在对称作用下的失稳位移形态是对称或反对称的。

（3）真实的临界荷载对应 n 个特征值中的最小者。较大的特征值对应的失稳位移形态，只有在最小特征值所对应的失稳位移形态被阻止时才有可能发生。

11.4 用静力法求无限自由度体系的临界荷载

轴心受压的弹性杆件在发生失稳时，杆件上任意一点的挠度均为独立的位移参数，所以弹性压杆的稳定性问题属于无限自由度体系的稳定性问题。

【例 11.4】 试求图 11.5（a）所示排架的临界荷载。

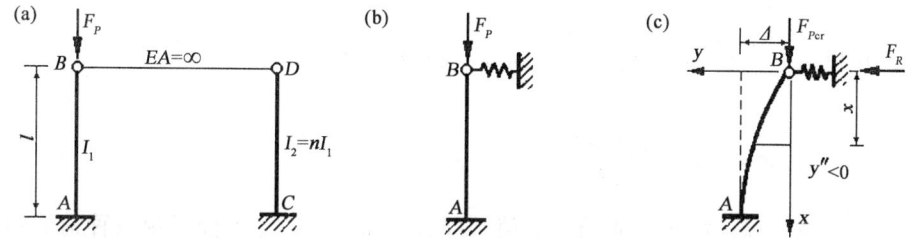

图 11.5 排架的稳定分析

【解】 图 11.5（b）所示为此排架的计算简图。这里柱 AB 在 B 点具有弹性支座，它反映柱 CD 对柱 AB 所起的支承作用，弹性支座的刚度系数 $k = 3EI_2/l^3$。

在临界状态下杆 AB 的变形如图 11.5（c）所示，这时在柱顶处有未知的水平力 F_R。坐标的选取应以据此导出的微分方程简单为好，这里将坐标原点设在变形后的柱顶，弹性曲线的微分方程为：

$$EI_1 y'' = -(F_P y - F_R x)$$

进一步可改写为：

$$y'' + \alpha^2 y = \frac{F_R}{EI_1} x$$

其中 $\alpha^2 = F_P / EI_1$。上式的解为：

$$y = A\cos\alpha x + B\sin\alpha x + \frac{F_R}{F_P} x$$

式中积分常数 A、B 和未知力 F_R 可由边界条件确定。在 $x = 0$ 处，$y = 0$，由此求得 $A = 0$；在 $x = l$ 处，$y = 0$ 和 $y' = 0$，由此求得：

$$\begin{cases} B\sin\alpha l + \dfrac{F_R}{F_P} l = \Delta \\ B\alpha\cos\alpha l + \dfrac{F_R}{F_P} = 0 \end{cases}$$

由于 $F_R = k\Delta$，所以上式变为：

$$\begin{cases} B\sin\alpha l + \dfrac{F_R}{F_P}l - \dfrac{F_R}{k} = 0 \\ B\alpha\cos\alpha l + \dfrac{F_R}{F_P} = 0 \end{cases}$$

因为 $y(x)$ 不等于零，故 B、F_R 须不全为零。由此可知上式的系数行列式应为零，即：

$$D = \begin{vmatrix} \sin\alpha l & \dfrac{l}{F_P} - \dfrac{1}{k} \\ \alpha\cos\alpha l & \dfrac{1}{F_P} \end{vmatrix} = 0$$

展开上式，并利用 $F_P = \alpha^2 EI_1$ 化简后，得到以下超越方程：

$$\tan\alpha l = \alpha l - \dfrac{(\alpha l)^3 EI_1}{kl^3} \tag{11.5}$$

为了求解这个超越方程，需要事先给定 k 值（即 I_1/I_2 的比值）。下面讨论三种情形的解：

（1）$I_2 = 0$，则 $k = 0$，这时方程（11.5）变为：

$$\alpha l - \tan\alpha l = \infty$$

当 EI_1 为有限值时，$\alpha l \neq \infty$，所以：

$$\tan\alpha l = \infty$$

这个方程的最小根为：

$$\alpha l = \dfrac{\pi}{2}$$

因此 $\qquad F_{Pcr} = \dfrac{\pi^2 EI_1}{(2l)^2}$

（2）$I_2 = \infty$，则 $k = \infty$，这时方程（11.5）变为：

$$\tan\alpha l = \alpha l$$

这个方程的最小根为：

$$\alpha l = 4.493$$

因此 $\qquad F_{Pcr} = \dfrac{20.19 EI_1}{l^2} = \dfrac{\pi^2 EI_1}{(0.7l)^2}$

这相当于上端铰支、下端固定的情况。

（3）一般情况是 k 在 $0 \to \infty$ 的范围内，αl 在 $\pi/2 \to 4.493$ 范围内变化。当 $I_2 = I_1$ 时，则 $k = 3EI_1/l^3$。这时方程（11.5）变为：

$$\tan\alpha l = \alpha l - \dfrac{(\alpha l)^3}{3}$$

用试算法求得 $\alpha l = 2.21$，因此：

$$F_{Pcr} = 2.21^2 \frac{EI_1}{l^2} = \frac{4.88EI_1}{l^2} = \frac{\pi^2 EI_1}{(1.42l)^2}$$

11.5 具有弹性支座的压杆的稳定

1. 简化为弹性支座的单压杆体系

在工程结构中常遇到具有弹性支座的压杆。例如在一些刚架中，常可将其中某根压杆取出，而以弹性支座代替其余部分对它的约束作用。如图 11.6（a）所示刚架，AB 杆上端铰支，下端不能移动而可转动，但其转动要受到 BC 杆的弹性约束，这可以用一个抗转弹簧来表示，如图 11.6（b）所示，抗转弹簧的刚度 k_1 是由使 BC 杆的 B 端发生单位转角时所需的力矩来确定，由图 11.6（c）知：

$$k_1 = \frac{3EI_1}{l_1} \tag{11.6}$$

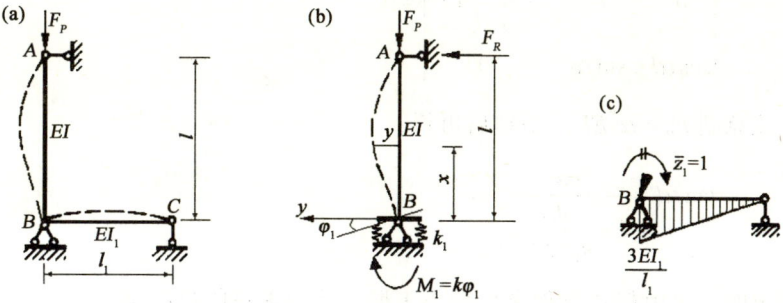

图 11.6 简化为弹性支座的压杆

图 11.6（b）所示压杆失稳时，设下端转角为 φ_1，则相应的反力矩为 $M_1 = k_1\varphi_1$，设上端反力为 F_R，则由平衡条件 $\sum M_B = 0$ 可得：

$$F_R = \frac{M_1}{l} = \frac{k_1\varphi_1}{l} \tag{11.7}$$

压杆挠曲线微分方程为：

$$EIy'' = -F_P y + F_R(l-x)$$

设

$$\alpha = \frac{F_P}{EI}$$

并引入式（11.7），则上述微分方程可写为：

$$y'' + \alpha^2 y = \frac{k_1 \varphi_1}{EIl}(l-x)$$

上式的解为:

$$y = A\cos\alpha x + B\sin\alpha x + \frac{k_1 \varphi_1}{F_P l}(l-x)$$

式中有 3 个未知常数 A、B、φ_1，而边界条件在 $x=0$ 处有 $y=0$，$y'=\varphi_1$，在 $x=l$ 处有 $y=0$。据此可建立以下齐次方程组：

$$\begin{cases} A + \dfrac{k_1}{F_P}\varphi_1 = 0 \\ B\alpha - \left(\dfrac{k_1}{F_P l} + 1\right)\varphi_1 = 0 \\ A\cos\alpha l + B\sin\alpha l = 0 \end{cases}$$

A、B 和 φ_1 不能全为零，因而稳定方程为：

$$\begin{vmatrix} 1 & 0 & \dfrac{k_1}{F_P} \\ 0 & \alpha & -\left(\dfrac{k_1}{F_P l}+1\right) \\ \cos\alpha l & \sin\alpha l & 0 \end{vmatrix} = 0$$

展开上式，并注意到 $F_P = \alpha^2 EI$，整理后可得：

$$\tan\alpha l = \frac{\alpha l}{1 + \dfrac{EI}{k_1 l(\alpha l)^2}} \tag{11.8}$$

当弹簧刚度给定时，可由超越方程求得最小正根，从而求得临界荷载。

2. 几种典型弹性支座压杆的综合稳定方程

图 11.7(a)所示压杆两端各有一抗转弹簧，上端并有一抗移弹簧(它们的刚度分别为 k_1、k_2 和 k_3)，按静力法可导出其稳定方程，即式(11.9)。

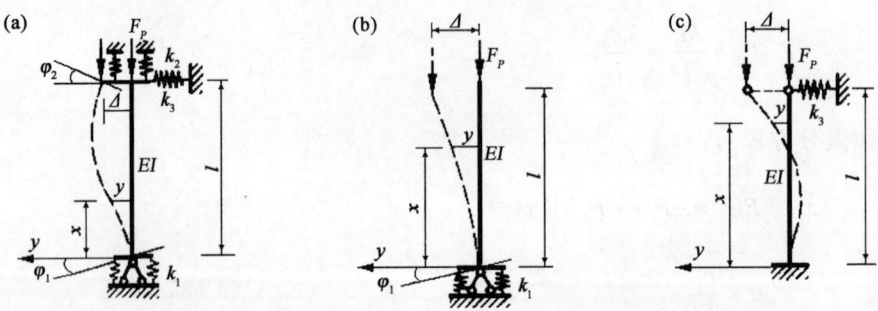

图 11.7 几种不同的弹性支座压杆

$$\begin{vmatrix} 1 & 0 & \left(1-\dfrac{k_3 l}{F_P}\right) & \dfrac{k_2}{F_P} \\ \cos\alpha l & \sin\alpha l & 0 & \dfrac{k_2}{F_P} \\ 0 & \alpha & \left(\dfrac{k_3}{F_P}+\dfrac{k_3 l}{k_1}-\dfrac{F_P}{k_1}\right) & -\dfrac{k_2}{k_1} \\ -\alpha\sin\alpha l & \alpha\cos\alpha l & \dfrac{k_3}{F_P} & 1 \end{vmatrix}=0 \qquad (11.9)$$

式（11.9）是弹性支座压杆稳定方程的一般情形，其他各种特殊情况的稳定方程均可由此推求而得。

（1）令图 11.7（a）中 $k_2=0$，$k_3=0$，即得图 11.7（b）。其稳定方程为：

$$\alpha l\tan\alpha l=\dfrac{k_1 l}{EI} \qquad (11.10)$$

（2）令图 11.7（a）中 $k_2=0$，$k_1=\infty$，即得图 11.7（c）。其稳定方程为：

$$\tan\alpha l=\alpha l-\dfrac{EI(\alpha l)^3}{k_3 l^3} \qquad (11.11)$$

【例 11.5】 试利用上述结果求图 11.8 所示压杆的稳定方程。

【解】 图 11.8（a）稳定方程为：$\tan\alpha l=\alpha l-EI(\alpha l)^3/k_2 l^3$

图 11.8（b）稳定方程为：$\tan\alpha l=\alpha l-EI(\alpha l)^3/k_3 l^3$

图 11.8（c）稳定方程为：$\alpha l\tan\alpha l=k_1 l/EI$

图 11.8（d）稳定方程为：$\tan\alpha l=\dfrac{\alpha l}{1+\dfrac{EI}{k_2 l(\alpha l)^2}}$

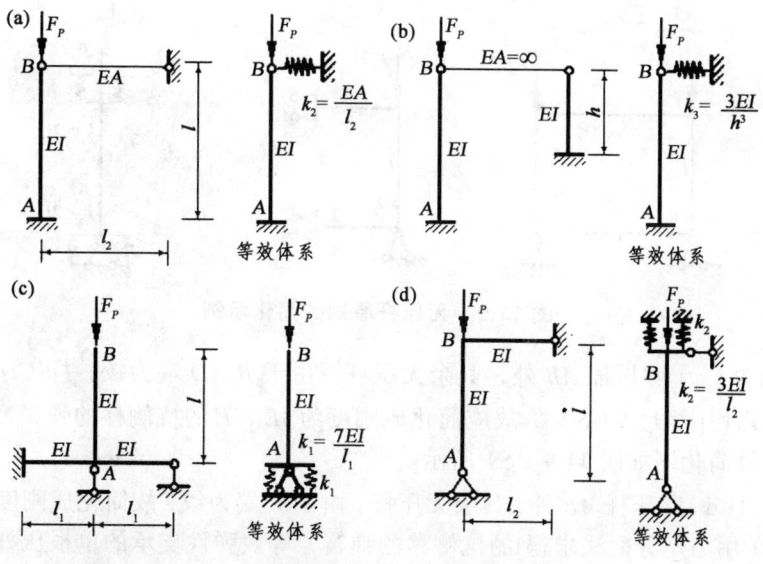

图 11.8 等效计算体系

11.6 刚架稳定分析的简化

对某些刚架作稳定分析,可将其简化为弹性支承的单根压杆的计算,简化的标准是弹簧刚度要容易求得。具体而言,除所选的压杆外,结构的其余部分须满足两条原则,即无压杆原则和不重复原则。

1. 无压杆原则

即除所选压杆外,结构的其余部分中无压杆存在,如图 11.9 所示。

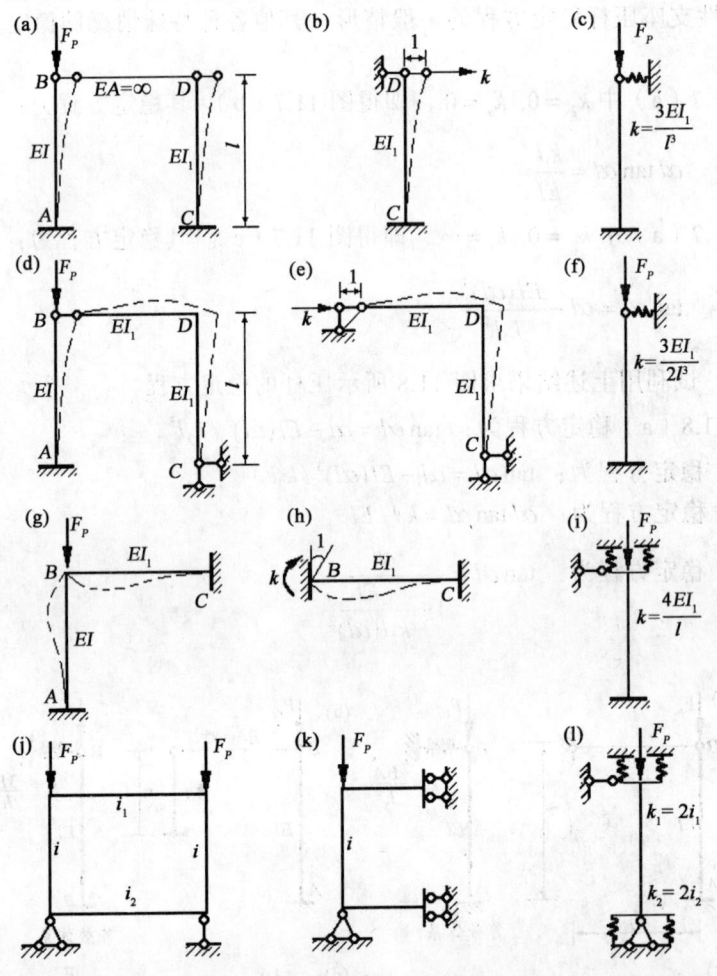

图 11.9 无压杆原则的简化示例

(1)图 11.9(a)除压杆 AB 外,其余无压杆。由于 B、D 端为铰,杆 CD 在该结构中仅起到侧向约束作用[图 11.9(b)],故应简化成刚度为 $3EI_1/l^3$ 的抗侧移的弹簧,等效弹性支承的单根压杆计算简化图如图 11.9(c)所示。

(2)图 11.9(d)除压杆 AB 外,其余无压杆。由于 B 端为铰,故简化成刚度为 $3EI_1/2l^3$ [可由图 11.9(e)用力矩分配法求得]的抗侧移的弹簧,等效弹性支承的单根压杆计算简化图如图 11.9(f)所示。

（3）图 11.9（g）除压杆 AB 外，其余无压杆。由于 B 端为刚结点且无线位移，故该处相当于一个抗转动的弹簧，其刚度为 $4EI_1/l$ [图 11.9（h）]，等效弹性支承的单根压杆计算简化图如图 11.9（i）所示。

（4）图 11.9（j）为一对称刚架，虽有两根压杆，但在考虑其对称失稳形式时，取半边结构[图 11.9（k）]，除压杆 AB 外，其余无压杆。等效弹性支承的单根压杆计算简化图如图 11.9（l）所示。

2. 不重复原则

即组成各弹性支承的杆件互不重复。否则，各弹簧将相互影响，计算不方便，而且不能用相互独立的弹簧刚度来表示。图 11.10 中所示结构均满足不重复原则。

（1）图 11.10（a）所示刚架，B 点无线位移，故简化单根压杆后，B 点水平方向应改为刚性链杆支座，只有转动方向为一弹性支座[图 11.10（c）]。此抗弹簧由其余 4 杆组成，其刚度 k 可由图 11.10（b）使结点 B 转动单位转角 $\varphi=1$ 时所需施加力矩得到（注意此时结点 D 并未固定，可先将其固定再放松，用力矩分配法解决）。

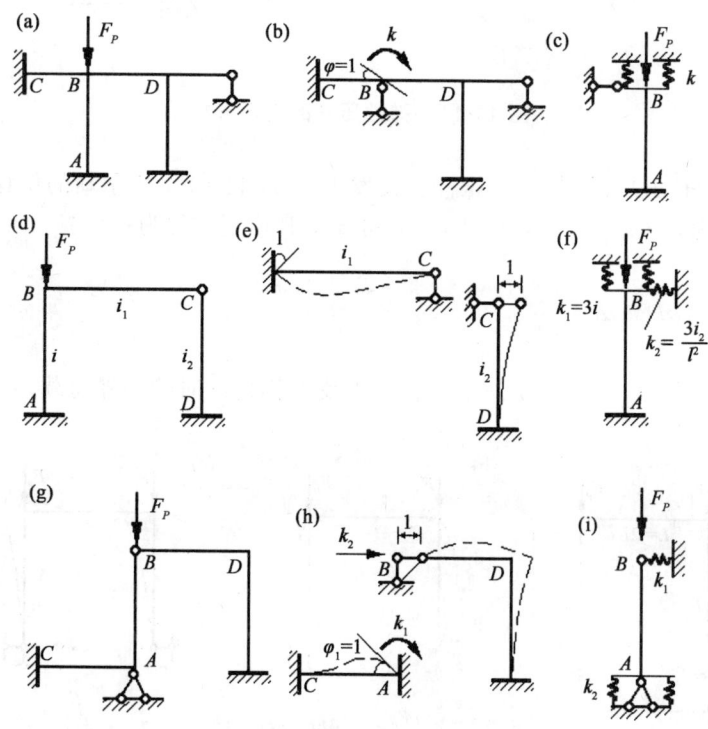

图 11.10 不重复原则的简化示例

（2）图 11.10（d）所示刚架，简化为单根压杆时，B 端原为刚结且有水平位移，故应有抗转动弹簧和抗侧移弹簧[图 11.10（f）]。这里，抗转动弹簧只是 BC 杆的作用，故其刚度 $k_1=3i_1$ [图 11.10（e）]；而抗侧移弹簧只是 CD 杆的作用，故其刚度 $k_2=3i_2/l^2$ [图 11.10（e）]。

（3）图 11.10（g）所示刚架，简化为单根压杆 AB 时，其下端有一抗转动弹簧[图 11.10

(i)],它只是由 CA 杆构成,而上端有一抗侧移弹簧[图 11.10(i)],则只由 BD、DE 杆组成。二弹簧所涉及的杆件互不重复,故各自刚度均容易求得。

11.7 稳定概念分析示例

【例 11.6】 求图 11.11 所示刚架的压杆的稳定方程。

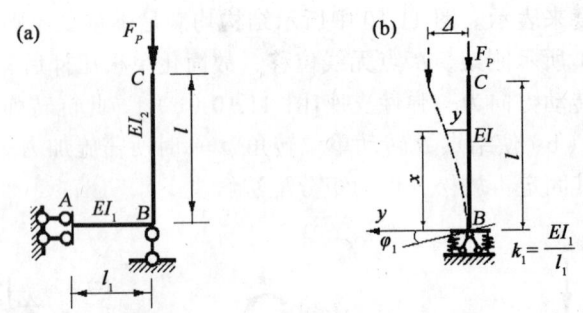

图 11.11 弹性压杆的稳定分析

【解】 除压杆 BC 外,其余无压杆。设发生图 11.11(b)所示新的位移形态,杆件 AB 的转动刚度系数为 $k_1 = EI_1/l_1$。又由图 11.10 可知,其稳定方程为:

$$\alpha l \tan \alpha l = \frac{k_1 l}{EI}$$

【例 11.7】 求图 11.12(a)所示对称刚架受对称荷载时的临界荷载。

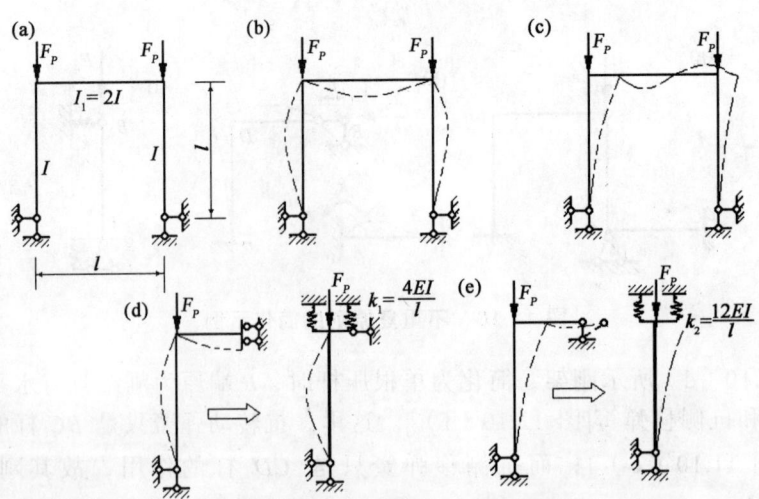

图 11.12 对称结构的稳定分析

【解】 此例为对称刚架承受对称荷载，故其失稳形式为正对称[图 11.12（b）]或反对称[图 11.12（c）]，现分别计算如下。

（1）正对称失稳时，取半边结构计算[图 11.12（d）]，立柱为下端铰支、上端弹性固定的压杆，其弹性固定端的抗转刚度为：

$$k_1 = i_1 = \frac{2EI}{l/2} = \frac{4EI}{l}$$

稳定方程为：

$$\tan \alpha l = \frac{\alpha l}{1 + \frac{EI}{k_1 l (\alpha l)^2}} = \frac{\alpha l}{1 + \frac{(\alpha l)^2}{4}}$$

用试算法解得其最小正根为 $\alpha l = 3.83$，故临界荷载为：

$$F_{Pcr} = \alpha^2 EI = \frac{(3.83)^2 EI}{l^2} = \frac{14.67 EI}{l^2} \tag{11.12}$$

（2）反对称失稳时，取半边结构[图 11.12（e）]计算，上端弹性固定，上下两端有相对侧移而无水平反力，故实际上与图 11.7（b）的情况相同。弹性固定端的抗转刚度为：

$$k_2 = 3i_1 = 3 \times \frac{2EI}{l/2} = \frac{12EI}{l}$$

稳定方程为：

$$\alpha l \tan \alpha l = 12$$

用试算法解得其最小正根为 $\alpha l = 1.45$，故临界荷载为：

$$F_{Pcr} = \alpha^2 EI = \frac{(1.45)^2 EI}{l^2} = \frac{2.10 EI}{l^2} \tag{11.13}$$

比较（11.12）、（11.13）两式，可见反对称失稳时的 F_{Pcr} 值小，故实际的临界荷载应取式（11.13）。

【例 11.8】 用静力法求图 11.13（a）所示压杆的临界荷载 F_{Pcr}。

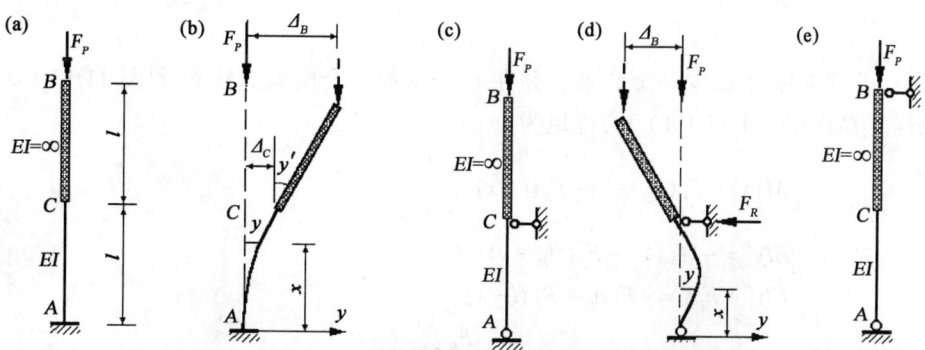

图 11.13 调整结构支点对临界荷载的影响

【解】 图 11.13（b）的 AC 段弯矩为：

$$M(x) = F_P(\Delta_B - y) \quad (0 \leqslant x \leqslant l)$$

将 $EIy'' = +M(x)$ 代入上式，得：

$$EIy'' + F_P y = F_P \Delta_B$$

令

$$\alpha^2 = \frac{F_P}{EI} \tag{11.14}$$

通解为

$$y = A\sin\alpha x + B\cos\alpha x + \Delta_B \tag{11.15}$$

边界条件为：在 $x=0$ 处，$y=0$，$y'=0$；在 $x=l$ 处，$y'=(\Delta_B-\Delta_C)/l$。

A、B 和 Δ_B 不能全为零，因而稳定方程为：

$$\begin{vmatrix} 0 & 1 & 0 \\ \alpha & 0 & 0 \\ \left(\alpha\cos\alpha l + \dfrac{\sin\alpha l}{l}\right) & \left(-\alpha\sin\alpha l + \dfrac{\cos\alpha l}{l}\right) & 0 \end{vmatrix} = 0$$

展开上式，得：

$$\alpha\left(\frac{\cos\alpha l}{l} - \alpha\sin\alpha l\right) = 0$$

因为 $\alpha \neq 0$，所以：

$$\frac{\cos\alpha l}{l} - \alpha\sin\alpha l = 0$$

即

$$\tan\alpha l = \frac{1}{\alpha l}$$

最小正根 $\alpha l = 0.860\,3$，故临界荷载为：

$$F_{Pcr} = \frac{0.740\,1EI}{l^2}$$

讨论：若把支座 A 减少一个约束，并在 C 处增加一个横向链杆支承[图 11.13（c）]，则 AC 段内任意截面[图 11.13（d）]的弯矩为：

$$M(x) = F_P(\Delta_B + y) - F_R(l - x)$$

得

$$EIy'' = -M(x) = -F_P(\Delta_B + y) + F_R(l - x)$$

即

$$EIy'' + F_P y = -F_P \Delta_B + R_C(l - x)$$

通解为

$$y = A\sin\alpha x + B\cos\alpha x - \Delta_B + \frac{F_R}{F_P}(l - x)$$

式中 $F_R = \dfrac{F_P \Delta_B}{l}$ （由 $\sum M_A = 0$ 求得）

有：

$$y = A\sin\alpha x + B\cos\alpha x - \Delta_B + \dfrac{\Delta_B}{l}(l-x)$$

或

$$y = A\sin\alpha x + B\cos\alpha x - \dfrac{\Delta_B}{l}x$$

稳定方程为 $\cos\alpha l = 0$

最小正根为 $\alpha l = 0.5\pi$，故临界荷载为：

$$F_{Pcr} = \dfrac{2.467EI}{l^2}$$

若把支座 A 减少一个约束，并在 B 处增加一个横向链杆支承[图 11.13（e）]，计算过程同上，其临界荷载为：

$$F_{Pcr} = \dfrac{4.10EI}{l^2}$$

由上面可知，调整结构支点及压杆的长度，对提高体系的临界荷载是非常有用的，而改善结构的受力状态也正是学习该内容的主要目的。

11.8 试题分析

【例 11.9】 试将图 11.14（a）所示压杆体系转化为弹性支承压杆，并用静力法计算临界荷载。

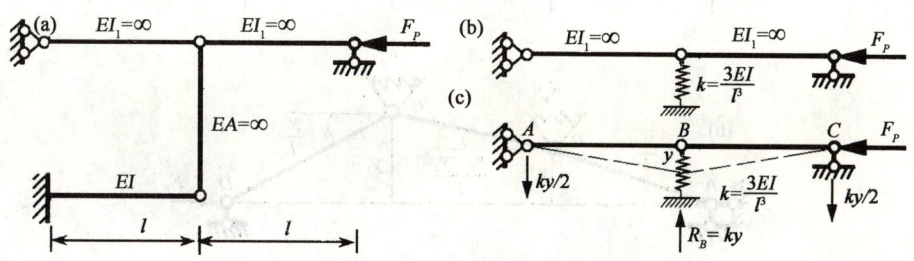

图 11.14 静力法解一个自由度的体系算例 1

【解】 等效体系如图 11.14（b）所示，有一个自由度。设新的形态如图 11.14（c）所示，弹簧支座反力为 ky，由平衡条件 $\sum Y = 0$ 得另外两支座反力。取 BC 段为隔离体，由 $\sum M_B = 0$ 有：

$$F_P y - \dfrac{ky}{2}l = 0, \quad 即 \left(F_P - \dfrac{kl}{2}\right)y = 0$$

失稳形态中的 $y \neq 0$，所以 $F_P - kl/2 = 0$，则：

$$F_{Pcr} = \dfrac{kl}{2} = \dfrac{3EI}{l^3} \cdot \dfrac{l}{2} = \dfrac{3EI}{2l^2}$$

【例 11.10】 试用静力法计算图 11.15（a）所示结构的临界荷载。

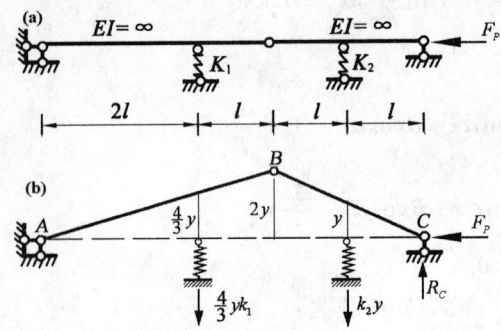

图 11.15 静力法解一个自由度的体系算例 2

【解】 本题为单自由度体系，设独立参数为 y，偏离后取 BC 为隔离体，由 $\sum M_B = 0$ 有：

$$F_P \times 2y - R_C \times 2l + yk_2 l = 0 \Rightarrow R_C = F_P \frac{y}{l} + \frac{k_2 y}{2}$$

取整体为隔离体，由 $\sum M_A = 0$ 有：

$$\left(F_P \frac{y}{l} + \frac{k_2 y}{2}\right) \times 5a - yk_2 \times 4a - \frac{4}{3} yk_2 \times 2l = 0 \Rightarrow F_{Pcr} = \frac{8}{15} k_1 l + \frac{3}{10} k_2 l$$

【例 11.11】 试用静力法计算图 11.16（a）所示结构的临界荷载，k_φ 为抗转动弹簧刚度。

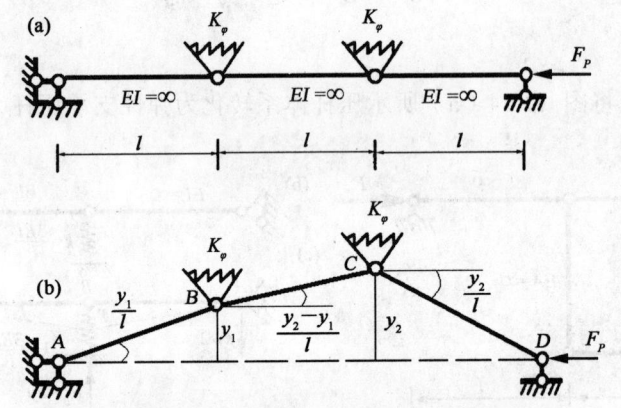

图 11.16 静力法解两个自由度的体系

【解】 本题体系自由度为 2，取 BD 分析，由 $\sum M_B = 0$ 有：

$$F_P y_1 - k_\varphi \left(\frac{y_1}{l} - \frac{y_2 - y_1}{l}\right) = 0$$

再取 CD 分析，由 $\sum M_C = 0$ 有：

$$F_P y_2 - k_\varphi \left(\frac{y_2}{l} + \frac{y_2 - y_1}{l}\right) = 0$$

即:

$$\begin{cases} \left(F_P - \dfrac{2k_\varphi}{l}\right)y_1 + \dfrac{k_\varphi}{l}y_2 = 0 \\ \dfrac{k_\varphi}{l}y_1 + \left(F_P - \dfrac{2k_\varphi}{l}\right)y_2 = 0 \end{cases}$$

系数行列式为零,即:

$$\begin{vmatrix} F_P - \dfrac{2k_\varphi}{l} & \dfrac{k_\varphi}{l} \\ \dfrac{k_\varphi}{l} & F_P - \dfrac{2k_\varphi}{l} \end{vmatrix} = 0$$

展开行列式得:

$$\left(F_P - \dfrac{2k_\varphi}{l}\right)^2 - \left(\dfrac{k_\varphi}{l}\right)^2 = 0$$

解得 $F_P = \dfrac{2k_\varphi}{l} + \dfrac{k_\varphi}{l} = \begin{cases} \dfrac{3k_\varphi}{l} \\ \dfrac{k_\varphi}{l} = F_{Pcr} \end{cases}$

$3k_\varphi/l$ 较大,不取,此时有 $y_1 = -y_2$;$k_\varphi/l = F_{Pcr}$,为临界荷载,此时有 $y_1 = y_2$。

【例 11.12】 试用能量法计算图 11.17 所示阶形压杆的临界荷载。设挠曲线为 $y = a\left(1 - \cos\dfrac{\pi}{2l}x\right)$。

【解】 $y = a\left(1 - \cos\dfrac{\pi}{2l}x\right)$

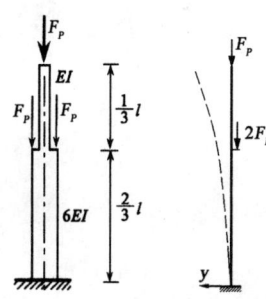

图 11.17 能量法解无限自由度体系

$y' = \dfrac{\pi a}{2l}\sin\dfrac{\pi x}{2l}, \quad y'' = \dfrac{\pi^2 a}{4l^2}\cos\dfrac{\pi x}{2l}$

$$U = \dfrac{6EI}{2}\int_0^{2l/3}\left(\dfrac{\pi^2 a}{4l^2}\cos\dfrac{\pi x}{2l}\right)^2 dx + \dfrac{EI}{2}\int_{2l/3}^{l}\left(\dfrac{\pi^2 a}{4l^2}\cos\dfrac{\pi x}{2l}\right)^2 dx$$

$$= \dfrac{\pi^4 EIa^2}{32l^4}\left(6\int_0^{2l/3}\cos^2\dfrac{\pi x}{2l}dx + \int_{2l/3}^{l}\cos^2\dfrac{\pi x}{2l}dx\right)$$

$$= \dfrac{\pi^4 EIa^2}{32l^4}\left[6\left(\dfrac{l}{3} + \dfrac{l}{2\pi}\sin\dfrac{2\pi}{3}\right) + \left(\dfrac{l}{2} - \dfrac{l}{3} - \dfrac{l}{2\pi}\sin\dfrac{2\pi}{3}\right)\right]$$

$$= \dfrac{\pi^4 EIa^2}{32l^4}\left[\dfrac{13}{6}l + \dfrac{5l}{2\pi}\sin\dfrac{2\pi}{3}\right]$$

$$= \dfrac{\pi^4 EIa^2}{32l^3}\left(\dfrac{13}{6} + \dfrac{5\sqrt{3}}{4\pi}\right)$$

$$V = -\frac{F_P}{2}\int_0^l \left(\frac{\pi a}{2l}\sin\frac{\pi x}{2l}\right)^2 dx - \frac{2F_P}{2}\int_0^{2l/3}\left(\frac{\pi a}{2l}\sin\frac{\pi x}{2l}\right)^2 dx$$

$$= -\frac{F_P\pi^2 a^2}{8l^2}\left[\int_0^l \sin^2\frac{\pi x}{2l}dx + 2\int_0^{2l/3}\sin^2\frac{\pi x}{2l}dx\right]$$

$$= -\frac{F_P\pi^2 a^2}{8l^2}\left[\frac{l}{2} + 2\left(\frac{l}{3} - \frac{l}{2\pi}\sin\frac{2\pi}{3}\right)\right]$$

$$= -\frac{F_P\pi^2 a^2}{8l^2}\left[\frac{7l}{6} - \frac{l}{\pi}\sin\frac{2\pi}{3}\right]$$

$$= -\frac{F_P\pi^2 a^2}{8l}\left(\frac{7}{6} - \frac{\sqrt{3}}{2\pi}\right)$$

$$\Pi = U + V = \left[\frac{\pi^4 EI}{32l^3}\left(\frac{13}{6} + \frac{5\sqrt{3}}{4\pi}\right) - \frac{F_P\pi^2}{8l}\left(\frac{7}{6} - \frac{\sqrt{3}}{2\pi}\right)\right]a^2$$

$\dfrac{d\Pi}{da} = 0$，而 $a \neq 0$，故得：

$$F_{Pcr} = \frac{\pi^2 EI}{4l^2}\cdot\frac{(13/6 - 5\sqrt{3}/4\pi)}{(7/6 - \sqrt{3}/2\pi)} = \frac{7.908EI}{l^2}$$

第12章 研究生入学试题汇集

2008年试题

一、是非题（将判断结果填入括弧：以○表示正确，以×表示错误）

1. 图示结构，$F_P=1$ 在 AB 段移动时，K 截面的弯矩影响线值 M_K 为零。（　　）

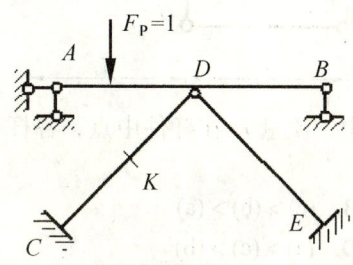

2. 图 a 所示桁架结构可选用图 b 所示的体系作为力法基本体系。（　　）

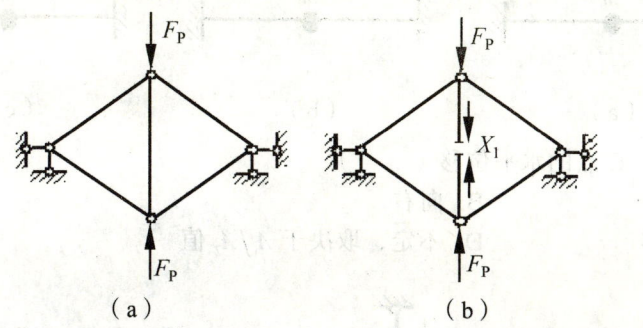

3. 在矩阵位移法中，结构在等效结点荷载作用下的内力，与结构在原有荷载作用下的内力相同。（　　）

4. 可用下述方法求图 a 所示单自由度体系的频率。

由图 b 可知 $\delta_{11}=\dfrac{1}{4k}$，$\omega=\sqrt{\dfrac{1}{2m\delta_{11}}}=\sqrt{\dfrac{2k}{m}}$　（　　）

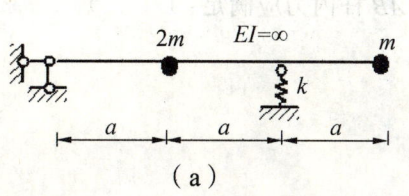
（a）

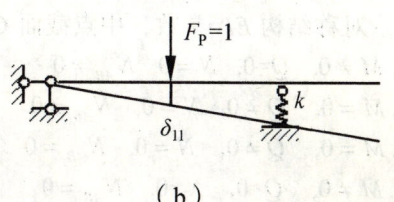
（b）

5. 若图示梁的材料，截面形状、温度变化均未改变而欲减小其杆端弯矩，则应减小 I/h 的值。（　　）

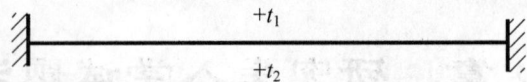

二、选择题（将选中答案的字母填入括弧内）

1. 图示结构截面 A 的弯矩（以下侧受拉为正）是：（　　）
   A. m 　　　　　　B. $-m$ 　　　　　　C. $-2m$ 　　　　　　D. 0

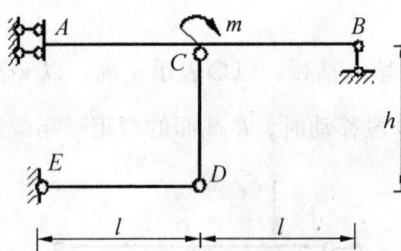

2. 图示单自由度动力体系中，质量 m 在杆件中点，各杆 EI、l 相同。其自振频率的大小排列次序为：（　　）
   A. (b) > (a) > (c)　　　B. (c) > (b) > (a)
   C. (a) > (b) > (c)　　　D. (a) > (c) > (b)

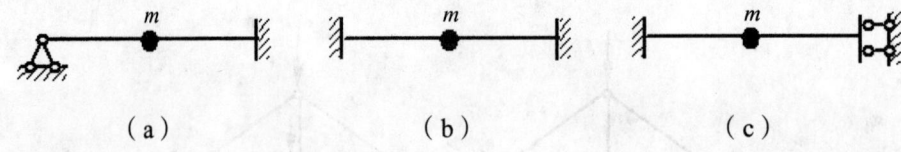

3. 图示桁架，C 点的水平位移（　　）
   A. 向左　　　　　　B. 向右
   C. 等于零　　　　　D. 不定，取决于 A_1/A_2 值

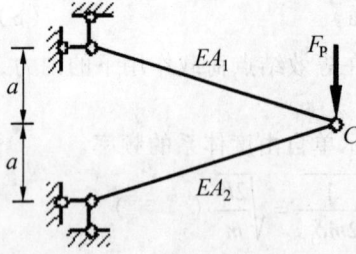

4. 图示对称结构 EI=常数，中点截面 C 及 AB 杆内力应满足：（　　）
   A. $M \neq 0$，$Q=0$，$N=0$，$N_{AB} \neq 0$
   B. $M=0$，$Q \neq 0$，$N=0$，$N_{AB} \neq 0$
   C. $M=0$，$Q \neq 0$，$N=0$，$N_{AB}=0$
   D. $M \neq 0$，$Q=0$，$N=0$，$N_{AB}=0$

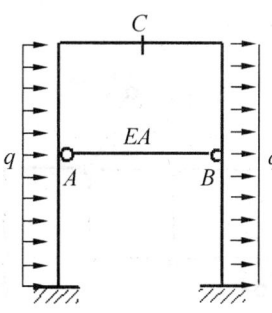

5. 欲使支座 B 截面出现弯矩最大值 $M_{B\max}$，梁上均布荷载的布局应为：(　　)

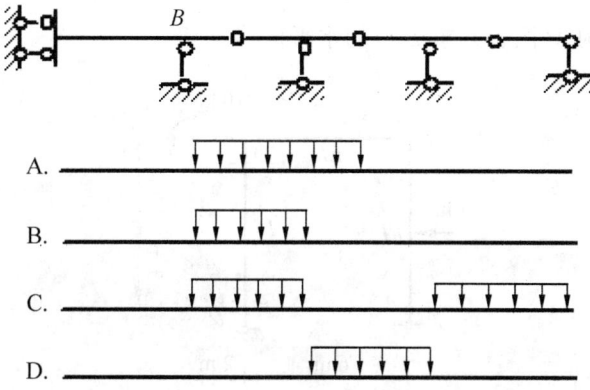

三、填充题（将答案写在空格内）

1. 图示结构弹性支座抗转刚度 $\beta = 2EI/l$。横梁刚度无穷大。用位移法求得弯矩如右图。则 B 点的转角为_____。

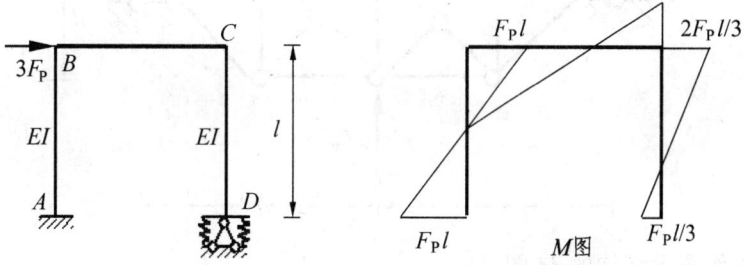

2. 在图示移动荷载作用下，a 杆的内力最大值等于_____。

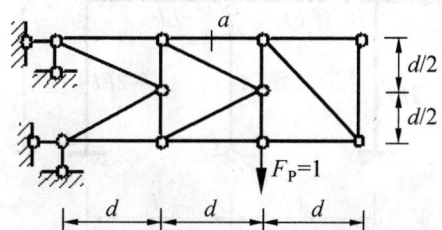

四、对图示体系进行几何构造分析。

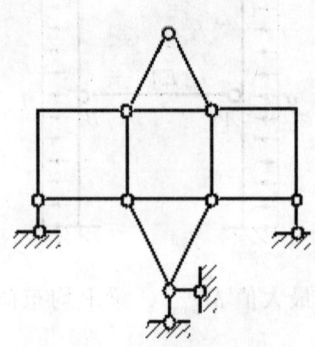

五、作图示结构的 M 图,并求 E 点的水平位移。

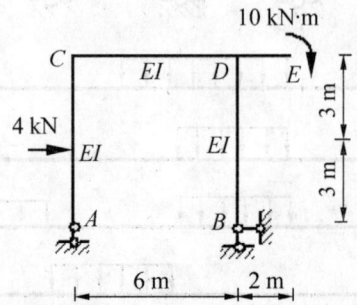

六、求图示桁架杆 1 和杆 2 的轴力。

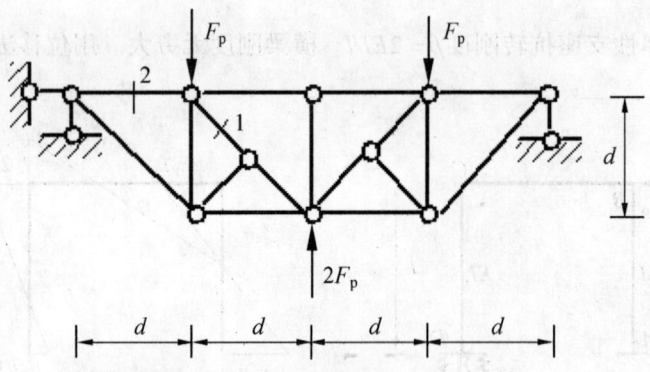

七、用力法作图示结构的 M 图。

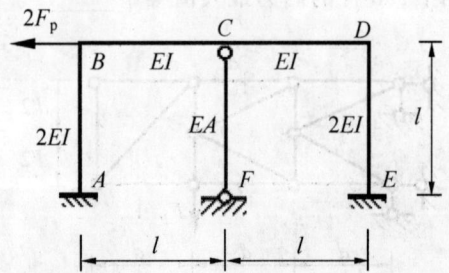

八、用位移法计算图示结构,并作出其 M 图。各杆之 EI=常数。

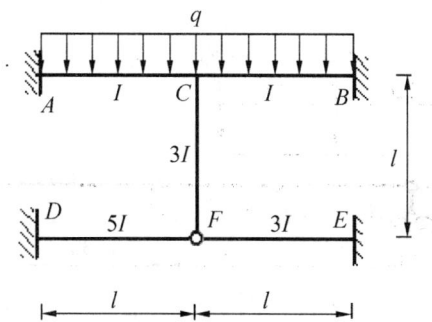

九、用力矩分配法计算图示结构,并作 M 图。已知:q=2.4kN/m,各杆 EI 相同。(每结点分配两次)

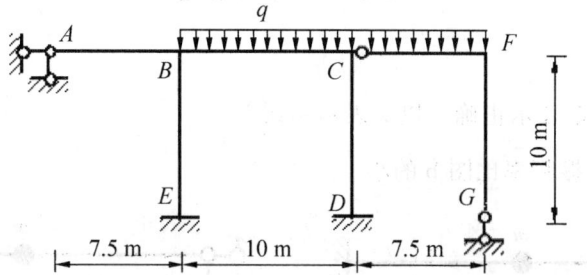

十、已知图示桁架的结点位移列阵为 $\{\Delta\}$ = [0   0   2.567 7   1.041 5   1.367 3   1.609 2 $-$1.726 5   1.640 80   1.208 4 $-$0.400 7]$^\mathrm{T}$,EA = 1 kN。试求杆 14、46 的轴力。

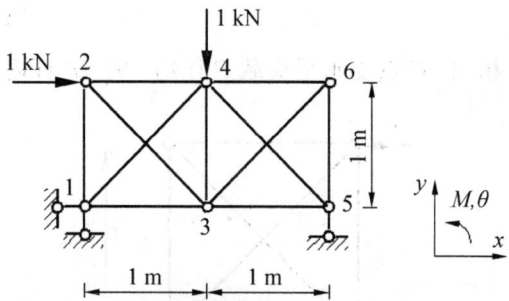

十一、求图示体系的自振频率和主振型。EI = 常数。

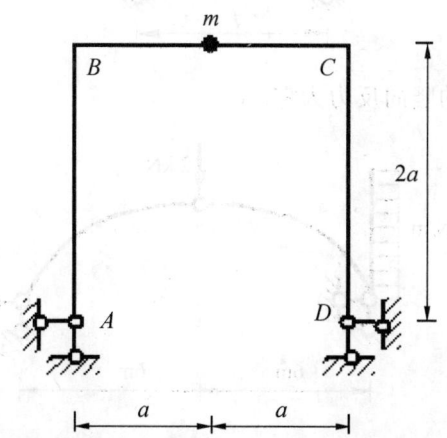

十二、利用影响线求在图示可反向行走的荷载作用下 B 支座的最大反力。

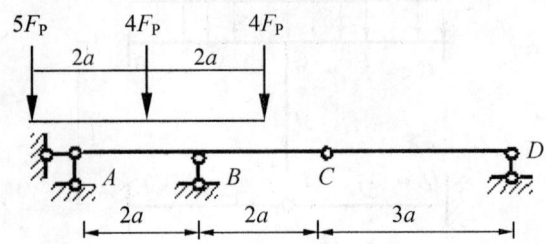

2009 年试题

一、**是非题**（以○表示正确，以×表示错误）

1. 图 a 体系的自振频率比图 b 的小。（　　）

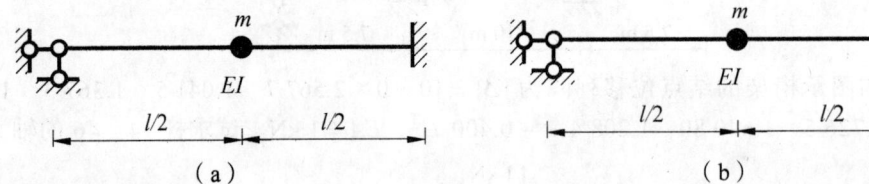

（a）　　　　　　　　　　　（b）

2. 图示桁架各杆 EA 相同，C 点受水平荷载 P 作用，则 AB 杆内力 $N_{AB} = \sqrt{2}\,P/2$。（　　）

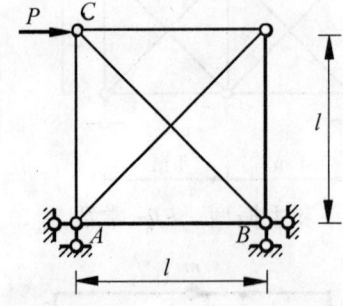

3. 图示三铰拱左支座的竖向反力为零。（　　）

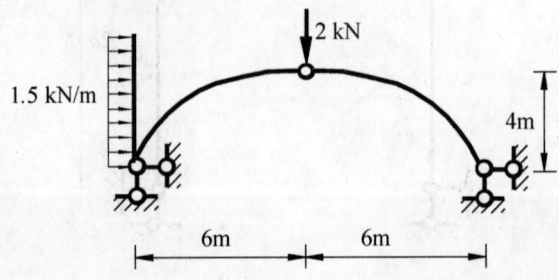

4. 图示对称桁架各杆 EA 相同，结点 A 和结点 B 的竖向位移均为零。（   ）

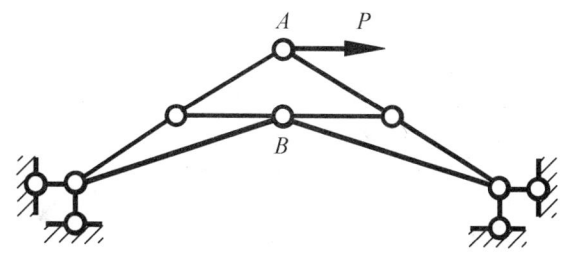

二、选择题

1. 坐标变换矩阵 $[T]$ 是（   ）
   A. 对称矩阵   B. 对角矩阵
   C. 正交矩阵   D. 反对称矩阵

2. 使单自由度体系的阻尼增加，其结果是：（   ）
   A. 周期变长   B. 周期不变
   C. 周期变短   D. 周期视具体体系而定
   注：阻尼增加后仍是小阻尼。

3. 图 a 所示结构的 M_P 图示于图 b，B 点水平位移($\rightarrow$)为：（   ）
   A. $\dfrac{5ql^4}{24EI}$ B. $\dfrac{25ql^4}{48EI}$ C. $\dfrac{48ql^4}{5EI}$ D. $\dfrac{16ql^4}{32EI}$

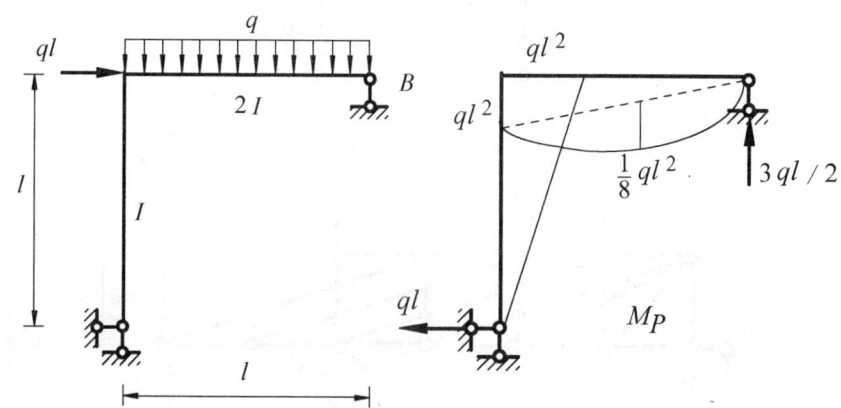

4. 图示两结构（EI = 常数）右端支座均沉陷 $\varDelta=1$，两支座弯矩关系为：（   ）
   A. $M_B > M_D$ B. $M_B = M_D$
   C. $M_B < M_D$ D. $M_B = -M_D$

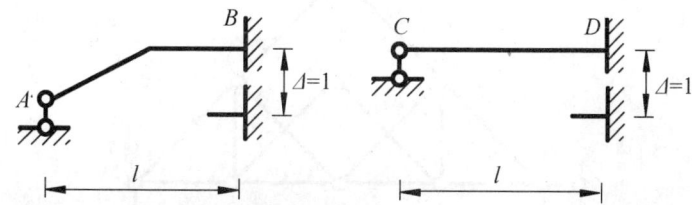

5. 用力法计算图示结构时，使其典型方程中副系数为零的力法基本结构是：（   ）

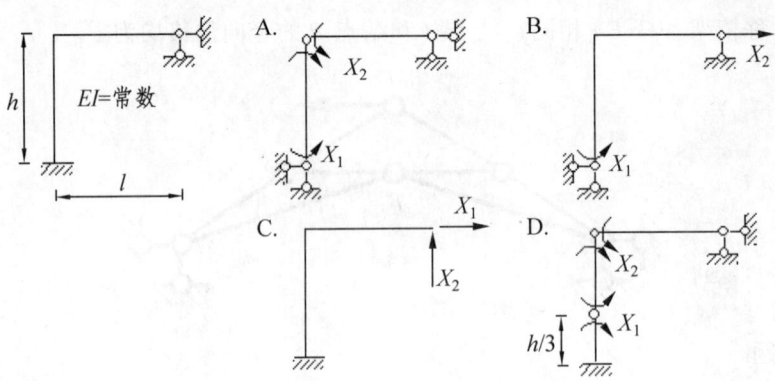

三、填充题

1. 图示对称结构 $EI=$ 常数，设 B 点的竖向位移为 Δ，若把 AB 段的 EI 加大一倍，则 B 点的竖向位移变为_____。

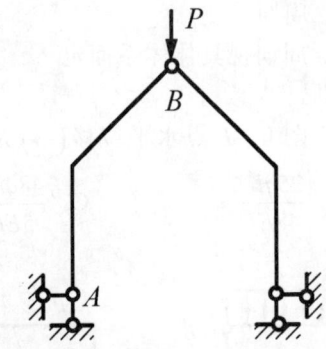

2. 图示桁架中杆 b 的内力为 $N_b =$ _____。

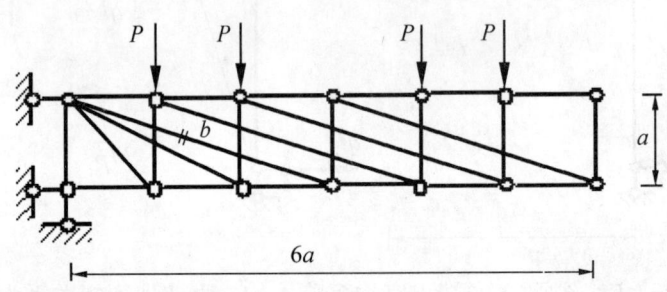

四、对图示体系进行几何构造分析。

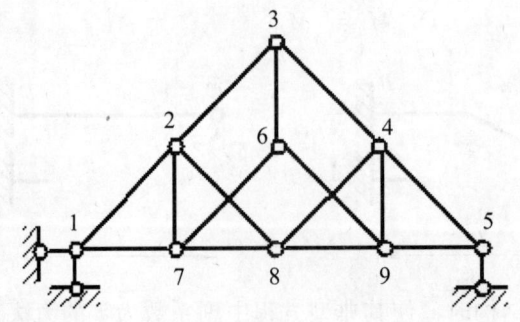

五、作图示结构的 M 图。

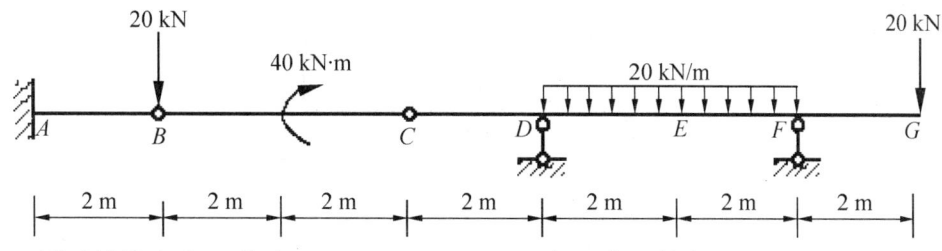

六、图示结构支座 A 移动 a = 2 cm，b = 3 cm，求 B 截面转角。

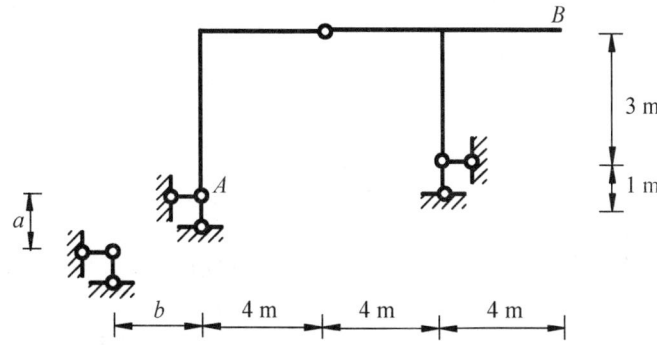

七、用力法作图示结构的 M 图。

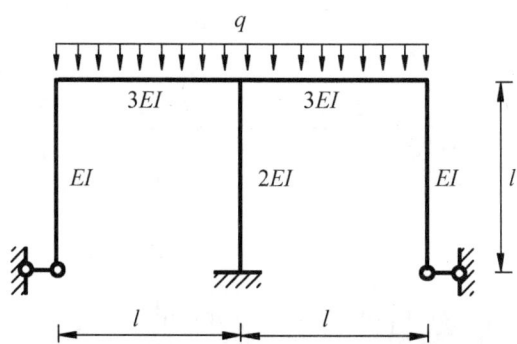

八、作图示结构的 M 图，并求 D 点的水平位移。各杆 EI = 常数。

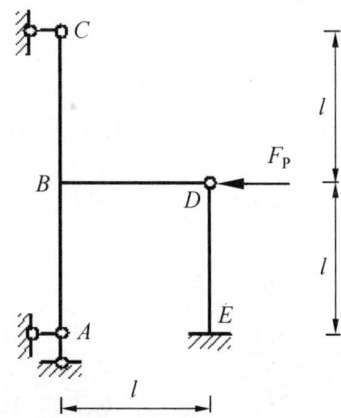

九、用力矩分配法作图示结构 M 图。已知：$P = 10$ kN，$q = 2.5$ kN/m，各杆 EI 相同，杆长均为 4 m。

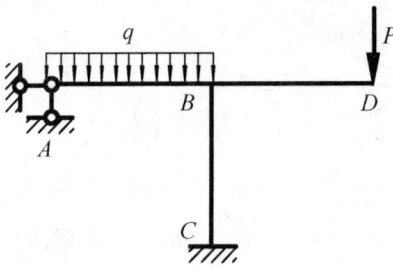

十、求图示结构刚度矩阵的元素 K_{11}，K_{12}。已知①、③单元整体坐标系的单元刚度矩阵为：

$$[k]^{③} = [k]^{①} = \begin{bmatrix} \dfrac{12EI}{l^3} & 0 & -\dfrac{6EI}{l^2} & -\dfrac{12EI}{l^3} & 0 & -\dfrac{6EI}{l^2} \\ & \dfrac{EA}{l} & 0 & 0 & -\dfrac{EA}{l} & 0 \\ & & \dfrac{4EI}{l} & \dfrac{6EI}{l^2} & 0 & \dfrac{2EI}{l} \\ & 对 & & \dfrac{12EI}{l^3} & 0 & \dfrac{6EI}{l^2} \\ & & & & \dfrac{EA}{l} & 0 \\ & 称 & & & & \dfrac{4EI}{l} \end{bmatrix}$$

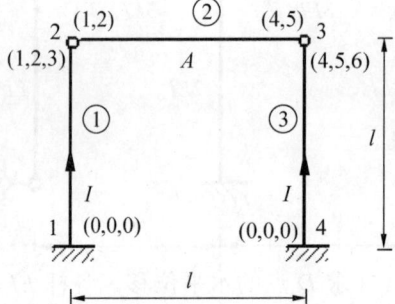

附：

$$\begin{bmatrix} \dfrac{EA}{l} & 0 & 0 & -\dfrac{EA}{l} & 0 & 0 \\ 0 & \dfrac{12EI}{l^3} & \dfrac{6EI}{l^2} & 0 & -\dfrac{12EI}{l^3} & \dfrac{6EI}{l^2} \\ 0 & \dfrac{6EI}{l^2} & \dfrac{4EI}{l} & 0 & -\dfrac{6EI}{l^2} & \dfrac{2EI}{l} \\ -\dfrac{EA}{l} & 0 & 0 & \dfrac{EA}{l} & 0 & 0 \\ 0 & -\dfrac{12EI}{l^3} & -\dfrac{6EI}{l^2} & 0 & \dfrac{12EI}{l^3} & -\dfrac{6EI}{l^2} \\ 0 & \dfrac{6EI}{l^2} & \dfrac{2EI}{l} & 0 & -\dfrac{6EI}{l^2} & \dfrac{4EI}{l} \end{bmatrix}$$

十一、求图示体系的最大自振频率。EI = 常数。

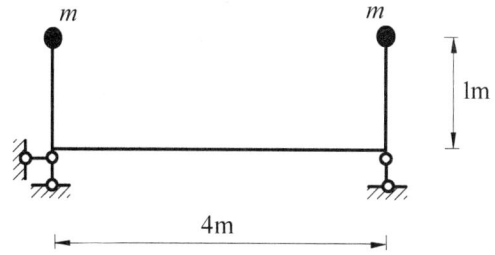

十二、
（1）作图示梁的 M_K、F_{QK} 影响线。
（2）求在可任意布局均布活荷载 q 作用下，截面 K 的最大弯矩（绝对值）。

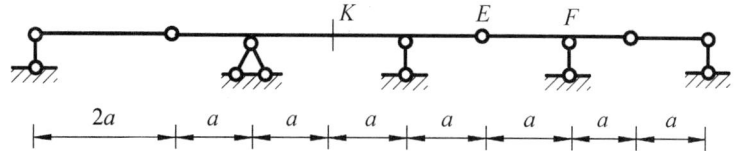

2010 年试题

一、是非题（以〇表示正确，以 × 表示错误）

1. 图示结构 EI = 常数，无论怎样的外部荷载，图示 M 图都是不可能的。（　　）

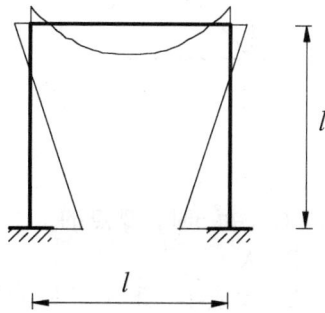

2. 图示对称结构 EI = 常数，中点截面 C 及 AB 杆内力应满足 $M = 0, F_Q \neq 0, F_N = 0, F_{NAB} = 0$
（　　）

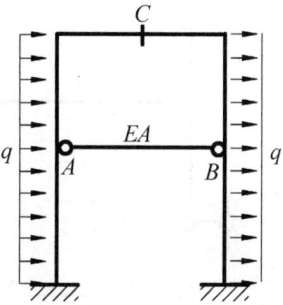

3. 图 a 结构，取图 b 为力法基本体系，则基本体系中沿 X_1 方向的位移 Δ_1 为 X_1/k 。（   ）

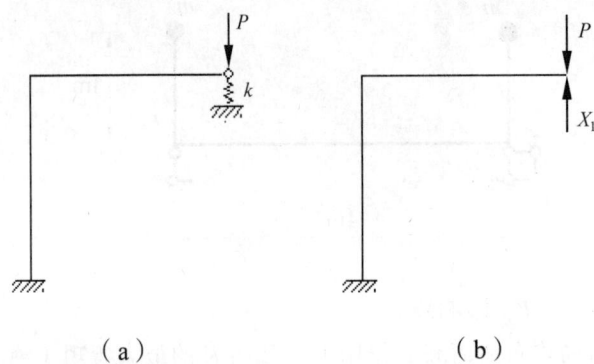

（a）   （b）

4. 图示桁架，设各杆 $E = 2\times 10^4$ kN/cm², $A = 60$ cm²，单元②在整体坐标系中的刚(劲)度矩阵为：

$$[k]^{(2)} = \begin{bmatrix} 0 & 0 & 0 & 0 \\ 0 & 1 & 0 & -1 \\ 0 & 0 & 0 & 0 \\ 0 & -1 & 0 & 1 \end{bmatrix} \times 1\,000 \text{ kN/cm} \quad (\qquad)$$

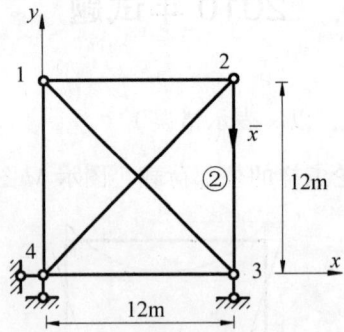

二、选择题

1. 图示刚架 $b < a$，当支座 C 下沉 Δ 时，D 点的水平位移比 E 点的竖向位移：（   ）

    A. 小   B. 大
    C. 相等   D. 大或小，取决于 b/a 值

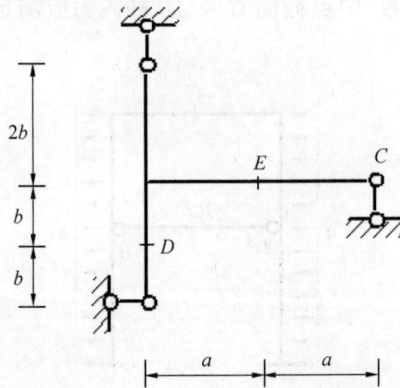

2. 图示结构，要使结点 B 产生单位转角，则在结点 B 需施加外力偶为：（   ）
   A. $13i$ B. $5i$ C. $10i$ D. $8i$

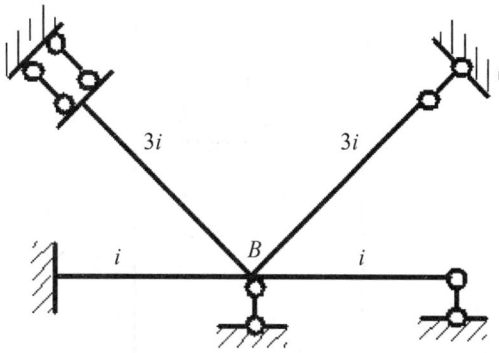

3. 图示结构（不计轴向变形，EI = 常数）AB 杆轴力为：（   ）
   A. $5\sqrt{2}ql/8$ B. $3\sqrt{2}ql/8$
   C. $5ql/16$ D. $3ql/16$

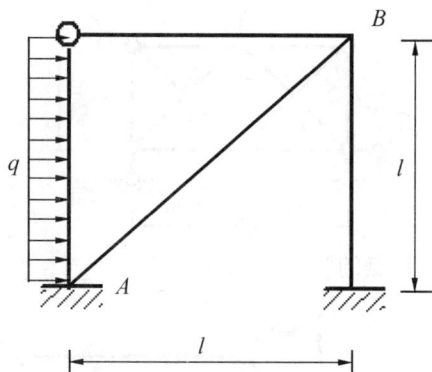

4. 图示桁架，下面画出的杆件内力影响线，此杆件是：（   ）
   A. ch B. ci C. dj D. cj

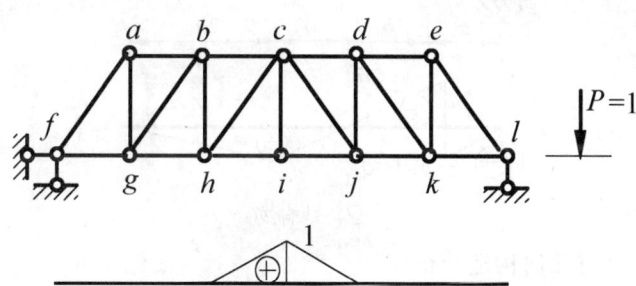

5. 对某一无铰封闭图形最后弯矩图的校核，最简便的方法为：（   ）
   A. 校核任一截面的相对水平位移
   B. 校核任一截面的相对转角
   C. 校核任一截面的绝对位移
   D. 校核任一截面的相对竖向位移

三、填充题

1. 图示结构，各杆 EI 为常数，从变形即可判断，M_C 使____侧纤维受拉，M_D 使____侧受拉（C、D 为杆中点）。

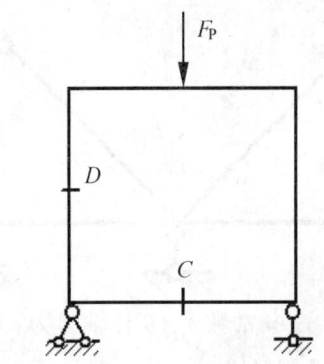

2. 图示桁架杆轴力 $F_{N1} =$ _____，$F_{N2} =$ _____。

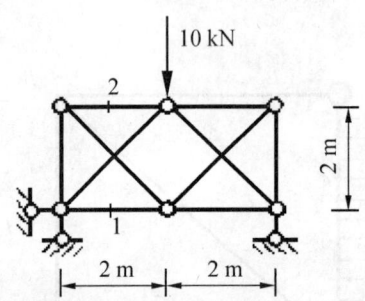

3. 图示梁的 Q_K 影响线上 K 点的竖标 y_K（左）为_____，y_K（右）为_____。

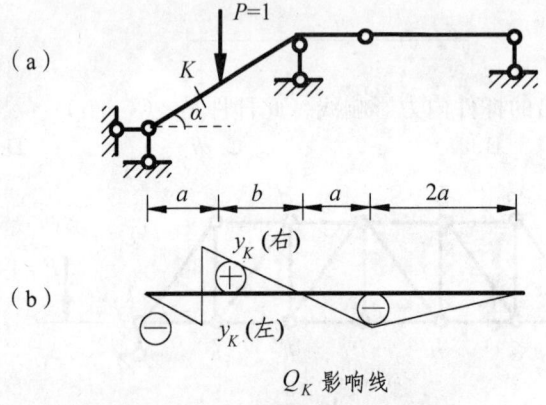

四、对图示体系进行几何构造分析。

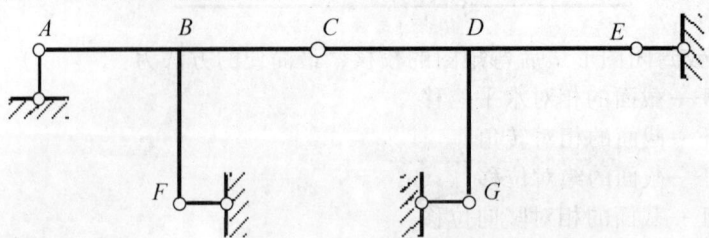

五、作图示桁架 a、b、c 杆轴力。

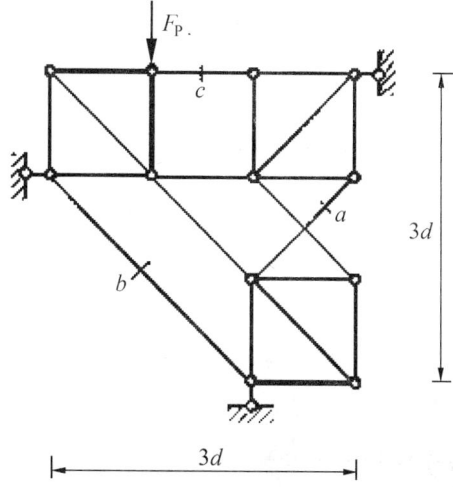

六、求图示结构 C 点的竖向位移。已知 EI = 常数。

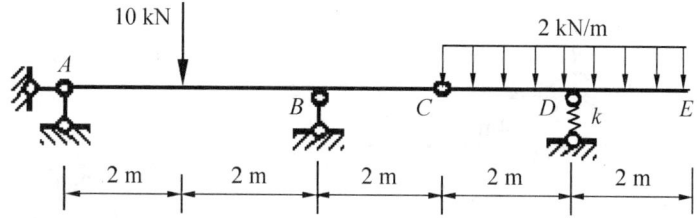

七、用力法作图示结构的 M 图。

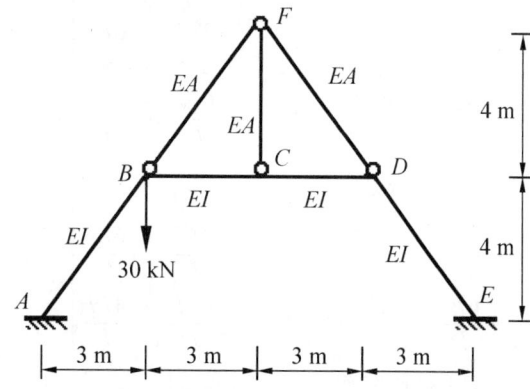

八、作图示结构的 M 图，各杆 EI = 常数。

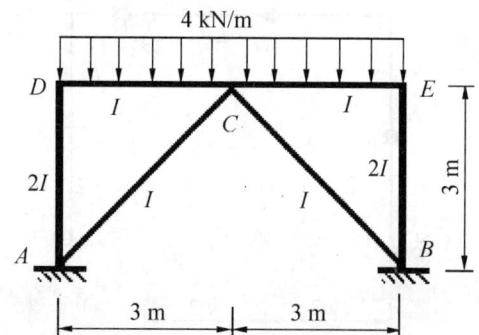

九、求图示结构的力矩分配系数和固端弯矩。EI = 常数。

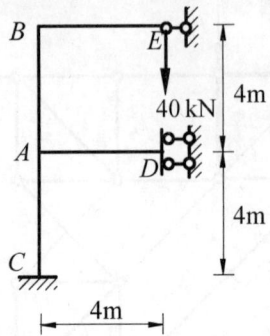

十、求图示刚架结构刚度矩阵的任意两个主元素（自由结点）。已知各杆 $I/A = 1/10$。

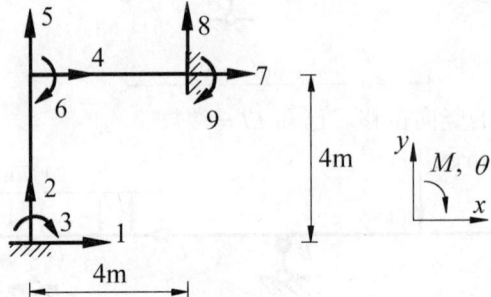

附：

$$\begin{bmatrix} \dfrac{EA}{l} & 0 & 0 & -\dfrac{EA}{l} & 0 & 0 \\ 0 & \dfrac{12EI}{l^3} & -\dfrac{6EI}{l^2} & 0 & -\dfrac{12EI}{l^3} & -\dfrac{6EI}{l^2} \\ 0 & -\dfrac{6EI}{l^2} & \dfrac{4EI}{l} & 0 & \dfrac{6EI}{l^2} & \dfrac{2EI}{l} \\ -\dfrac{EA}{l} & 0 & 0 & \dfrac{EA}{l} & 0 & 0 \\ 0 & -\dfrac{12EI}{l^3} & \dfrac{6EI}{l^2} & 0 & \dfrac{12EI}{l^3} & \dfrac{6EI}{l^2} \\ 0 & -\dfrac{6EI}{l^2} & \dfrac{2EI}{l} & 0 & \dfrac{6EI}{l^2} & \dfrac{4EI}{l} \end{bmatrix}$$

十一、求图示体系的自振频率和振型。

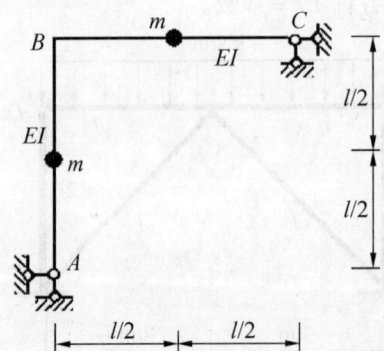

十二、
（1）作图示结构 $Q_{B左}$、M_F 的影响线。

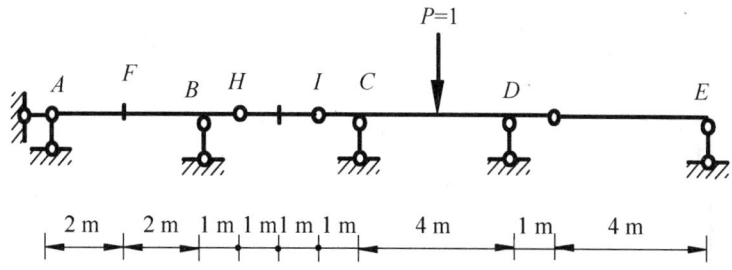

（2）求梁 AB 在图示移动荷载作用下，截面 K 弯矩的最大值。

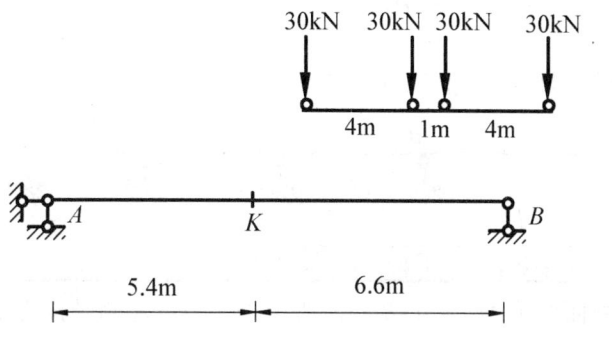

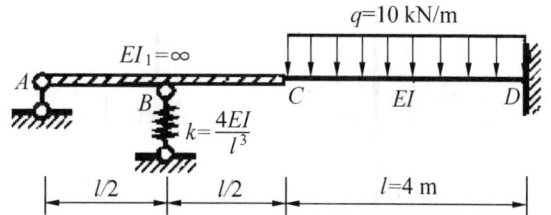

十三、求图示结构的弯矩图。

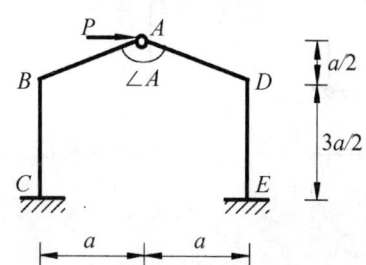

2011 年试题

一、是非题（以○表示正确，以×表示错误）

1. 图示结构，在荷载作用下，变形前后角 A 相等。（　　）

2. 图 a 所示结构,当 FC 杆的 $EA \to 0$ 时,所得结构的 M 图如图 b 所示。(　　)

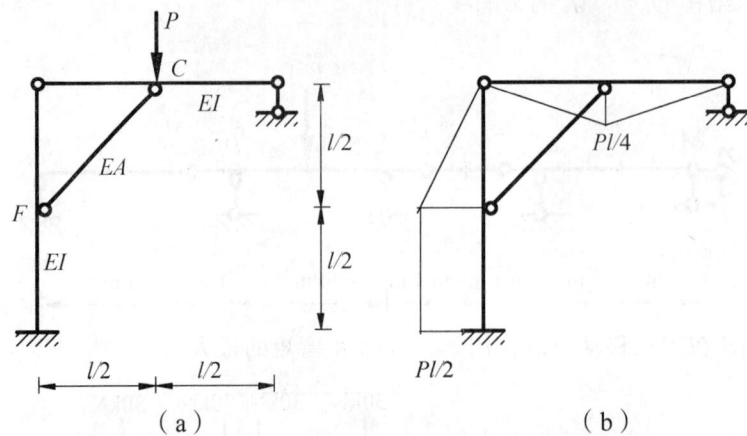

3. 梁上均布荷载如图布局时,支座 B 上弯矩 M_B 出现最小值。(　　)

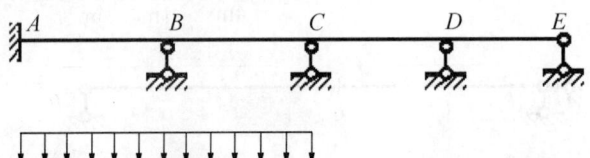

4. 图示结构 A 截面弯矩 M_A 大于 B 截面弯矩 M_B。(设左侧受拉为正)(　　)

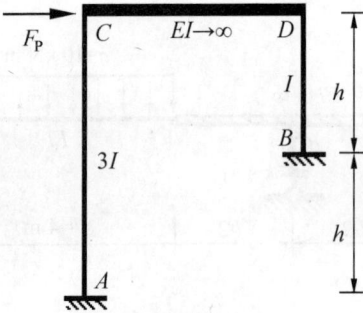

5. 对于弱阻尼情况,阻尼越大,结构的振动频率越小。(　　)

6. 图 a 所示对称结构可以取图 b 所示半结构计算。(　　)

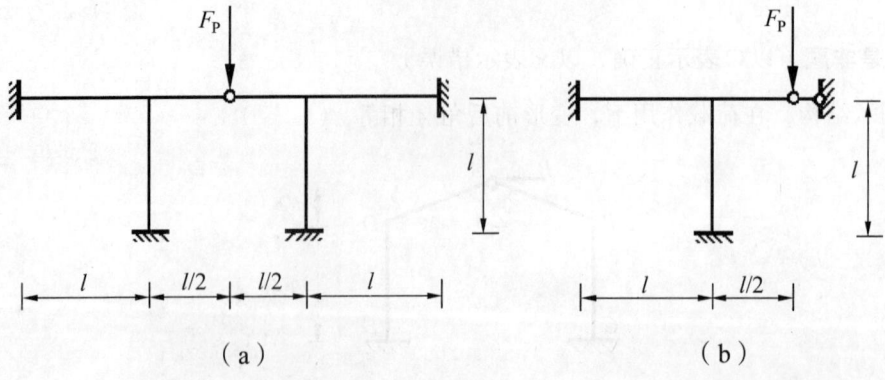

二、选择题

1. 已知图示刚架各杆 $EI=$ 常数,当只考虑弯曲变形,且各杆单元类型相同时,采用先处理法进行结点位移编号,其正确编号是:(　　　)

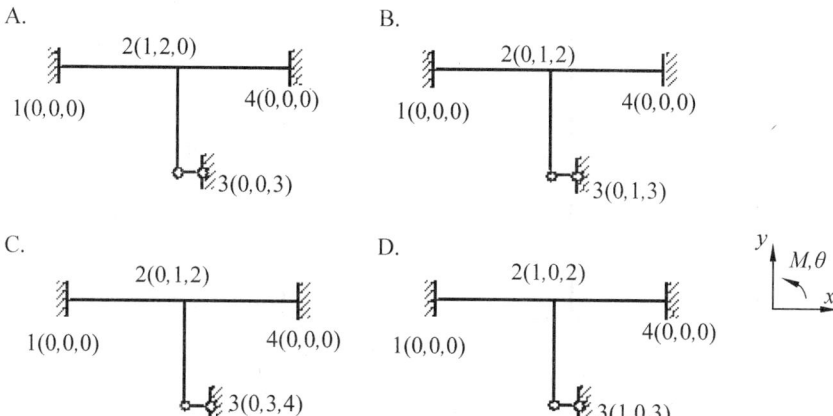

2. 图示结构 B 截面弯矩 M_B 与 C 截面弯矩 M_C 大小关系为:(　　　)

A. $|M_B|$ 等于 $|M_C|$

B. $|M_B|$ 小于 $|M_C|$

C. $|M_B|$ 大于 $|M_C|$

D. 以上答案均有可能,随跨度长短变化

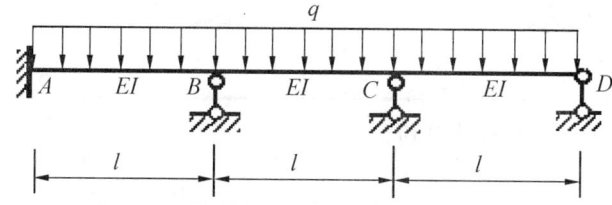

3. 图示结构,为了减小基础所受弯矩,可:(　　　)

A. 减小 I_1 B. 增大 I_2

C. 增大 I_1 D. I_1、I_2 同时减小 n 倍

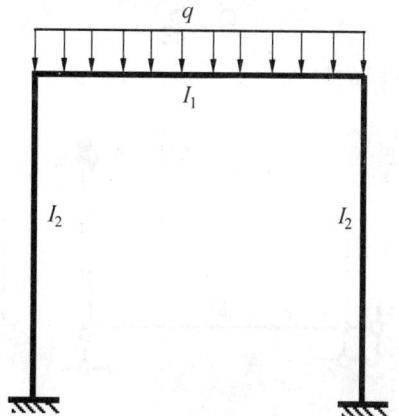

4. 图示结构 M_A、M_B（设以内侧受拉为正）为：（   ）

　　A. $M_A = -Pa$，$M_B = Pa$　　　　B. $M_A = 0$，$M_B = -Pa$

　　C. $M_A = Pa$，$M_B = Pa$　　　　D. $M_A = 0$，$M_B = Pa$

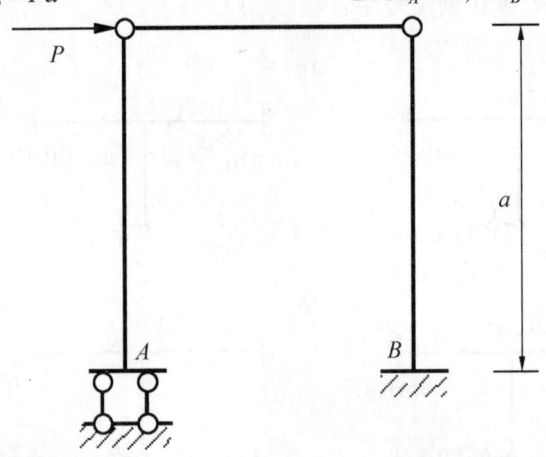

5. 图示结构 C 截面转角 θ_C 与 E 截面转角 θ_E 为：

　　A. θ_C 等于 0，θ_E 顺时针　　　　B. θ_C 等于 0，θ_E 逆时针

　　C. θ_C 顺时针，θ_E 等于 0　　　　D. θ_C 等于 0，θ_E 等于 0

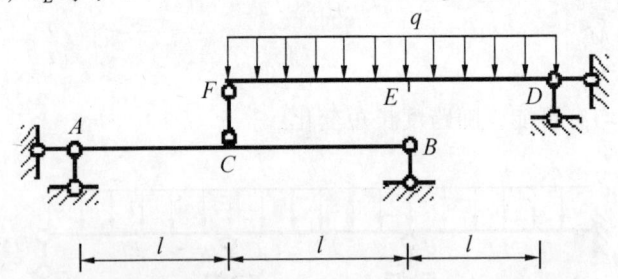

三、对图示体系进行几何构造分析。

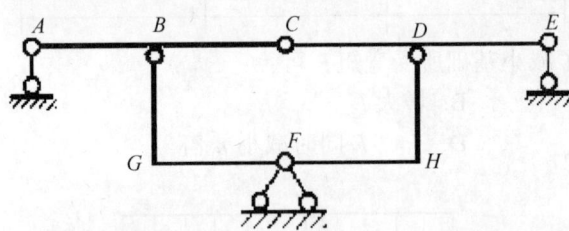

四、试求图示体系稳态阶段的最大弯矩。$\theta = 0.5\omega$（ω 为自振频率）。不计阻尼。

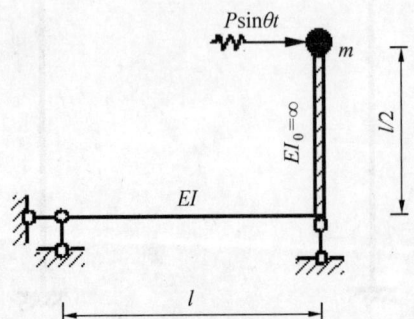

五、求图示桁架 a、b、c 杆的轴力。

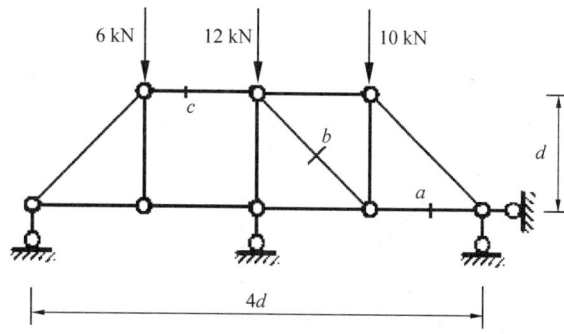

六、作图示结构的弯矩图并求 E 截面的水平位移和竖向位移，设 EI 为常数。

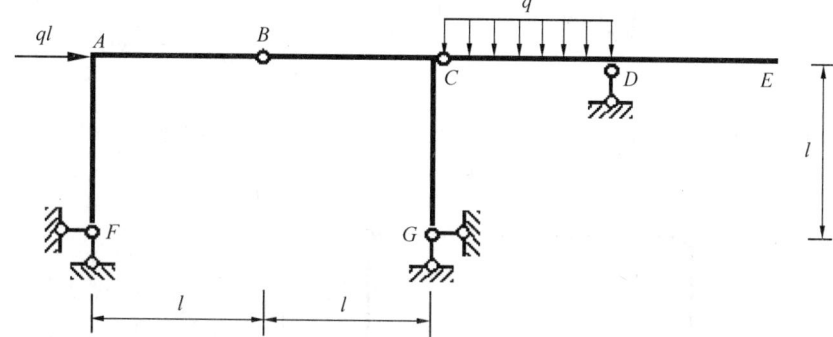

七、作图示结构的弯矩图。

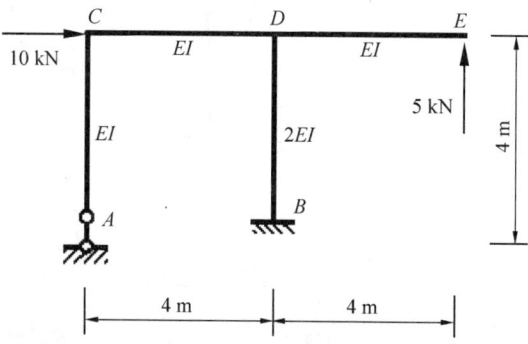

八、用位移法计算图示结构，并作出 M 图。设 $l = 4$ m，$q = 30$ kN/m。

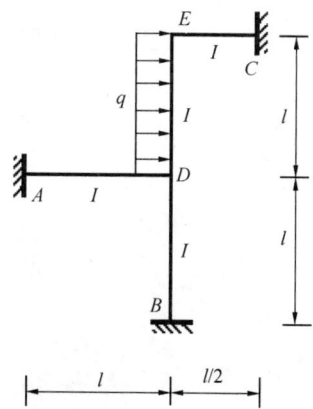

九、求图示结构的自由结点荷载列阵$\{P\}$。

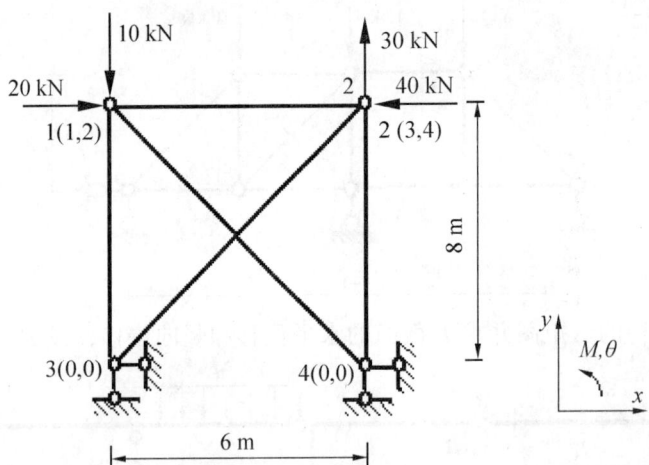

十、试用先处理法写出结构刚度矩阵。已知①、③单元整体坐标系的单元刚度矩阵为：

$$[k]^{③}=[k]^{①}=\begin{bmatrix} \dfrac{12EI}{l^3} & 0 & -\dfrac{6EI}{l^2} & -\dfrac{12EI}{l^3} & 0 & -\dfrac{6EI}{l^2} \\ & \dfrac{EA}{l} & 0 & 0 & -\dfrac{EA}{l} & 0 \\ & & \dfrac{4EI}{l} & \dfrac{6EI}{l^2} & 0 & \dfrac{2EI}{l} \\ & 对 & & \dfrac{12EI}{l^3} & 0 & \dfrac{6EI}{l^2} \\ & & & & \dfrac{EA}{l} & 0 \\ & & 称 & & & \dfrac{4EI}{l} \end{bmatrix}$$

附：

$$\begin{bmatrix} \frac{EA}{l} & 0 & 0 & -\frac{EA}{l} & 0 & 0 \\ 0 & \frac{12EI}{l^3} & \frac{6EI}{l^2} & 0 & -\frac{12EI}{l^3} & \frac{6EI}{l^2} \\ 0 & \frac{6EI}{l^2} & \frac{4EI}{l} & 0 & -\frac{6EI}{l^2} & \frac{2EI}{l} \\ -\frac{EA}{l} & 0 & 0 & \frac{EA}{l} & 0 & 0 \\ 0 & -\frac{12EI}{l^3} & -\frac{6EI}{l^2} & 0 & \frac{12EI}{l^3} & -\frac{6EI}{l^2} \\ 0 & \frac{6EI}{l^2} & \frac{2EI}{l} & 0 & -\frac{6EI}{l^2} & \frac{4EI}{l} \end{bmatrix}$$

十一、用力矩分配法绘制图示连续梁的弯矩图。EI 为常数。（计算二轮）

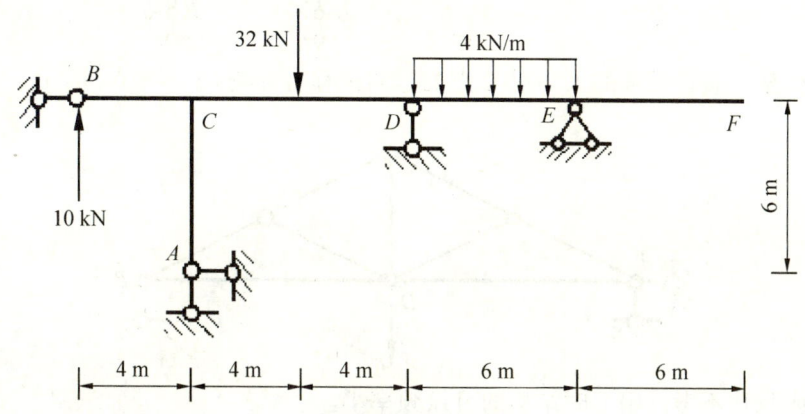

十二、试求图示对称体系的最低自振频率。EI = 常数。

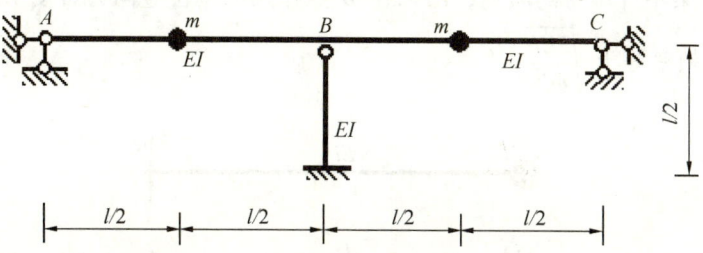

十三
（1）作图示结构支座反力 F_{RD} 和 K 点弯矩 M_K 的影响线。
（2）求图示移动荷载作用下 M_K 的最大值。（要考虑荷载掉头）

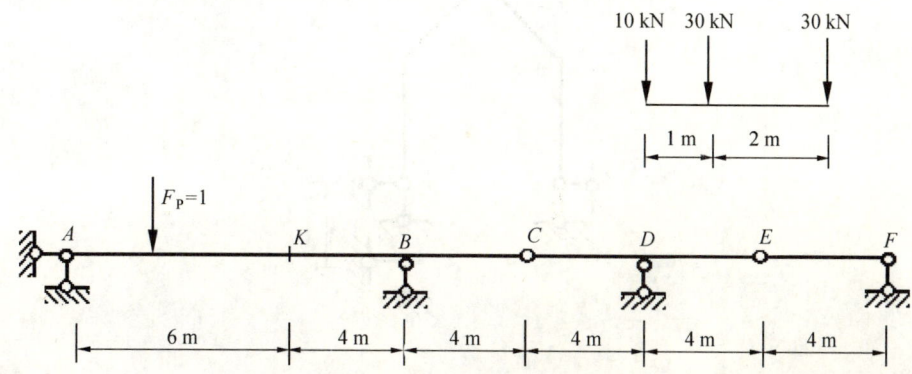

2012 年试题

一、是非题（以○表示正确，以×表示错误）

1. 图示一结构受两种荷载作用，图 a 的支座水平反力大于图 b 的支座反力。（　　）

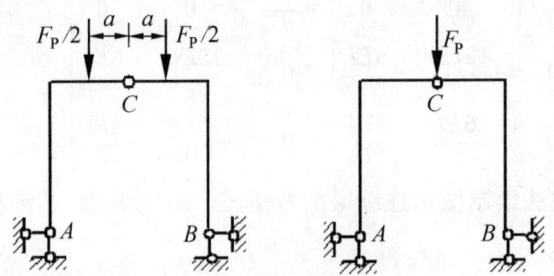

2. 图示桁架中腹杆截面的大小对 C 点的竖向位移有影响。（　　）

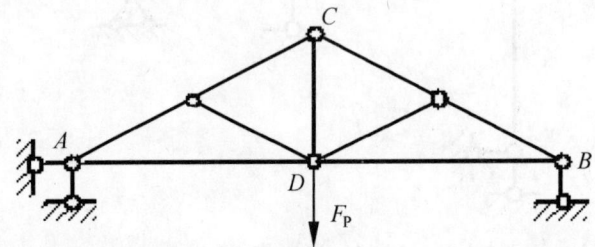

3. 考虑阻尼比不考虑阻尼时结构的自振频率小。

4. 图示悬臂梁不计本身的质量，已知在 B 点作用的单位竖向力可使 B 点下移 $l^3/3EI$，则此结构的自振频率等于 $\sqrt{\dfrac{3EI}{ml^3}}$。（　　）

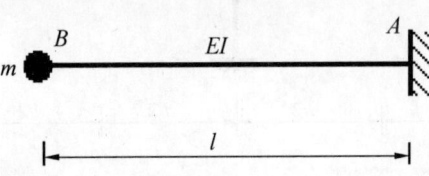

5. 图示刚架的 M 图不为零。（　　）

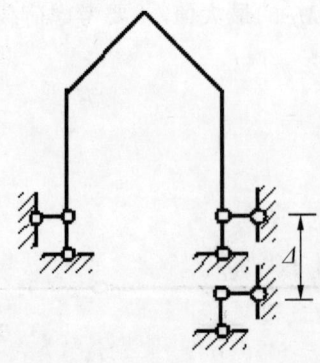

二、选择题

1. 图示两端固定梁，设 AB 线刚度为 i，当 A、B 两端截面同时发生图示单位转角时，则杆件 A 端的杆端弯矩为：（　　）

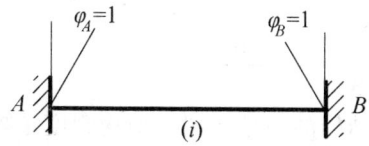

A. i B. $6i$ C. $4i$ D. $2i$

2. 图示两结构，图 a 刚架外侧温度升高 $t\,°C$，图 b 刚架内侧温度升高 $t\,°C$，则：（　　）

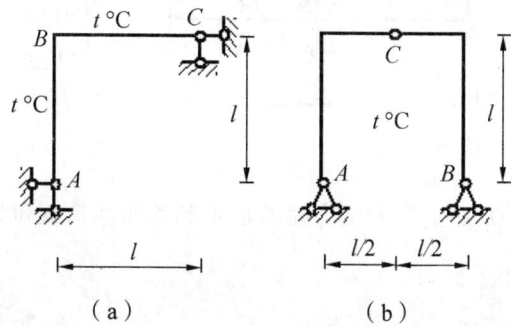

A. 图 a 有内力，图 b 无内力   B. 图 a、图 b 都无内力
C. 图 a 无内力，图 b 有内力   D. 图 a、图 b 都有内力

3. 图示对称刚架在结点力偶矩作用下，弯矩图的正确形状是：（　　）

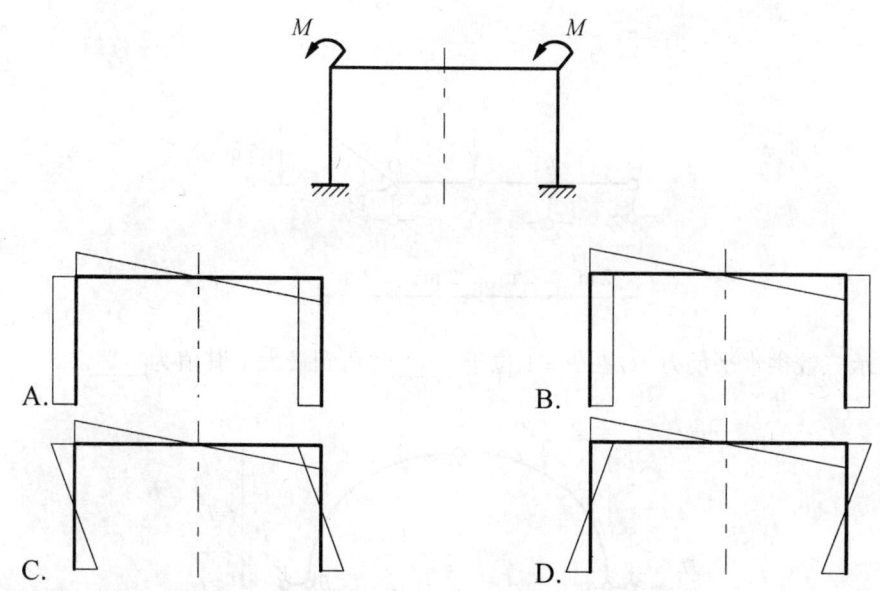

4. 图示梁在所示荷载组作用下，绝对最大弯矩值是：（　　）

A. $400\ kN\cdot m$ B. $360\ kN\cdot m$
C. $320\ kN\cdot m$ D. $280\ kN\cdot m$

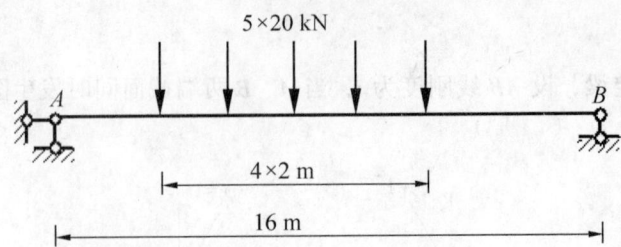

5. 用矩阵位移法计算图示结构的编号如图，结构刚度矩阵$[K]$中元素K_{64}为：（   ）

A. $3EI/l$ B. $8EI/l$ C. $4EI/l$ D. $2EI/l$

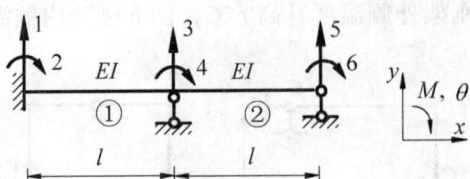

三、填充题

1. 图示连续梁支座 D 发生最大反力时的最不利均布活荷载位置是在____跨度内布满活荷载。

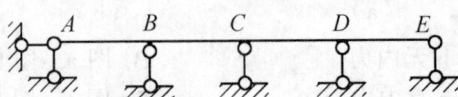

2. 图示结构 M_{BA} 为_____，_____面受拉。

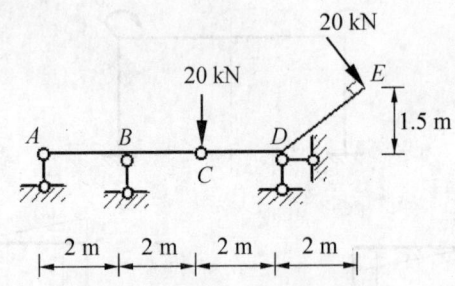

3. 图示三铰拱水平反力 H_A 在 $P=1$ 位于____时达到最大，其值为____。

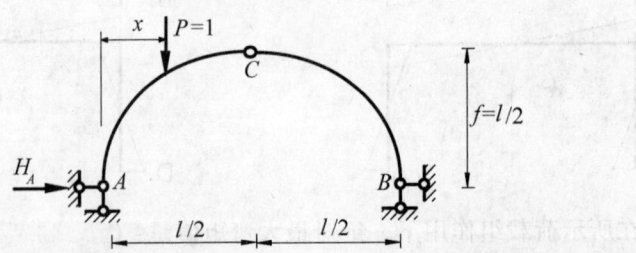

4. 图 b 为图 a 结构的基本体系，则 $\delta_{12}=$ _____。各杆 $EA=$ 常数。

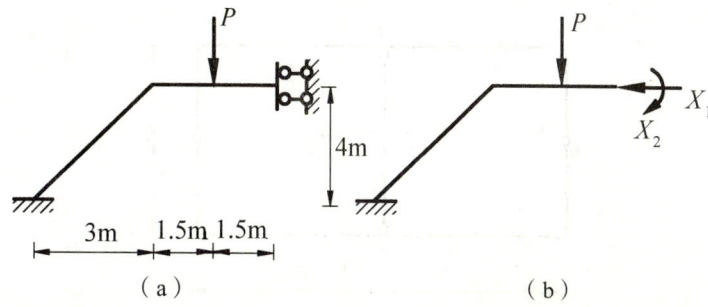

四、对图示体系进行几何构造分析。

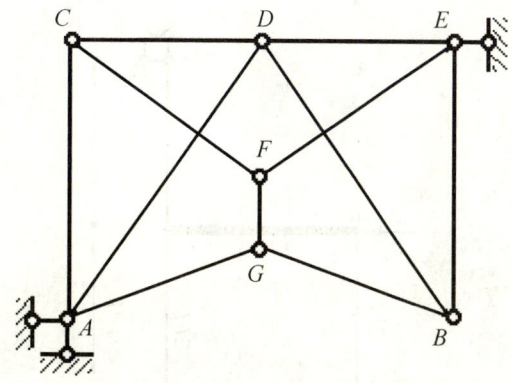

五、求图示桁架1、2、3杆的轴力。

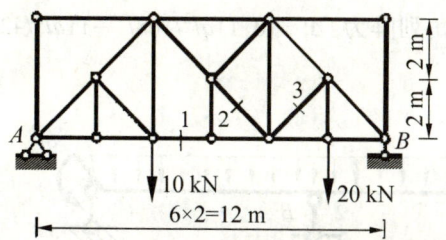

六、求图示结构铰 C 两侧截面的相对角位移。

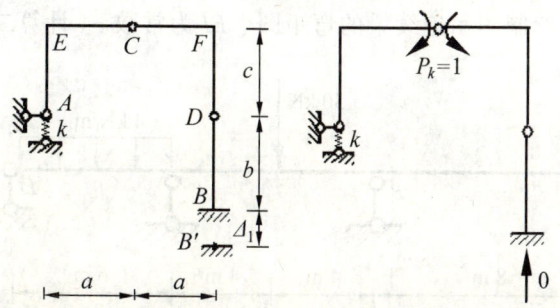

七、已知 EI = 常数，试用力法计算，并求解图示结构由于 AB 杆的制造误差（短 Δ）所产生的 M 图。

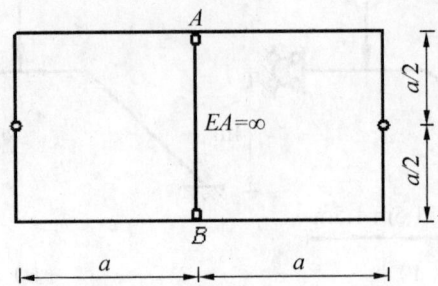

八、求图示结构 B 点的水平位移,并作弯矩图。

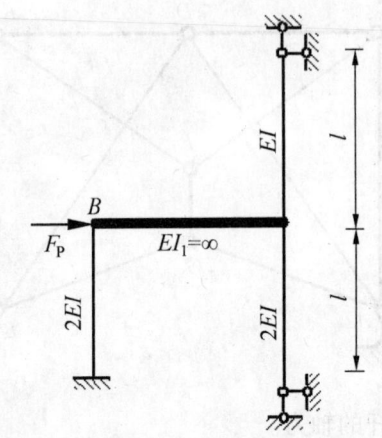

九、已知图示梁结点转角列阵为 $\{\Delta\} = [0 \ \ 11ql^2/168i \ \ -11ql^2/42i]^T$,试求 C 支座的反力和 A 支座反力偶。

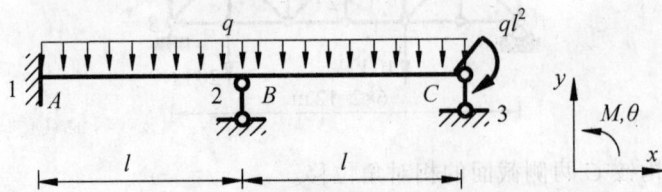

十、用力矩分配法绘制图示连续梁的弯矩图。EI 为常数。(计算二轮)

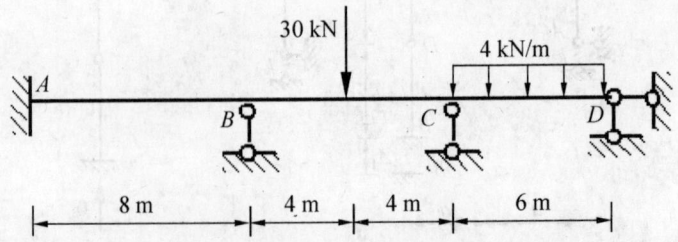

十一、试求图示体系的自振频率。$EI =$ 常数。

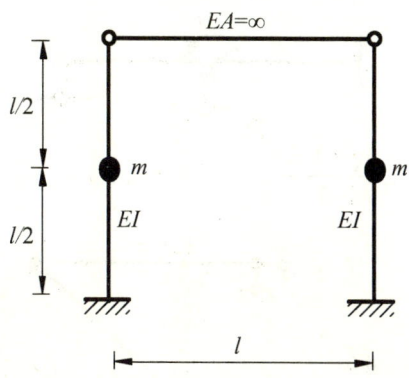

十二、 图示结构,设移动荷载系只在 CG 间移动。
(1) 求 M_G 最大正值(下面受拉为正);
(2) $F=10$ 位于 E 时结构的 M 图(不考虑荷载调头)。

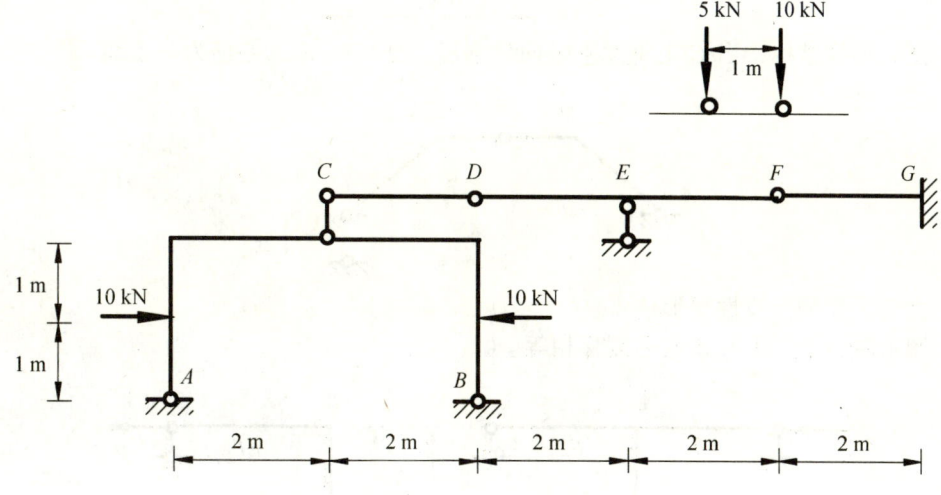

2013 年试题

一、是非题(以 ○ 表示正确,以 × 表示错误)

1. 图示结构固端弯矩 $M_{AB}^F = ql^2/(12) + m/2$。(　　)

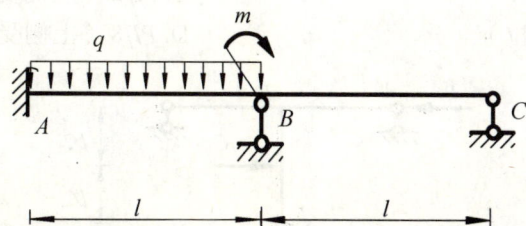

2. 图示结构中,若已知分配系数 $\mu_{BA}=3/4$,$\mu_{BC}=1/4$,及力偶荷载 $M=60\ \text{kN}\cdot\text{m}$,则杆端弯矩 $M_{BA}=-45\ \text{kN}\cdot\text{m}$,$M_{BC}=-15\ \text{kN}\cdot\text{m}$。(　　)

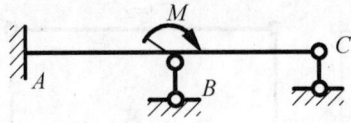

3. 图示桁架的自振频率为 $\dfrac{5\sqrt{EA/ml}}{3}$。(杆重不计)（   ）

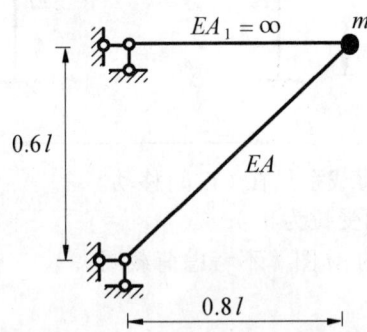

4. 图示对称结构，当 C 支座发生竖向位移后，D，B，E 三点仍为一直线。（   ）

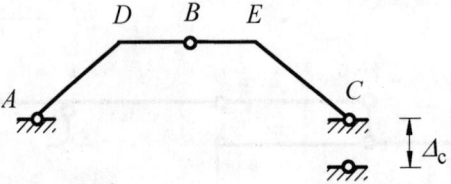

5. 力法只能用于线性变形体系。（   ）
6. 图示两结构，A 与 B 点的侧移相等。（   ）

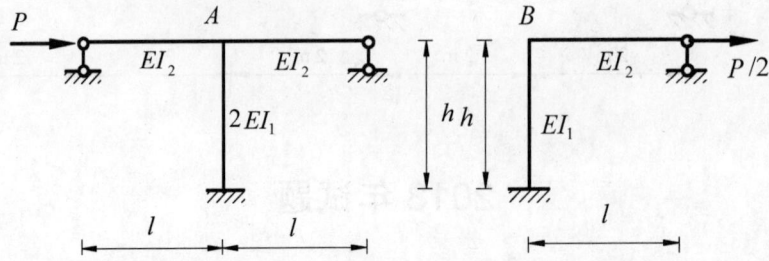

二、选择题

1. 图示结构 EI = 常数，在给定荷载作用下，M_{BA} 为：（   ）
   A. Pl（上侧受拉）　　　　　　　　B. $Pl/2$（上侧受拉）
   C. $Pl/4$（上侧受拉）　　　　　　　D. $Pl/8$（上侧受拉）

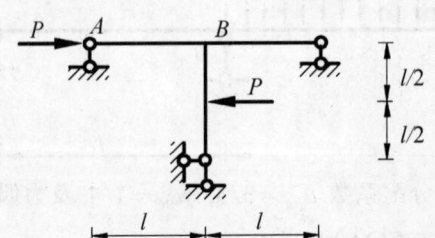

2. 图 a 所示结构,取图 b 为力法基本体系,则基本体系中沿 X_1 方向的位移 Δ_1 等于:(   )
   A. 0　　　　　　　B. k　　　　　　　C. $-X_1/k$　　　　　D. X_1/k

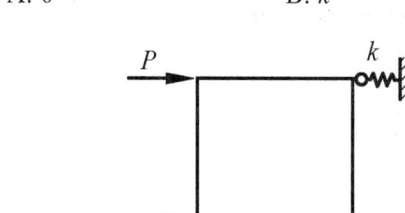

（a）　　　　　　　　　　（b）

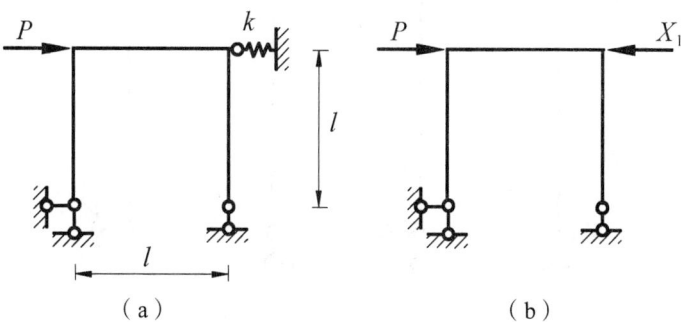

3. 图示结构 $EI =$ 常数,在给定荷载作用下,F_{QBA} 为:(   )
   A. $P/2$　　　　　　B. $P/4$　　　　　　C. $-P/4$　　　　　D. 0

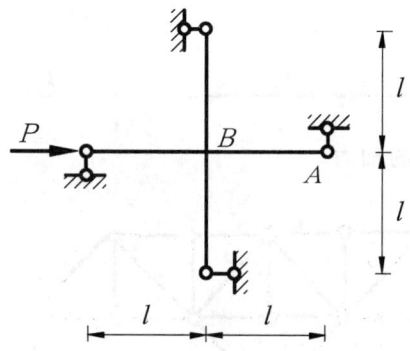

4. 图示梁在所示移动荷载组作用下,反力 F_{RA} 的最大值:(   )
   A. 55 kN　　　　　　B. 50 kN　　　　　　C. 75 kN　　　　　D. 90 kN

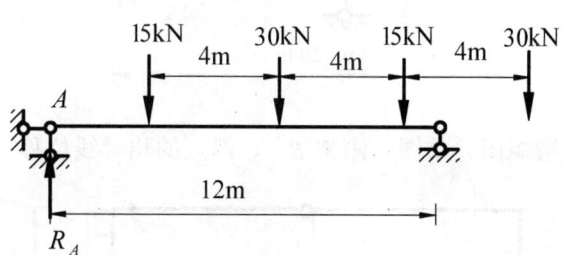

5. 图示各结构杆件的 E、I、l 均相同,上图杆件的劲度系数（转动刚度）与下列哪个图的劲度系数（转动刚度）相同。(   )

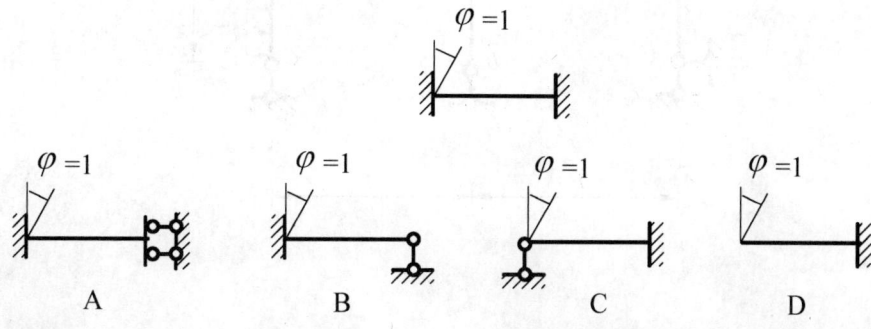

A　　　　　　　B　　　　　　　C　　　　　　　D

三、对图示体系进行几何构造分析。

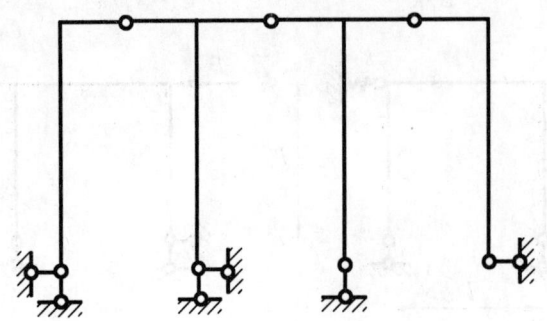

四、试求图示体系的自振频率。

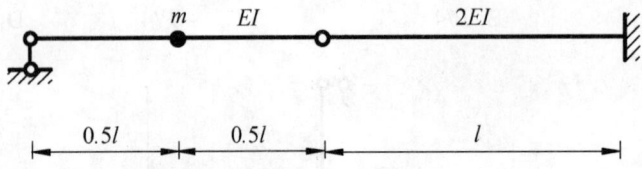

五、求图示桁架 a、b 杆的轴力。

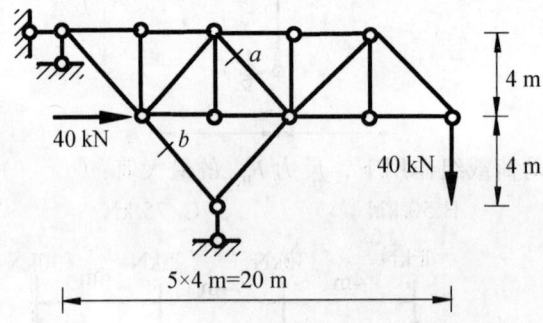

六、作图示结构的弯矩图并求图示刚架 B、C 两点的相对线位移。$EI =$ 常数。

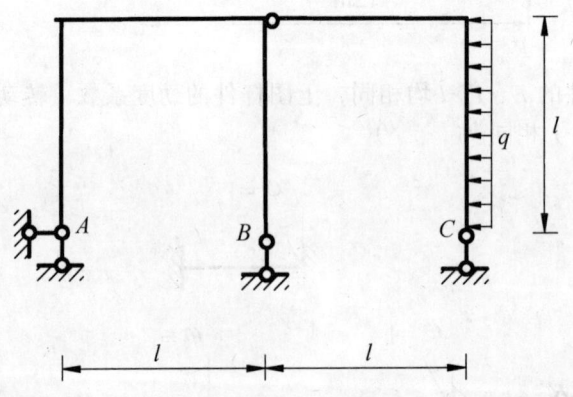

七、用力法计算并作出图示结构的 M 图。E = 常数。

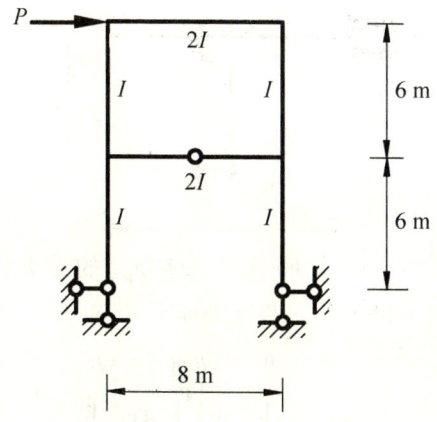

八、作图示结构的 M 图。EI = 常数。

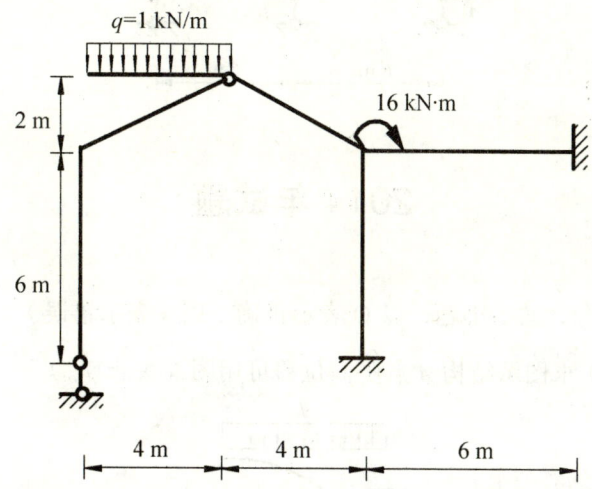

九、求连续梁总结点荷载列阵 $\{F_P\}$。

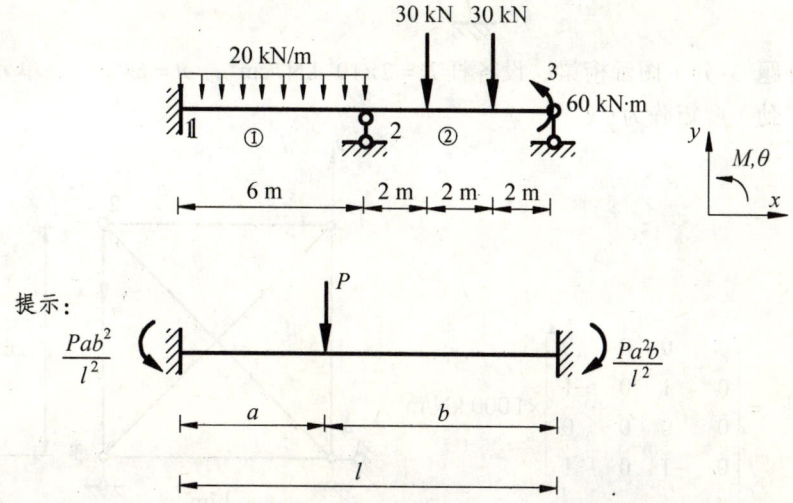

提示：

十、用位移法作图示结构 M 图。EI = 常数。

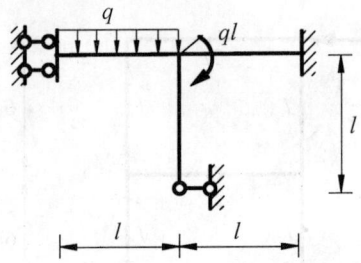

十一、图示两台吊车，在 AC 之间移动，求 F_{RB} 的最大值及 F_{QB} 左的最小值。已知 $P_1 = 150\ \text{kN}$，$P_2 = 150\ \text{kN}$，$P_3 = 180\ \text{kN}$，$P_4 = 180\ \text{kN}$。

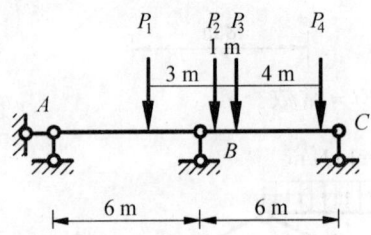

2014 年试题

一、**是非题**（15分，共5小题；以 O 表示正确，以 × 表示错误）

1.（本小题 3 分）求图示结构 A 点竖向位移可用图乘法计算。（　　）

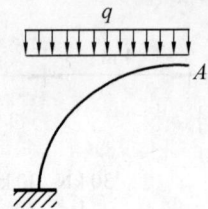

2.（本小题 3 分）图示桁梁，设各杆 $E = 2\times 10^4\ \text{kN/cm}^2$，$A = 60\ \text{cm}^2$，单元②在整体坐标系中的刚（劲）度矩阵为：（　　）

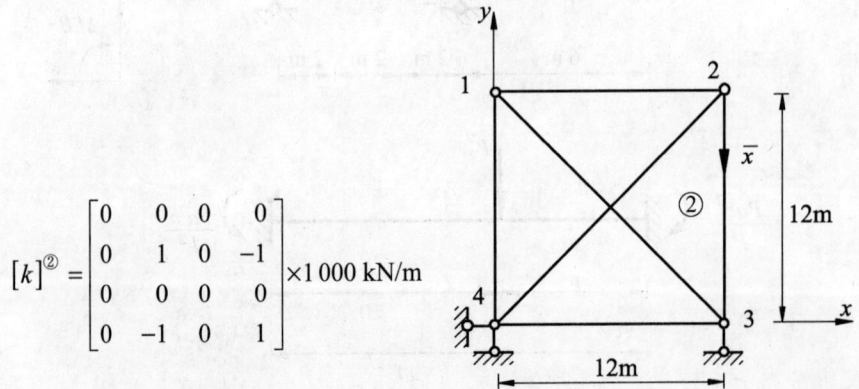

3.（本小题3分）图示伸臂梁，温度升高$t_1 > t_2$，则C点的位移向下和D点的位移向上。（　　）

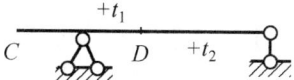

4.（本小题3分）图a所示梁的M图如图b所示。（　　）

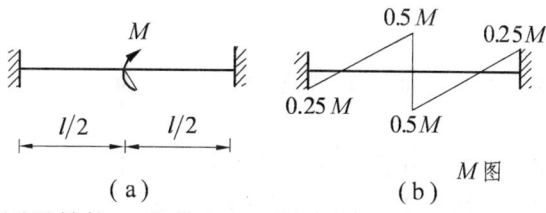

（a）　　　　　　　　　（b）　M图

5.（本小题3分）图示结构E点剪力F_{QE}影响线的AC段纵标不为零。（　　）

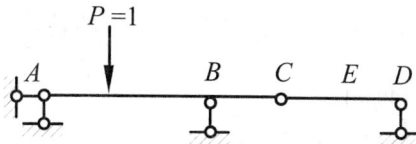

二、选择题（16分，共4小题）

1.（本小题4分）图示对称刚架，具有两根对称轴，利用对称性简化后的计算简图为图：（　　）

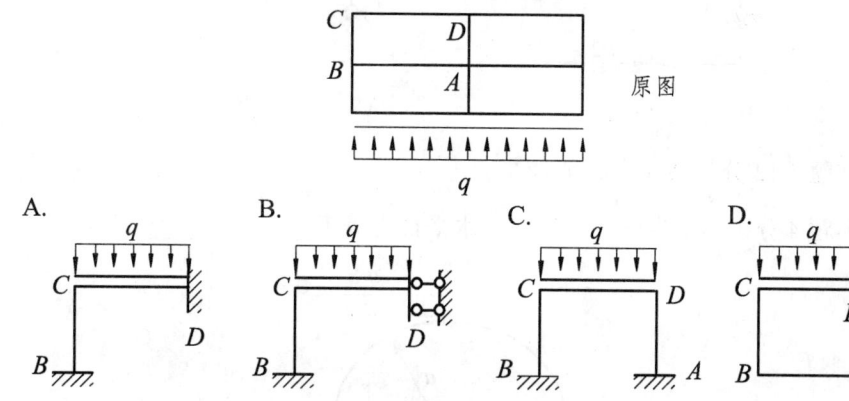

2.（本小题4分）连续梁及其M图如图所示，则F_{QAB}（单位为kN）为：（　　）

A. -16.72　　　　B. -7.86　　　　C. 10.86　　　　D. 12.14

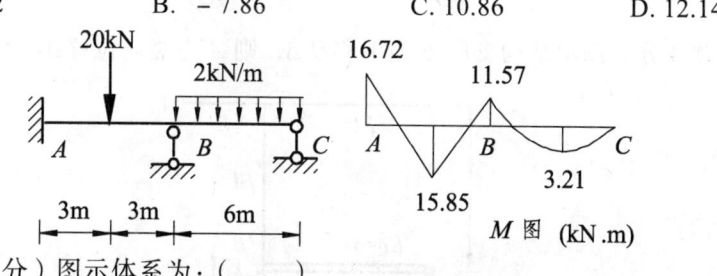

3.（本小题4分）图示体系为：（　　）

A. 几何不变无多余约束　　　　B. 几何不变有多余约束
C. 几何常变　　　　　　　　　D. 几何瞬变

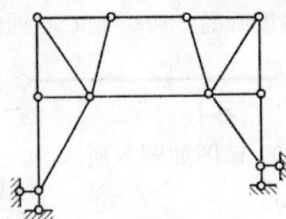

4.（本小题 4 分）图示两刚架的 EI 均为常数，并分别为 $EI=1$ 和 $EI=10$，这两刚架的关系为：（　　）

A. 图 a 刚架各截面弯矩大于图 b 刚架各相应截面弯矩
B. 图 a 刚架各截面弯矩小于图 b 刚架各相应截面弯矩
C. 图 a 刚架结点 A 的转角小于图 b 刚架结点 B 的转角
D. 图 a 刚架结点 A 的转角大于图 b 刚架结点 B 的转角

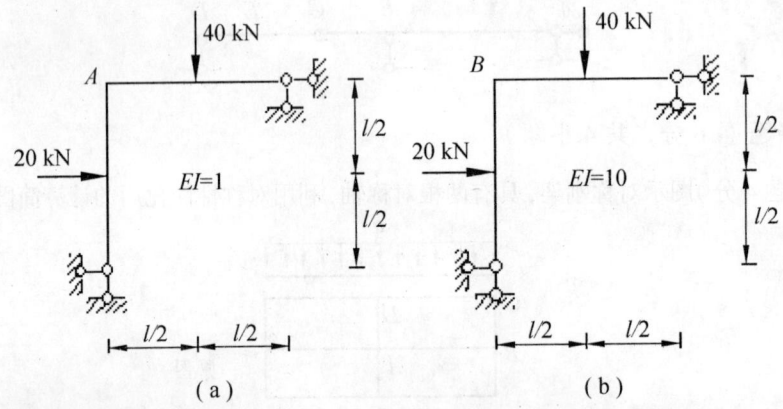

三、填空题（12 分，共 3 小题）

1.（本小题 4 分）图示半圆三铰拱，其水平推力等于_____。

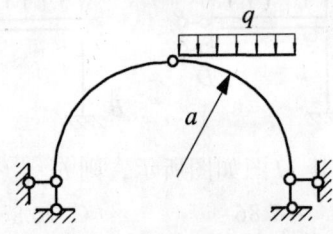

2.（本小题 4 分）图示结构支座 B 向下移动 $\varDelta$，则 A 点竖向位移 $\varDelta_{AV}$ 为_____。

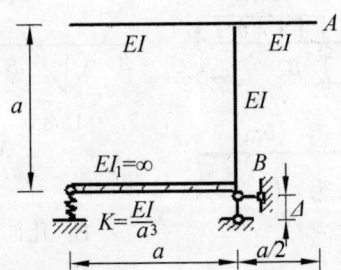

3.（本小题 4 分）图示结构支座 C 处的反力为＿＿＿＿＿＿＿。

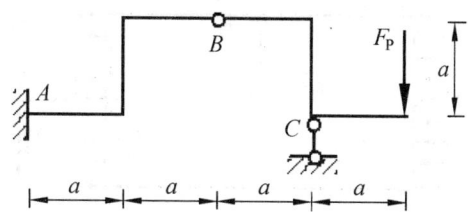

四、（本大题 10 分）求图示桁架杆 1、2、3 的内力。

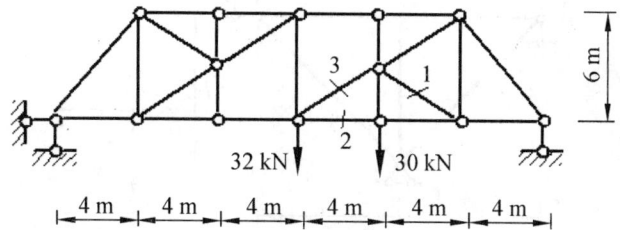

五、（本大题 12 分）求图示结构 D 点的水平位移。设各杆 EI 为常数。

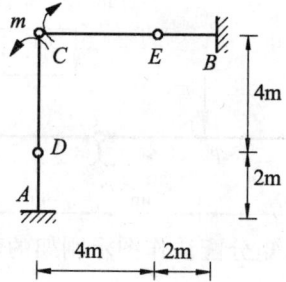

六、（本大题 12 分）求图示结构的自振频率。弹簧刚度 $k = 6EI/l^3$。

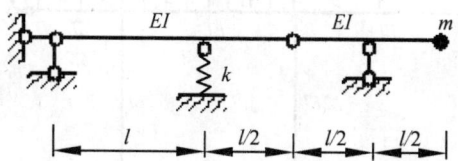

七、（本大题 10 分）作图示刚架的弯矩图。

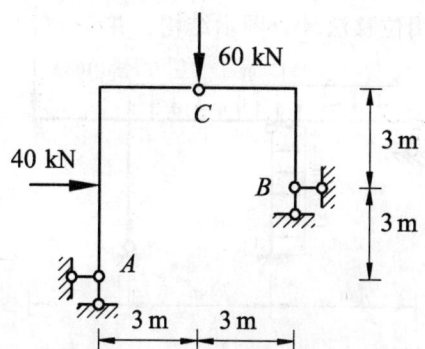

八、(本大题 12 分) 已知 EI=常数,试用力法解图示结构并绘制弯矩图。

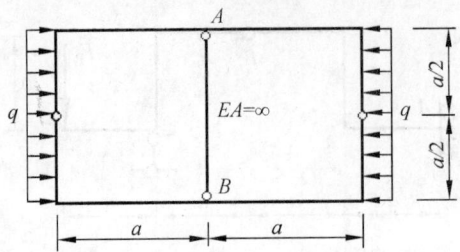

九、(本大题 10 分) 图示结构,EA=常数,用先处理法求结构刚度矩阵 $[K]$。

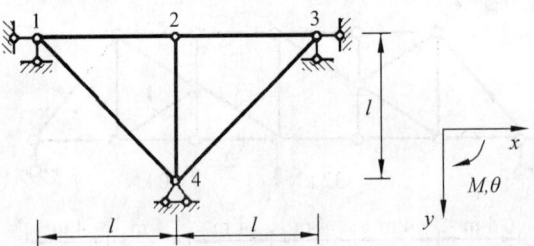

十、(本大题 14 分) 作图示结构截面 B 的弯矩 M_B 影响线,并求图示移动荷载作用下 M_B 的最大值。(移动荷载可以调头)

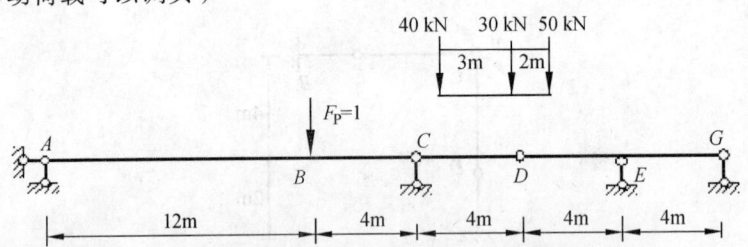

十一、(本大题 12 分) 试用力矩分配法作图示刚架的弯矩图。EI=常数。(计算二轮)

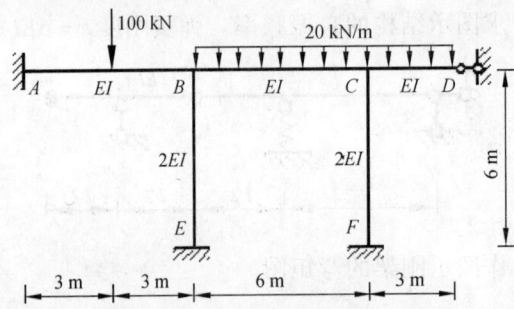

十二、(本大题 15 分) 用位移法计算图示结构,并作 M 图。EI = 常数。

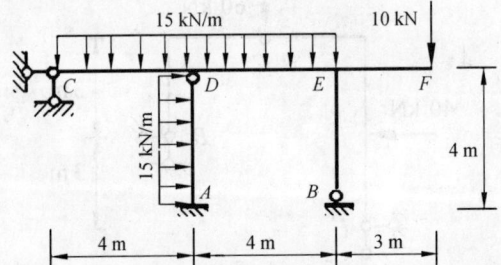

第13章　试题释疑与解答

2008年试题参考答案

一、是非题

1.○　2.○　3.×　4.×　5.○

二、选择题

1.B　2.A　3.D　4.C　5.D

三、填充题

1. 0　2. 2

四　图示对称体系为几何瞬变

五

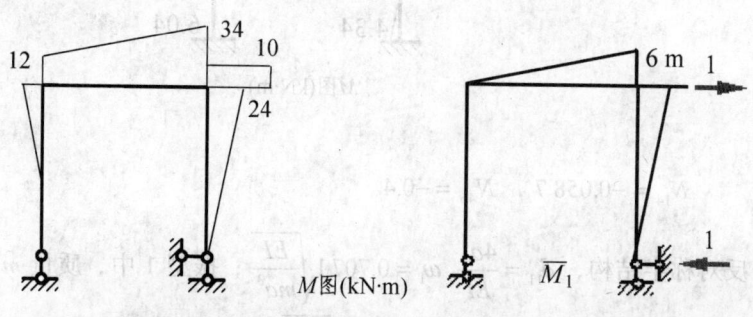

$$\Delta_{EX} = \frac{768}{EI}$$

六　$F_{N1} = -\sqrt{2}F_P$，$F_{N2} = 0$

七

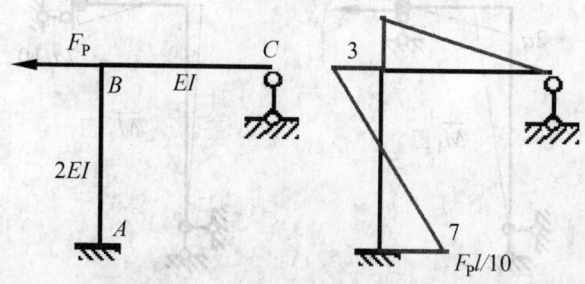

八

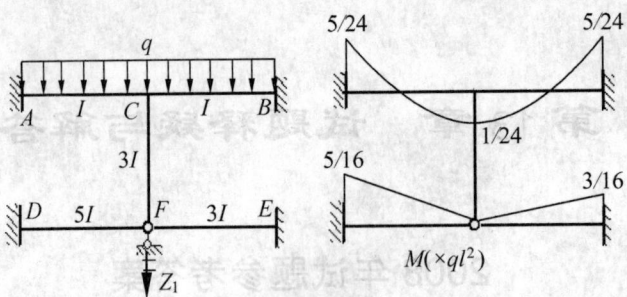

$r_{11} = 48EI/l^3$, $R_{1P} = -ql$, $Z_1 = Pl^4/(48EI)$

九

$\mu_{BA} = \mu_{BE} = \mu_{BC} = \dfrac{1}{3}$, $\mu_{CB} = \mu_{CD} = 0.5$

$-M_{BC}^F = M_{CB}^F = 20\ \text{kN}\cdot\text{m}$

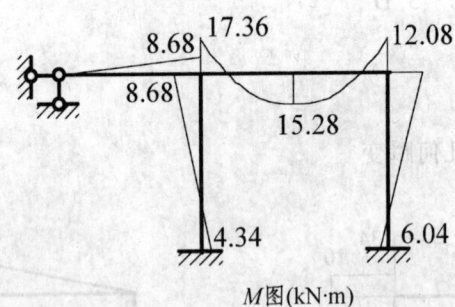

M图(kN·m)

十

$N_{14} = -0.0587$, $N_{46} = -0.4$

十一 取反对称半结构，$\delta_{11} = \dfrac{4a^3}{EI}$, $\omega_1 = 0.7071\sqrt{\dfrac{EI}{ma^3}}$；振型 1 中，质量 m 只有水平运动；

取正对称半结构，$\delta_{22} = 0.1833\dfrac{a^3}{EI}$, $\omega_2 = 3.3032\sqrt{\dfrac{EI}{ma^3}}$；振型 2 中，质量 m 只有竖向运动。

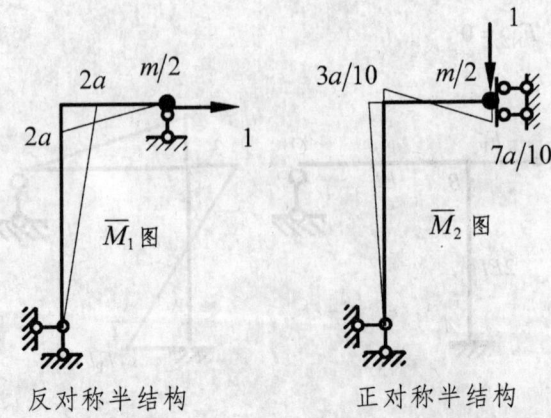

反对称半结构　　　正对称半结构

十二

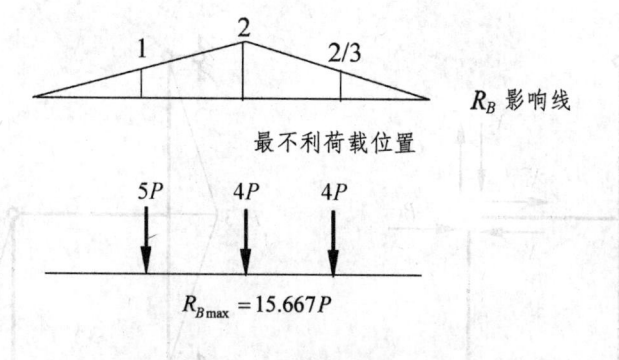

2009 年试题参考答案

一、是非题

1. × 2. × 3. ○ 4. ○

二、选择题

1. C 2. A 3. B 4. C 5. D

三、填充题

1. $3\Delta/4$ 2. 0

四 几何不变无多余联系

五

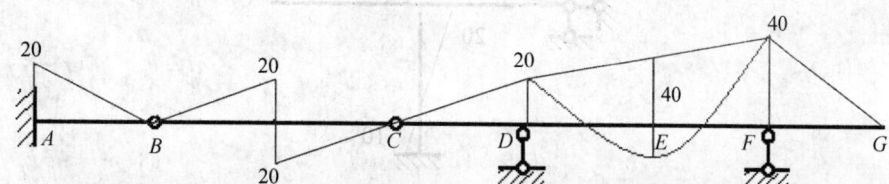

六

$\bar{V}_A = \dfrac{1}{7}$，$\bar{H}_A = \dfrac{1}{7}$，$\varphi_B = \dfrac{0.05}{7} = 0.00714 \,(\text{rad})\,(\curvearrowleft)$

七

利用对称性：$\dfrac{2l^3}{3EI}X_1 + \dfrac{ql^4}{18EI} = 0$，$X_1 = -\dfrac{1}{12}ql(\leftarrow)$

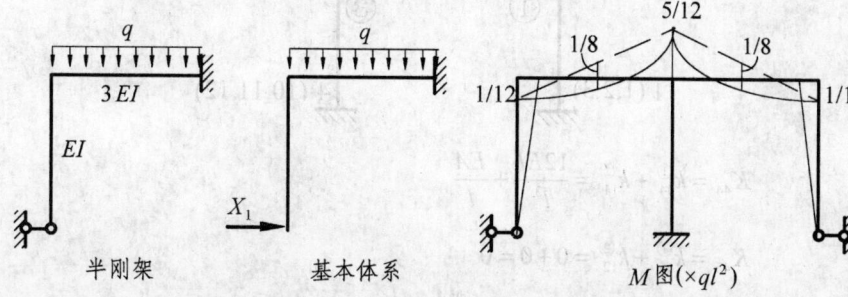

八

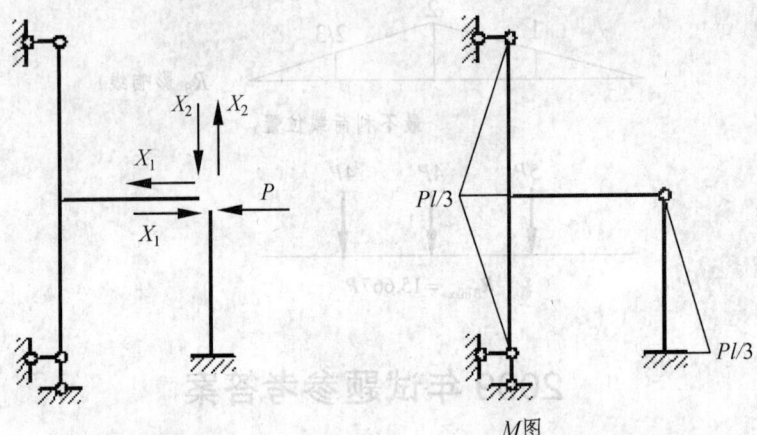

M 图

九

$$\mu_{BA}=\frac{3}{7},\quad \mu_{BC}=\frac{4}{7},\quad \mu_{BD}=0$$

$$M_{BA}^{F}=5\text{ kN}\cdot\text{m},\quad M_{BD}^{F}=-40\text{ kN}\cdot\text{m}$$

分配力矩为:$35\text{ kN}\cdot\text{m}$,$C_{BD}=0$,$C_{BC}=\dfrac{1}{2}$

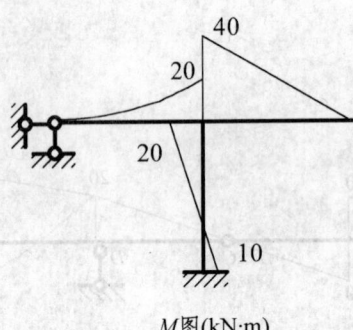

M 图(kN·m)

十

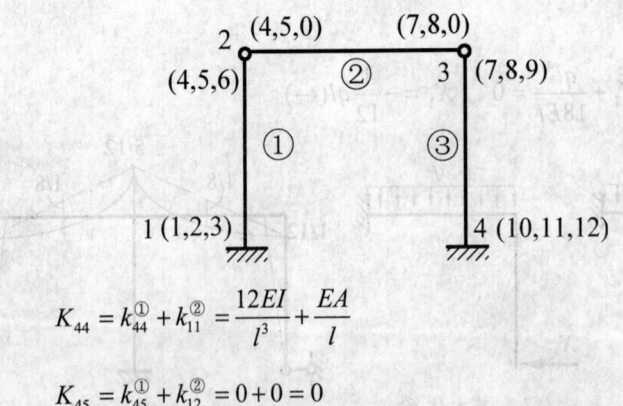

$$K_{44}=k_{44}^{①}+k_{11}^{②}=\frac{12EI}{l^{3}}+\frac{EA}{l}$$

$$K_{45}=k_{45}^{①}+k_{12}^{②}=0+0=0$$

十一

取正对称半结构，$\delta_{11} = 2.3333/(EI)$，$\omega_1 = 0.6547\sqrt{(EI/m)}$；

取反对称半结构，$\delta_{22} = 1/(EI)$，$\omega_2 = \sqrt{(EI/m)}$

$\Phi_{11} : \Phi_{21} = -1 : 1, \Phi_{12} : \Phi_{22} = 1 : 1$

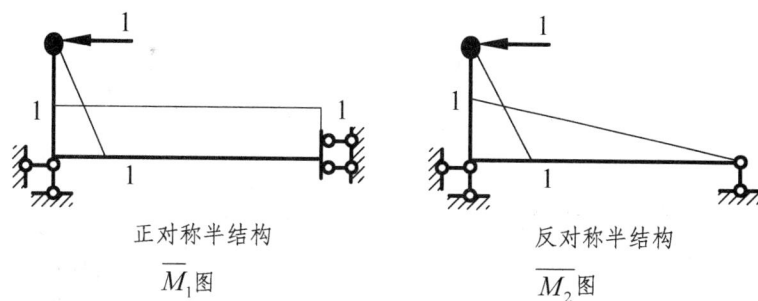

正对称半结构 $\overline{M}_1$ 图 　　反对称半结构 $\overline{M}_2$ 图

十二

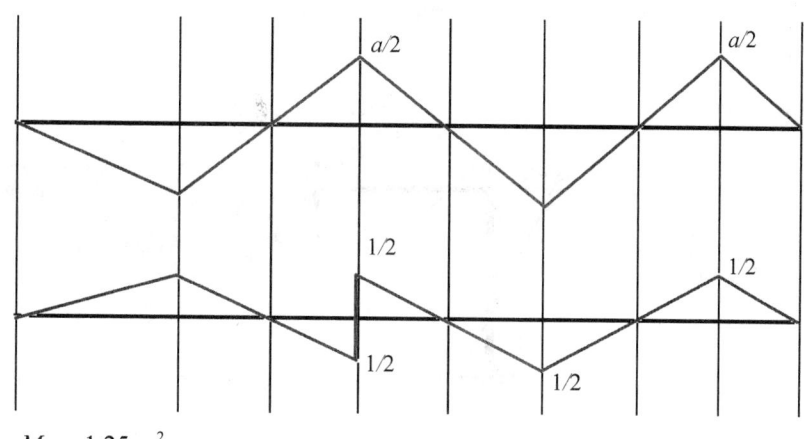

$M_K = 1.25qa^2$

2010 年试题参考答案

一、是非题

1. ○　2. ○　3. ×　4. ○

二、选择题

1. A　2. C　3. B　4. B　5. B

三、填充题

1. 上，外（左）
2. 5 kN，0
3. $-a\cos\alpha/(a+b)$, $b\cos\alpha/(a+b)$

四 几何不变，无多余联系

五 作图示桁架指定杆轴力

$$N_a = -\frac{F_P}{\sqrt{2}}, \quad N_b = \frac{\sqrt{2}F_P}{2}, \quad N_c = \frac{F_P}{2}$$

六 $\Delta_{cy} = \dfrac{20}{EI}$

七

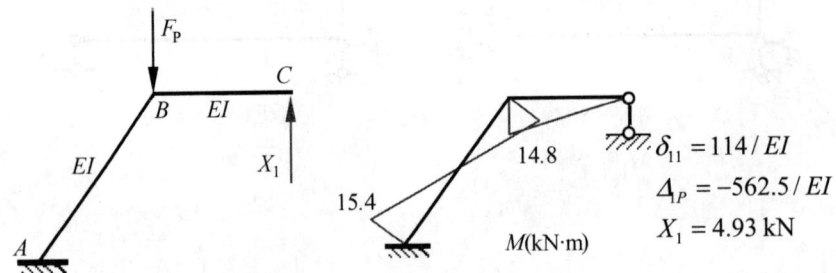

$\delta_{11} = 114/EI$
$\Delta_P = -562.5/EI$
$X_1 = 4.93 \text{ kN}$

八

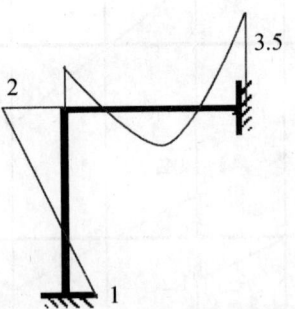

九

$$\mu_{AD} = \frac{1}{9}, \quad \mu_{AC} = \frac{4}{9}, \quad \mu_{AB} = \frac{4}{9}, \quad \mu_{BA} = 1, \quad \mu_{BE} = 0, \quad M_{BE}^F = -160 \text{ kN} \cdot \text{m}$$

十 自由结点三个主元素 K_{44}, K_{55}, K_{66}
例如 $K_{66} = 2EI$，$K_{55} = 43EI/16$，$K_{44} = 43EI/16$

十一

$$\omega_1 = 6.928\sqrt{\frac{EI}{ml^3}}, \quad \omega_2 = 10.474\sqrt{\frac{EI}{ml^3}}$$

十二
（1）:

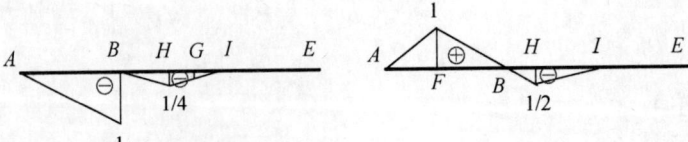

（2）209.4 kN·m

十三

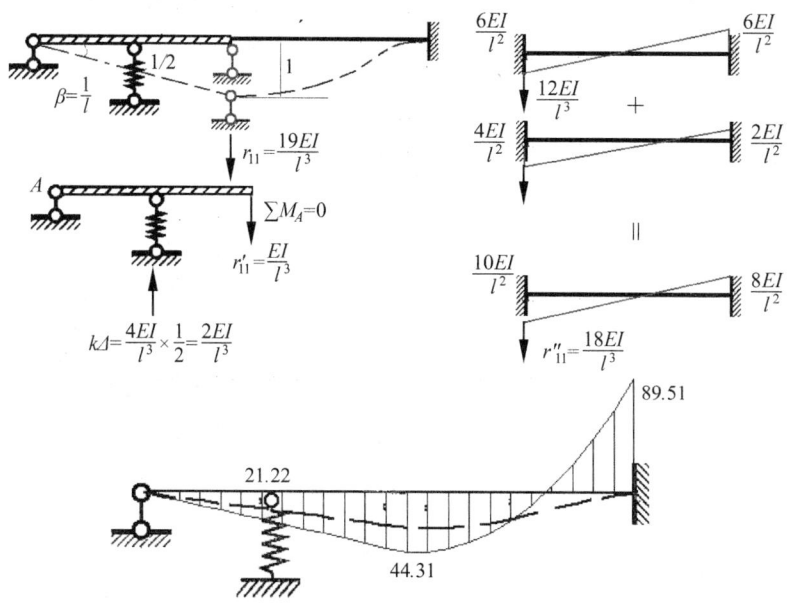

2011年试题参考答案

一、是非题

1. ○ 2. × 3. × 4. × 5. ○ 6. ×

二、选择题

1. B 2. B 3. C 4. D 5. D

三 几何不变，无多余联系

四
$$M_{st\,max} = Pl/2$$
$$\mu_a = 4/3$$
$$M_{Dmax} = 2Pl/3$$

五 $F_{Nc} = -6$ kN, $F_{Nb} = -2\sqrt{2}$ kN, $F_{Na} = 10$ kN

六

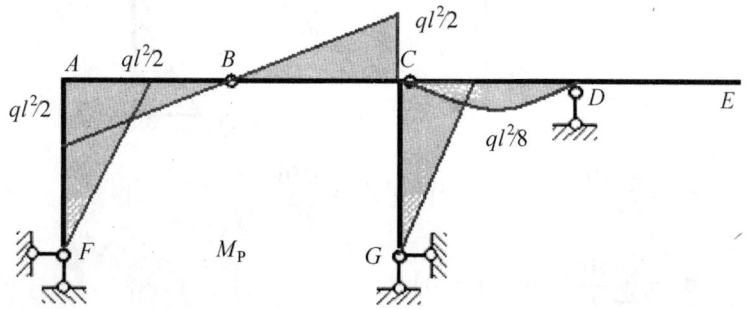

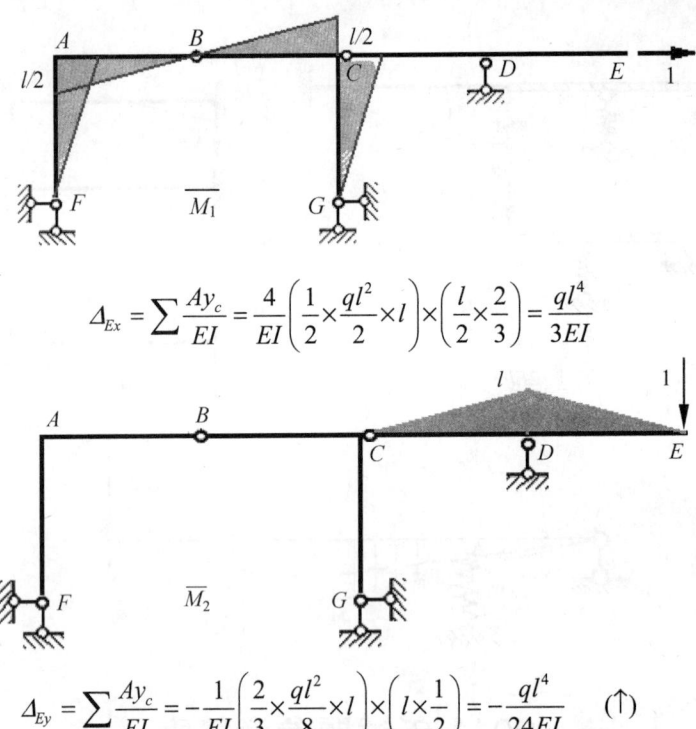

$$\Delta_{Ex} = \sum \frac{Ay_c}{EI} = \frac{4}{EI}\left(\frac{1}{2}\times\frac{ql^2}{2}\times l\right)\times\left(\frac{l}{2}\times\frac{2}{3}\right) = \frac{ql^4}{3EI}$$

$$\Delta_{Ey} = \sum \frac{Ay_c}{EI} = -\frac{1}{EI}\left(\frac{2}{3}\times\frac{ql^2}{8}\times l\right)\times\left(l\times\frac{1}{2}\right) = -\frac{ql^4}{24EI} \quad (\uparrow)$$

七

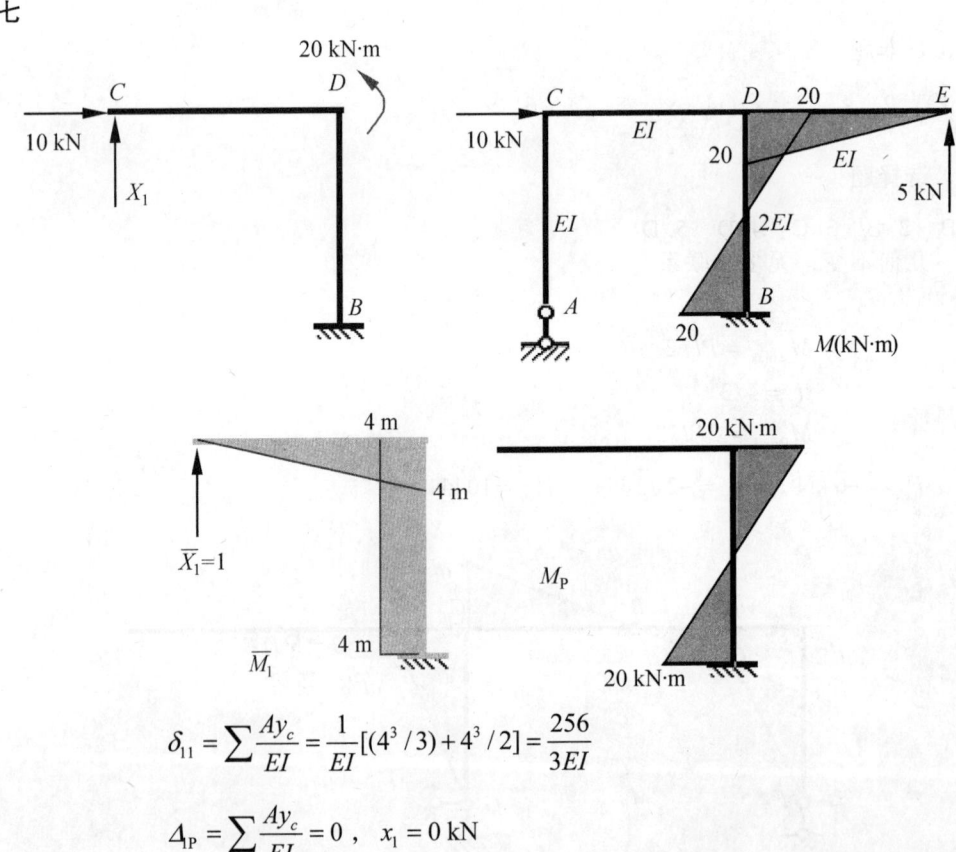

$$\delta_{11} = \sum \frac{Ay_c}{EI} = \frac{1}{EI}[(4^3/3)+4^3/2] = \frac{256}{3EI}$$

$$\Delta_P = \sum \frac{Ay_c}{EI} = 0, \quad x_1 = 0 \text{ kN}$$

八

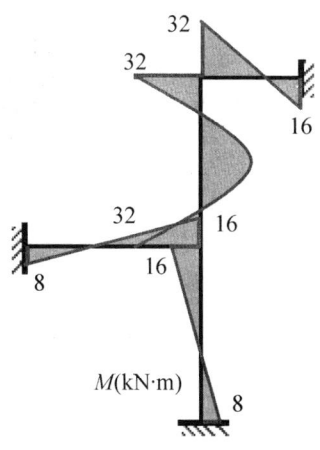

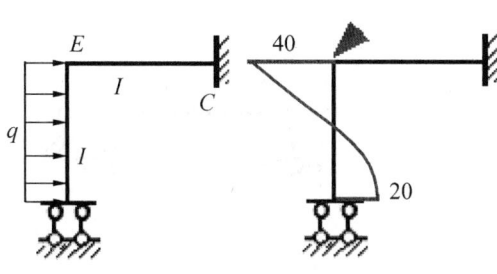
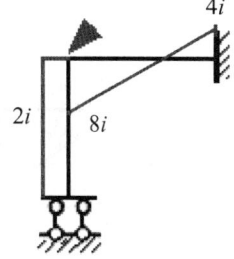

$k_{11} = 10i$, $F_{1P} = 40 \text{ kN} \cdot \text{m}$, $\Delta_1 = -4/i$

九

$$\{P\} = \begin{Bmatrix} 20 \\ -10 \\ -40 \\ 30 \end{Bmatrix} \text{kN}$$

十

$$[K] = \begin{bmatrix} \dfrac{12EI}{l^3} + \dfrac{2EA}{l} & 0 & \dfrac{6EI}{l^2} & -\dfrac{2EA}{l} & 0 & 0 \\ 0 & \dfrac{EA}{l} & 0 & 0 & 0 & 0 \\ \dfrac{6EI}{l^2} & 0 & \dfrac{4EI}{l} & 0 & 0 & 0 \\ -\dfrac{2EA}{l} & 0 & 0 & \dfrac{2EA}{l} + \dfrac{12EI}{l^3} & 0 & \dfrac{6EI}{l^2} \\ 0 & 0 & 0 & 0 & \dfrac{EA}{l} & 0 \\ 0 & 0 & 0 & \dfrac{6EI}{l^2} & 0 & \dfrac{4EI}{l} \end{bmatrix}$$

十一

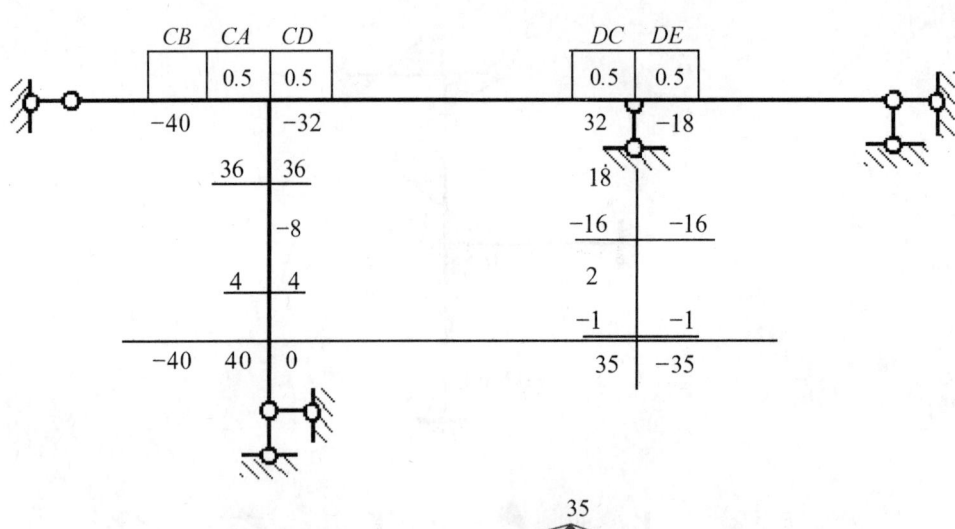

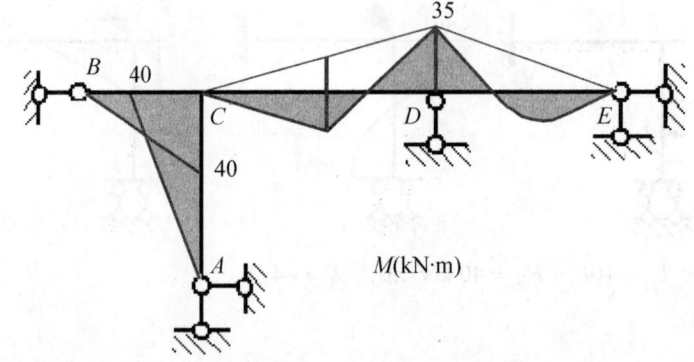

精确解：

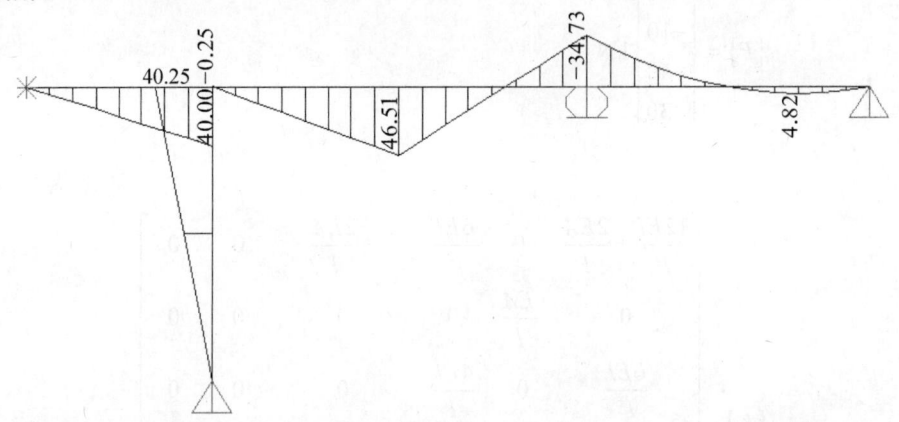

十二

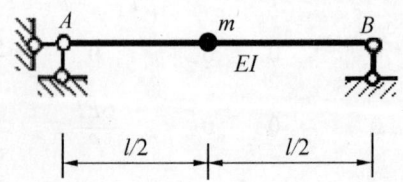

$$\omega_1 = \sqrt{\frac{48EI}{ml^3}}$$

十三

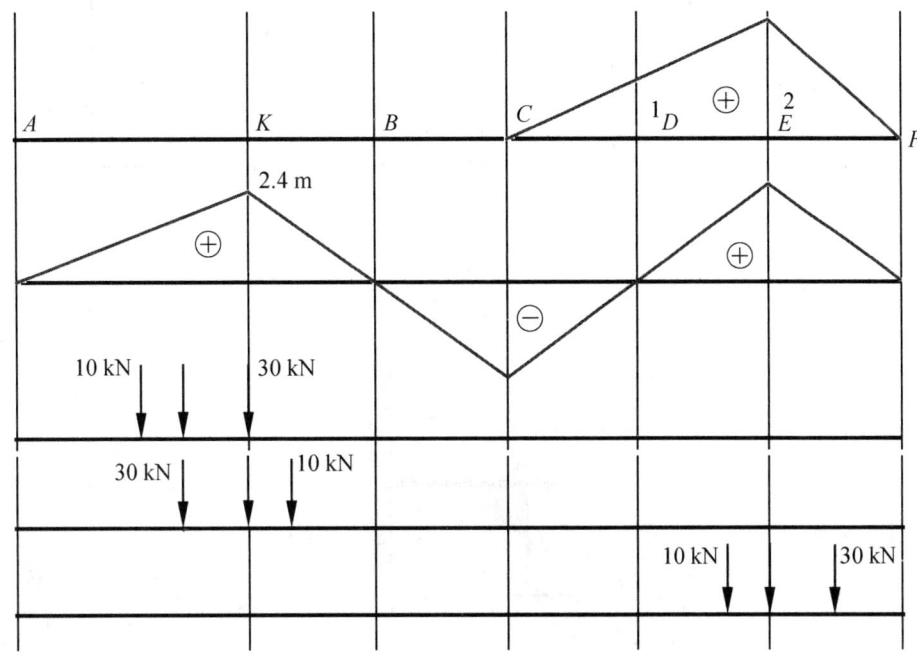

$$Z = (R_b)_2 = 138 \text{ kN·m}$$

经比较可得：$R_{B_{\max}} = 8.625$ kN

2012 年试题参考答案

一、是非题

1. × 2. × 3. ○ 4. ○ 5. ×

二、选择题

1. D 2. A 3. B 4. D 5. D

三、填充题

1. AB，CD，DE 2. 10 kN·m，下 3. $x = l/2$，$1/2$ 4. $-10/EI$

四 几何不变无多余联系

五 10 kN 0 -14.14 kN

六 0

七

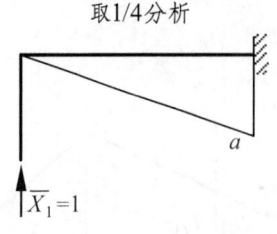
取1/4分析

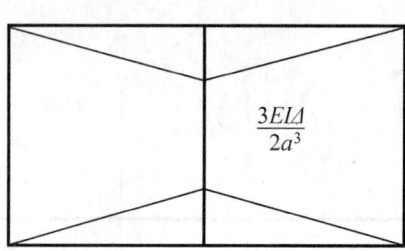

$$X_1 = \frac{3EI\Delta}{2a^3}$$

八

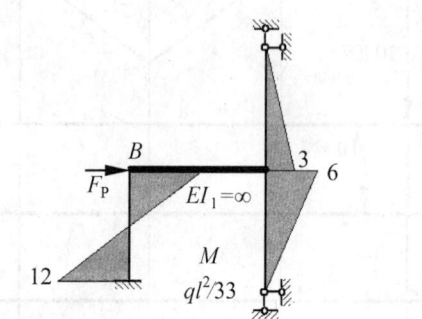

$r_{11} = \dfrac{33EI}{l^3}$, $R_{1P} = -P$, $\Delta_{By} = \dfrac{Pl^3}{33EI}(\downarrow)$

九

$M_A = 3ql^2/14$

$R_C = -6i/l \times 11ql^2/168i + (-6i/l) \times (-11ql^2/42i) - (-ql/2) = 1.678ql$

十

μ	1/2	1/2	1/2	1/2
M^F	18	−30	30	

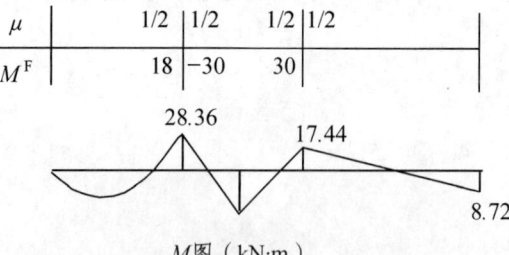

M图（kN·m）

十一

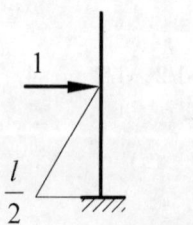
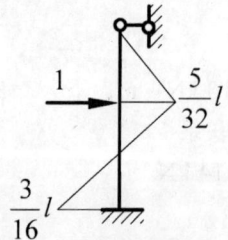

$$\delta_{11} = \frac{l^3}{24EI}, \quad \omega_1 = \sqrt{\frac{24EI}{ml^3}}; \quad \delta'_{11} = \frac{7l^3}{768EI}; \quad \omega'_1 = \sqrt{\frac{768EI}{7ml^3}}$$

十二

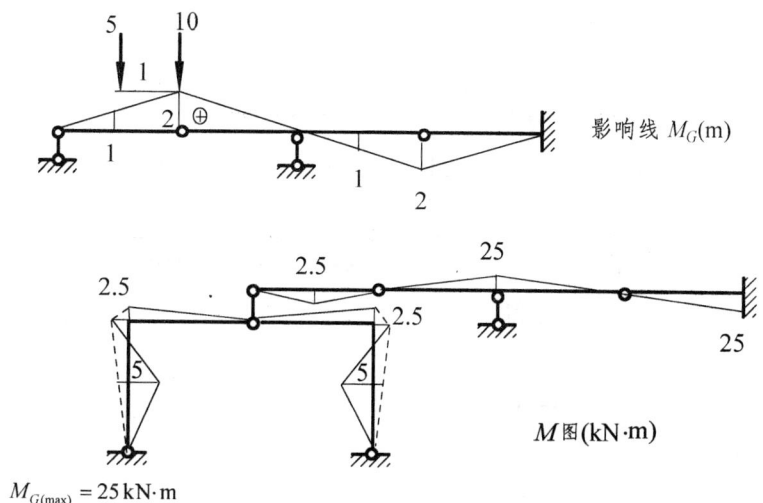

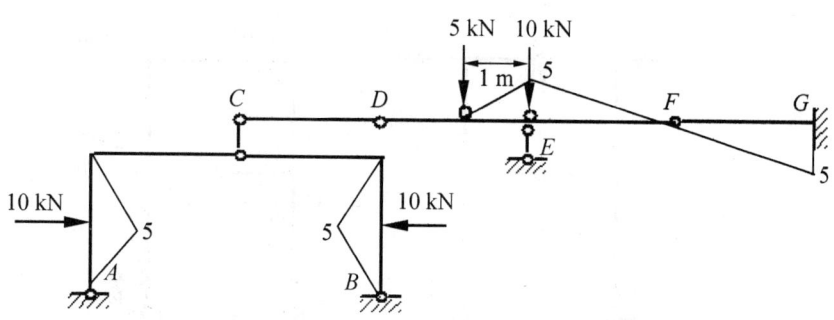

2013年试题参考答案

一、是非题

1. ×　2. ×　3. ×　4. ○　5. ○　6. ○

二、选择题

1. C　2. C　3. D　4. B　5. C

三

几何不变，无多余联系

四

$$\delta_{11} = 3l^3/48EI, \quad \omega^2 = 16EI/(ml^3)$$

五

$N_a = 0$, $N_b = -56.57$ kN

六

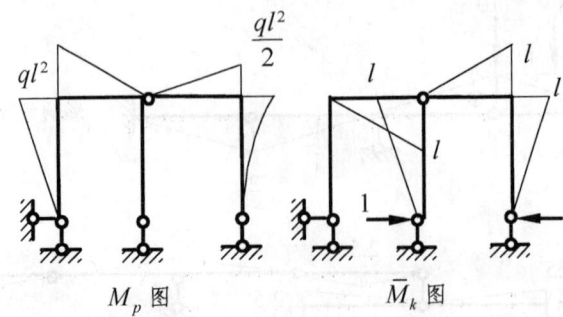

$$\Delta_{BC} = \frac{ql^4}{8EI}(\rightarrow \leftarrow)$$

七

$\delta_{11} = 704/(3EI)$, $\Delta_{1P} = 104P/EI$, $X_1 = -0.443P$

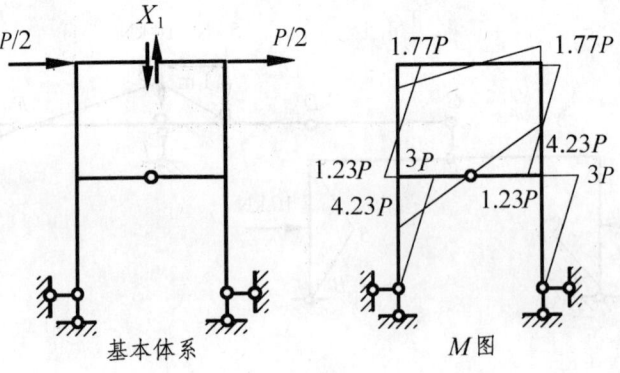

八

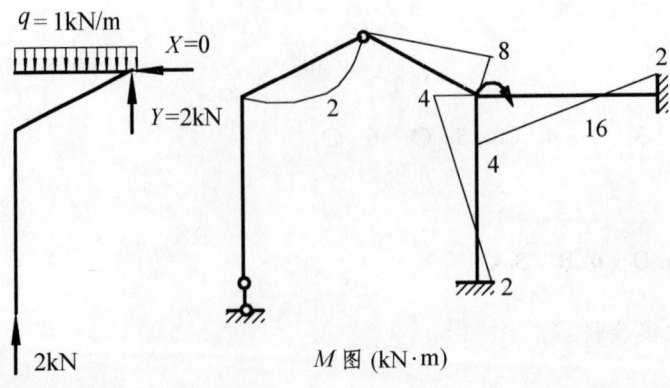

$M_{CD} = M_{CB} = 4$ kN·m, $M_{DC} = M_{BC} = 2$ kN·m

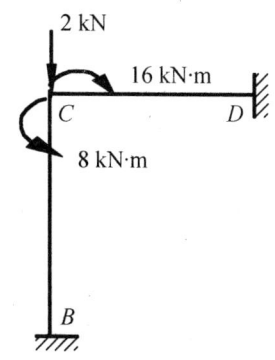

九

$$\{F\}^{①}=\begin{Bmatrix}60\\-60\end{Bmatrix},\quad\{F\}^{②}=\begin{Bmatrix}40\\-40\end{Bmatrix},\quad\{P\}=\begin{Bmatrix}-60\\20\\100\end{Bmatrix}$$

十

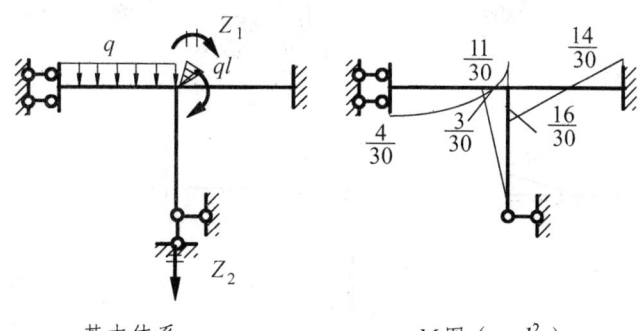

基本体系　　　　　　　　　M 图（$\times ql^2$）

$Z_1 = ql^2/(30i)$，$Z_2 = ql^3/(15i)$

十一

$R_{B\max}=415$ kN，当 P_3 作用在影响线顶点

$Q_{B\max 左}=-256$ kN，当 P_4 作用在影响线顶点

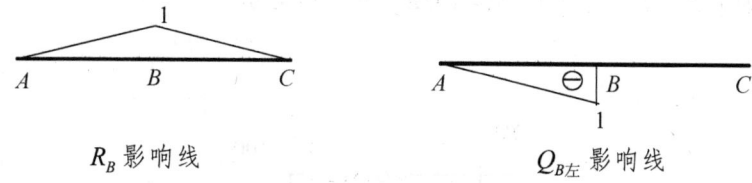

R_B 影响线　　　　　　　　$Q_{B左}$ 影响线

2014 年试题参考答案

一、是非题

1. ×　2. ×　3. ○　4. ○　5. ×

二、选择题

1. A　2. C　3. A　4. D

三、填充题

1. $0.25qa$　2. $1.5\Delta(\downarrow)$　3. $2F_P$

四

1. 支反力（1分）；2. 由截面Ⅰ—Ⅰ，得 $N_3=10\ \text{kN}$（3分）；3. 由 $\sum N_A=0$，得 $N_2=44\ \text{kN}$（3分）；4. 由截面Ⅱ—Ⅱ，$\sum N_A=0$，得 $N_1=-25\ \text{kN}$（3分）

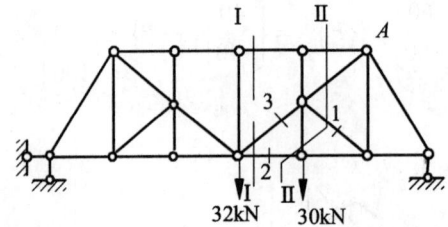

五

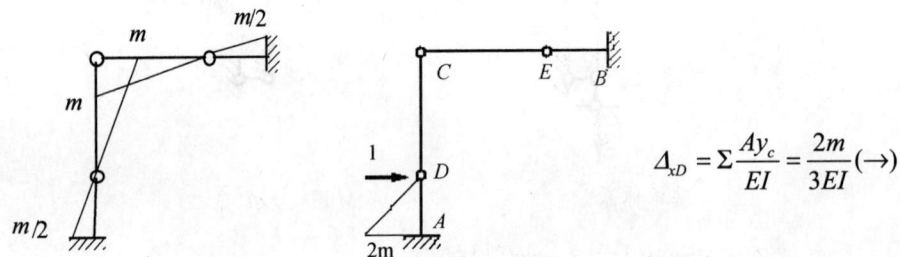

M 图

$$\Delta_{xD}=\Sigma\frac{Ay_c}{EI}=\frac{2m}{3EI}(\rightarrow)$$

1. 建立实际、虚拟力系（2分）；2. 荷载弯矩图：附属部分（2分），基本部分（2分）单位弯矩图（3分）；3. 位移计算（3分）

六、刚度为 $12EI/7l^3$（6分），$\omega=\sqrt{12EI/7ml^3}$（4分）

七

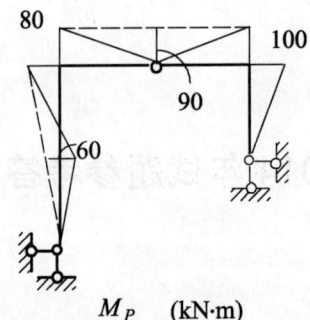

M_P （kN·m）

八、

1. 简化（2分）；2. 基本结构（2分）；3. 基本方程（2分）；4. 系数（4分）

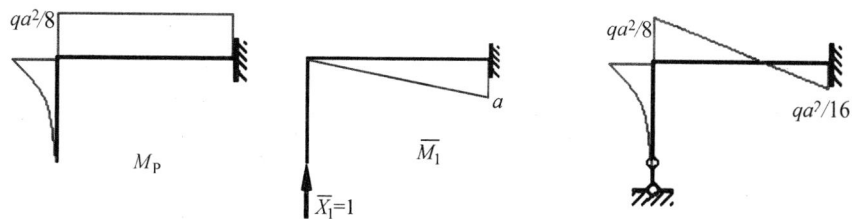

$\delta_{11} = a^3/3EI$，$\Delta_{1P} = -qa^3/16EI$

5. 求解，M图（2分）：$X_1 = 3qa/16$

九、1. 编号（2分）；2. 单元分析（4分）；3. 定位向量（2分）；4.$[K]$（2分）

$$[k]^{(1)} = [k]^{(2)} = \frac{EA}{l}\begin{bmatrix} 1 & 0 & -1 & 0 \\ & 0 & 0 & 0 \\ & & 1 & 0 \\ & & & 0 \end{bmatrix}; \quad [k]^{(3)} = \frac{EA}{l}\begin{bmatrix} 0 & 0 & 0 & 0 \\ & 1 & 0 & -1 \\ & & 0 & 0 \\ & & & 1 \end{bmatrix}$$

$$[\lambda]^{(1)} = \begin{Bmatrix} 0 \\ 0 \\ 1 \\ 2 \end{Bmatrix}; \quad [\lambda]^{(2)} = \begin{Bmatrix} 1 \\ 2 \\ 0 \\ 0 \end{Bmatrix}; \quad [\lambda]^{(3)} = \begin{Bmatrix} 1 \\ 2 \\ 0 \\ 0 \end{Bmatrix}$$

$$[K] = \frac{EA}{l}\begin{bmatrix} 2 & 0 \\ & 1 \end{bmatrix}$$

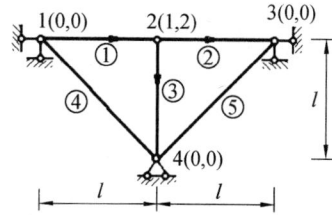

十、

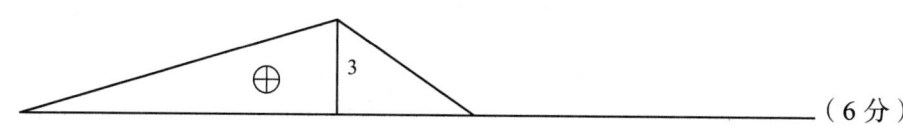

（6分）

（2）$Z_{max} = \dfrac{4}{16}(40\times 7 + 30\times 10 + 50\times 12) = 295$ kN（6分）

十一

μ	AB	BA 1/4	BE 2/4	BC 1/4	CB 1/3	CF 2/3	
M^F	−75	75		−60	60		−90
				5	10	20	
	−2.5	−5	−10	−5	−2.5		
				0.4	0.8	1.7	
		−0.1	−0.2	−0.1			
	−77.5	69.9	−10.2	−59.7	68.3	21.7	−90

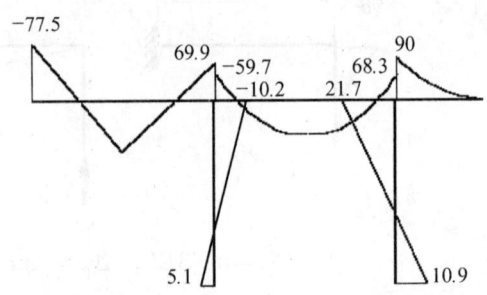

十二

$$\begin{cases} 7iZ_1 + 2iZ_2 + 10 = 0 \\ 2iZ_1 + 7iZ_2 - 10 = 0 \end{cases} \quad \begin{cases} Z_1 = -2/i \\ Z_2 = 2/i \end{cases}$$

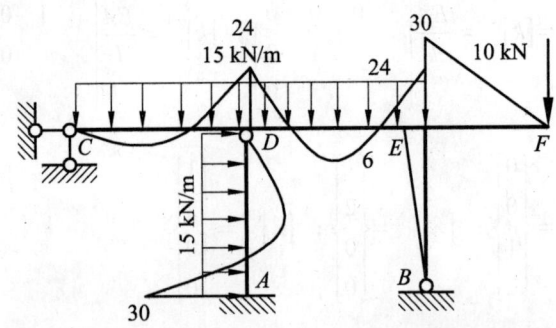

1. 两个未知数（1分）；2. 基本结构（3分）；3. 基本方程（2分）；4. 系数（5分）；5. 求解，M图（4分）

参 考 文 献

[1] 朱慈勉. 结构力学[M]. 北京：高等教育出版社，2004.
[2] 龙驭球，包世华. 结构力学教程[M]. 北京：高等教育出版社，2001.
[3] 李廉锟. 结构力学[M]. 北京：高等教育出版社，2004.
[4] 王焕定，等. 结构力学[M]. 北京：高等教育出版社，2000.
[5] 洪范文. 结构力学[M]. 北京：高等教育出版社，2005.
[6] 杜正国. 结构分析[M]. 北京：高等教育出版社，2003.
[7] 缪加玉. 结构力学的若干问题[M]. 成都：成都科技大学出版社，1993.
[8] 雷钟和，等. 结构力学解疑[M]. 北京：清华大学出版社，1996.
[9] 王兰生，等. 结构力学难题分析[M]. 北京：高等教育出版社，1989.
[10] 彭俊生，等. 结构力学指导型习题册[M]. 成都：西南交通大学出版社，2001.
[11] 彭俊生，等. 结构概念分析与SAP2000应用[M]. 成都：西南交通大学出版社，2005.
[12] 彭俊生，等. 结构动力学、抗震计算与SAP2000应用[M]. 成都：西南交通大学出版社，2007.